# 核裂变能

[意]恩佐·德桑蒂斯(Enzo De Sanctis)
[奥]斯特凡诺·蒙蒂(Stefano Monti)  著
[意]马尔科·里帕尼(Marco Ripani)

鲜东帆 杨洪禹 主 译
张 何 靖云柯 刘国峰 李 杨 副主译

国防工业出版社

·北京·

著作权合同登记　图字 01-2023-1586

**图书在版编目(CIP)数据**

核裂变能/(意)恩佐·德桑蒂斯,(奥)斯特凡诺
·蒙蒂,(意)马尔科·里帕尼著;鲜东帆,杨洪禹主译
.—北京:国防工业出版社,2023.7
书名原文:Energy from Nuclear Fission:An Introduction
ISBN 978-7-118-12999-1

Ⅰ.①核…　Ⅱ.①恩…②斯…③马…④鲜…⑤杨
…　Ⅲ.①核能—研究　Ⅳ.①O571.22

中国国家版本馆CIP数据核字(2023)第114528号

First published in English under the title
Energy from Nuclear Fission：An Introduction
by Enzo De Sanctis, Stefano Monti and Marco Ripani
Copyright © Springer International Publishing AG, part of Springer Nature, 2016
This edition has been translated and published under licence from
Springer Nature Switzerland AG.
All Rights Reserved.

本书简体中文版由Springer授权国防工业出版社独家出版发行,版权所有,侵权必究。

※

国防工业出版社出版发行
(北京市海淀区紫竹院南路23号　邮政编码100048)
莱州市丰源印刷有限公司印刷
新华书店经售

＊

开本 787×1092　1/16　印张 13　字数 283 千字
2023年7月第1版第1次印刷　印数 1—1500 册　定价 88.00 元

（本书如有印装错误,我社负责调换）

国防书店:(010)88540777　　书店传真:(010)88540776
发行业务:(010)88540717　　发行传真:(010)88540762

# 序

本书译者推我为此书作序,我深感荣幸且不胜惶恐!

《核裂变能》一书原著作者来自学术界、产业界一线,对核科学的最新发展有着深切体会,而译者则力求通过通俗易懂而不失严谨的语言将核相关知识传递给读者,这是本书的最大特点。我并非核专业出身,但拜读译稿后,仍从中收获颇丰,且每次再读时,都常有更深的思考和理解。故现仅就读后感受,结合自身多年来对该领域的一些认识作以推介,与读者分享,以期抛砖引玉。

"光明前进一分,黑暗便后退一分。我们在核安全领域多作一份努力,恐怖主义就少一次可乘之机。"习近平主席在第三届核安全峰会上的这一讲话意味深长。尽管我国核安全,尤其是核应急体系建设取得一定成就,但现实挑战依旧严峻,《核裂变能》作为一本专业工具书籍,内含大量防护原则和标准规范,对相关应急救援训练具有较强的实用性和指导意义。对于高等院校,该书整体结构完整、逻辑清晰,还搭配有针对性的习题解析,循序渐进、易学易懂,非常适合相关专业本科生作为教材使用。最后,从核科学普及教育角度看,该书图文并茂、深入浅出,对于核从业人员以及普通公众了解核科学知识,掌握科学防护措施,消除对核辐射的偏见与恐惧,也是一本很好的科普读物。我深信,该本书对于核应急人员、核专业学生、核从业人员、普通公众一定会有所裨益。

核科学知识教育,是时代变革所需,也正是该本译著出版的背景所在。中国人民解放军海军大连舰艇学院和陆军32281部队联合牵头翻译了该部著作。参与翻译的有资深院校专家,也有朝气蓬勃的青年骨干,感谢他们为核安全事业所做的努力与奉献!也衷心地祝福我国核安全事业蓬勃发展、核安全之路越走越宽!

唐 俊<br>
2023 年 3 月 16 日

# 译者序

核裂变是指重原子核(主要是指铀核或钚核)分裂成两个或多个较轻原子核的一种核反应形式。由于存在质量亏损,该反应过程将释放出巨量能量,原子弹或核电的能量来源就是核裂变。

核科学技术的发现、发展和应用是人类历史上的一大进步,由最初的军事目的到现在走进人们的日常生活,在国防、能源、医疗、农业、考古等领域发挥着重要作用。尤其是核裂变能的可控释放——"核电"与不可控释放——"原子弹",对社会经济发展和大国军事平衡产生了深刻影响。但我们也发现,核裂变能的利用过程,也给人类生活环境带来了诸多问题。

为了适应新形势下核科学技术的应用发展和普及,促进更广泛的人群了解核科学,了解核裂变能,本书译者团队组织翻译了由施普林格出版社出版的《核裂变能》(Energy From Nuclear Fission),该书原著作者是来自世界学术界、产业界的顶级知名专家,内容涵盖两大部分共计6章,涉及物质的组成、放射性和辐射穿透能力、核反应与核裂变、核反应堆、核安全与保障、放射性废物管理等方面,汇集了核科学技术领域,尤其是核裂变能相关最基础的科学知识和发展应用,是一部专业的工具类图书和核科学技术教材。原著中的部分彩图,本译著采用二维码形式呈现,本书中部分黑白图片旁附有对应彩色图片的二维码,读者利用智能手机的"扫一扫"功能,即可呈现原著中对应彩色图片。原著每章的参考文献,本译著未做改动,直接附在每章最后位置,供读者查阅。

本书由海军大连舰艇学院和陆军32281部队联合组织、共同翻译,历时两年,终于付梓,在翻译过程中得到了各级领导的大力支持。

本书可作为核科学专业领域的科学工作者、工程师、核应急人员的工具书,也可作为相关专业本科生的参考书,同时对于核科学爱好者而言,也是一本有趣的科普读物。

本书专业性较强,涉及大量学术术语,图、表和公式亦较多,由于译者水平有限,难免存在一些错误,敬请读者批评指正。

《核裂变能》译者
2023年3月

# 前　言

为了简明扼要地为读者介绍核物理和核能领域相关知识，本书将从定量的角度讲解核裂变过程涉及的基本物理原理，以及当前核裂变在核电领域中的应用：包括相关技术以及发展趋势。本书可作为相关领域本科生核心课程基础教材。

本书共分为两部分：第一部分主要包括原子核力、核性质、核碰撞、核稳定性、放射性等基础知识，同时对裂变过程及其在能源生产实践中相关问题进行了详细讨论。第二部分则主要涉及核反应堆技术基础知识、核燃料循环和资源、反应堆安全法规、核安全与保障，以及乏燃料和放射性废物管理等。另外，本书还包含了部分定性描述章节，比如带电粒子和射线穿透物质的相关现象，核辐射和辐射防护的生物效应，并对历史上最典型的十次核事故进行了总结，其中一些事故对后来核电的发展和部署产生了深远影响。为便于读者理解，书末一并附上了核物理或核能领域专业词汇表供参考。

本书主题比较宽泛，内容上可能稍显杂乱，故无法对每个主题逐一展开深入细致的讨论。我们的主要目的是尽可能全面地、概述性地为读者介绍核电应用涉及的方方面面。从基本物理学原理到备受关注的核安全和核循环闭环方面的挑战，我们尽可能采用权威信息来源（主要是相关国际机构），以便读者可以通过查阅相应参考资料、科技文献及网页等，拓展在各单独主题上的知识面。

本书适用于物理学、核工程和其他学科专业的本科生。为便于广大读者学习理解，书中所涉及的数学原理尽可能限制在一定水平。贯穿全书的习题解析和各章末尾的习题集将有助于读者更好地理解书中涉及的科学和技术问题，尤其是对各种现象和过程的定量化理解。书中插图则有利于将具体问题可视化。

# 缩写表

| 缩写 | 英文名称 | 中文名称 |
|---|---|---|
| ABWR | Advanced Boiling Water Reactor | 先进沸水堆 |
| ACR | Advanced CANDU Reactor | 先进 CANDU 堆 |
| ADS | Accelerator – Driven System | 加速器驱动系统 |
| AGR | Advanced Gas – Cooled Reactor | 先进气冷堆 |
| ALARA | As Low As Reasonably Achievable | 可以合理达到的尽量低水平的原则 |
| ALARP | As Low As Reasonably Practicable | 最低合理可行原则 |
| APWR | Advanced Pressurised Water Reactor | 先进压水堆 |
| BDBA | Beyond Design – Basis Accidents | 超设计基准事故 |
| BSS | Basic Safety Standards | 基本安全标准 |
| BWR | Boiling Water Reactor | 沸水堆 |
| CANDU | CANadian Deuterium Uranium Reactor (PHWR type) | 加拿大重水铀反应堆(属 PHWR 型) |
| CCS | Carbon Capture and Storage | 碳俘获与封存 |
| CDF | Core Damage Frequency | 堆芯损坏频率 |
| CT | Computed Tomography | 计算机断层扫描 |
| CTBT | Comprehensive Nuclear Test Ban Treaty | 全面禁止核试验条约 |
| DBA | Design Basis Accident | 设计基准事故 |
| DNA | Deoxyribonucleic Acid | 脱氧核糖核酸 |
| DSA | Deterministic Safety Approach | 确定论安全分析 |
| DT | Doubling Time | 倍增时间 |
| ECCS | Emergency Core Cooling System | 堆芯应急冷却系统 |
| EDG | Emergency Diesel Generator | 应急柴油发电机 |
| EPR | Evolutionary Pressurised Reactor | 进化加压反应堆 |
| ESBWR | Economic Simplified Boiling Water Reactor | 经济简化型沸水堆 |
| FBR | Fast Breeder Reactor | 快中子增殖反应堆 |
| GCR | Gas – Cooled Reactor | 气冷堆 |
| GFR | Gas – Cooled Fast Reactor | 气冷快堆 |
| GIF | Generation IV International Forum | 第四代核能系统国际论坛 |

续表

| 缩写 | 英文名称 | 中文名称 |
|---|---|---|
| HEU | Highly Enriched Uranium | 高浓缩铀 |
| HLW | High-Level Waste | 高放废物 |
| HTGR | High-Temperature Gas-Cooled Reactor | 高温气冷堆 |
| HTR | High-Temperature Reactor | 高温反应堆 |
| HWR | Heavy-Water Reactor | 重水堆 |
| IAEA | International Atomic Energy Agency | 国际原子能机构 |
| ICRP | International Commission on Radiological Protection | 国际放射防护委员会 |
| IEA | International Energy Agency | 国际能源署 |
| ILW | Intermediate-Level Waste | 中放废物 |
| INES | International Nuclear Event Scale | 国际核事故分级表 |
| ITER | International Thermonuclear Experimental Reactor | 国际热核聚变试验反应堆 |
| JET | Joint European Torus | 欧共体联合聚变中心 |
| LEU | Low-Enriched Uranium | 低浓缩铀 |
| LFR | Lead-Cooled Fast Reactor | 铅冷快堆 |
| LLW | Low-Level Waste | 低放废物 |
| LMFBR | Liquid Metal Fast Breeder Reactor | 液态金属快速增殖反应堆 |
| LNT | Linear, No-Threshold | 线性,无阈 |
| LOCA | Loss-Of-Coolant Accident | 冷却剂丧失事故 |
| LTO | Long-Term Operation | 长期运行 |
| LWGR | Light Water Graphite Reactor | 轻水石墨堆 |
| LWR | Light Water Reactor | 轻水反应堆 |
| MOX | Mixed-Oxide Fuel | 混合氧化物燃料 |
| MSBR | Molten Salt Breeder Reactor | 熔盐增殖堆 |
| MSR | Molten Salt Reactor | 熔盐堆 |
| NEA | Nuclear Energy Agency (OECD) | 核能署(隶属于OECD) |
| NORM | Naturally Occurring Radioactive Materials | 天然放射性物质 |
| NPT | Treaty on the Non-Proliferation of Nuclear Weapons | 不扩散核武器条约 |
| O&M | Operation and Maintenance | 运行和维护 |
| OECD | Organisation for Economic Co-operation and Development | 经济合作与发展组织 |
| P&T | Partitioning and Transmutation | 分离嬗变 |
| PBMR | Pebble Bed Modular Reactor | 球床模块堆 |
| PET | Positron Emission Tomography | 正电子断层扫描 |
| PGAA | Prompt Gamma Activation Analysis | 瞬发γ活化分析 |
| PHWR | Pressurised Heavy Water Reactor | 压力管式重水堆 |

续表

| 缩写 | 英文名称 | 中文名称 |
|---|---|---|
| PIXE | Proton Induced X-ray Emission | 质子激发X-射线荧光 |
| PSA | Probabilistic Safety Assessment | 概率安全分析方法 |
| PUREX | Plutonium Uranium Reduction Extraction | 钚铀还原萃取 |
| PWR | Pressurised Water Reactor | 压水反应堆 |
| R&D | Research and Development | 研究与发展 |
| RAR | Reasonably Assured Resource | 可靠资源 |
| RBMK | Russian Abbreviation for Graphite-Moderated Light Water-Cooled Reactors | 石墨慢化轻水冷却反应堆的俄语缩写 |
| RBS | Rutherford Back Scattering | 卢瑟福背散射 |
| RDT | Reactor Doubling Time | 反应堆倍增时间 |
| RNA | Ribonucleic Acid | 核糖核酸 |
| SCRAM | Safety Control Rod Axe Man | 安全控制棒斧工 |
| SCWR | Supercritical-Water-Cooled Reactor | 超临界水冷堆 |
| SFR | Sodium-Cooled Fast Reactor | 钠冷快堆 |
| SMR | Small Modular Reactor | 小型模块化反应堆 |
| SNF | Spent Nuclear Fuel | 乏燃料 |
| SPECT | Single-Photon Emission Computed Tomography | 单光子发射计算机断层扫描 |
| TMI | Three Mile Island | 三里岛 |
| UNSCEAR | United Nations Scientific Committee on the Effects of Atomic Radiation | 联合国原子辐射效应科学委员会 |
| VHTR | Very-High-Temperature Reactor | 超高温反应堆 |
| VVER | Russian Design of Pressurised Water Reactor | 俄罗斯压水堆设计堆 |
| WANO | World Association of Nuclear Operators | 世界核电运营者协会 |
| WENRA | Western European Nuclear Regulators' Association | 西欧核能监管机构协会 |
| WIPP | Waste Isolation Pilot Plant (United States) | 废物隔离中间试验场(美国) |
| WNA | World Nuclear Association | 世界核协会 |

# 目 录

## 第一部分 核物理与辐射效应

**第1章 物质的组成** ........................................ 2
  1.1 原子及其组成 ........................................ 2
  1.2 原子核 ........................................ 5
  1.3 元素周期表 ........................................ 6
  1.4 原子核大小与密度 ........................................ 7
  1.5 核力与核素图 ........................................ 10
  1.6 原子核质量与质量亏损 ........................................ 12
  1.7 质能方程 ........................................ 13
  1.8 核结合能 ........................................ 15
  1.9 核稳定谷 ........................................ 19
  1.10 核反应 ........................................ 21
  1.11 核素丰度 ........................................ 23
  参考文献 ........................................ 26

**第2章 放射性及核辐射穿透能力** ........................................ 27
  2.1 原子核衰变 ........................................ 27
    2.1.1 $\alpha$-衰变 ........................................ 28
    2.1.2 $\beta^-$-衰变 ........................................ 29
    2.1.3 $\beta^+$-衰变 ........................................ 30
    2.1.4 电子俘获 ........................................ 30
    2.1.5 $\gamma$-衰变 ........................................ 31
    2.1.6 内转换 ........................................ 31
    2.1.7 核子发射 ........................................ 32
    2.1.8 自发裂变 ........................................ 32
    2.1.9 小结 ........................................ 32
  2.2 放射性衰变定律 ........................................ 32

| | |
|---|---|
| 2.3 放射系 | 36 |
| 2.4 连续衰变 | 37 |
| 2.5 连续衰变中衰变产物的积累 | 39 |
| 2.6 核辐射穿透力 | 42 |
| 2.7 剂量 | 44 |
| 2.8 天然及人工放射性 | 47 |
|    2.8.1 天然放射性 | 47 |
|    2.8.2 人工放射性 | 48 |
| 2.9 平均年辐照剂量 | 49 |
| 2.10 辐射生物效应 | 51 |
| 2.11 电离辐射在医学、研究与工业上的应用 | 53 |
|    2.11.1 药物应用 | 53 |
|    2.11.2 研究应用 | 54 |
|    2.11.3 工业应用 | 55 |
|    2.11.4 放射性定年 | 55 |
| 参考文献 | 60 |

## 第3章 核反应与核裂变

| | |
|---|---|
| 3.1 核-核碰撞 | 61 |
| 3.2 反应截面 | 63 |
| 3.3 核裂变过程 | 66 |
| 3.4 核裂变产物 | 67 |
| 3.5 中子俘获裂变 | 71 |
| 3.6 链式反应 | 77 |
| 3.7 中子慢化 | 79 |
| 3.8 热核反应堆 | 83 |
|    3.8.1 核燃料 | 84 |
|    3.8.2 中子慢化剂 | 84 |
|    3.8.3 中子吸收剂 | 84 |
|    3.8.4 冷却剂 | 84 |
| 3.9 热核反应堆物理学 | 86 |
| 3.10 反应堆控制与中子缓发 | 88 |
| 3.11 快中子反应堆 | 89 |
| 3.12 燃料燃耗 | 92 |
|    3.12.1 嬗变 | 92 |
|    3.12.2 钚同位素生产 | 93 |
|    3.12.3 裂片元素 | 93 |
| 参考文献 | 97 |

# 第二部分 核裂变能

## 第 4 章 核反应堆 ·········· 100
### 4.1 核反应堆分类 ·········· 100
### 4.2 核电站 ·········· 100
### 4.3 不同发电技术比较 ·········· 106
### 4.4 核反应堆技术与种类 ·········· 107
#### 4.4.1 轻水堆(LWR) ·········· 108
#### 4.4.2 压水堆(PWR) ·········· 108
#### 4.4.3 沸水堆(BWR) ·········· 109
#### 4.4.4 加压重水堆(PHWR) ·········· 110
#### 4.4.5 轻水石墨慢化堆(LWGR) ·········· 111
#### 4.4.6 气冷堆(GCR) ·········· 111
#### 4.4.7 快中子堆(FNR) ·········· 112
### 4.5 核电站分代 ·········· 114
### 4.6 核燃料循环 ·········· 116
#### 4.6.1 铀矿开采 ·········· 117
#### 4.6.2 铀矿冶炼 ·········· 117
#### 4.6.3 铀转化 ·········· 117
#### 4.6.4 铀浓缩 ·········· 117
#### 4.6.5 燃料元件制备 ·········· 118
#### 4.6.6 发电 ·········· 119
#### 4.6.7 乏燃料储存 ·········· 119
#### 4.6.8 乏燃料后处理 ·········· 119
#### 4.6.9 乏燃料与高放废物处置 ·········· 119
### 4.7 核燃料循环方式:开式 VS 闭式 ·········· 121
### 4.8 全球核燃料储量 ·········· 122
#### 4.8.1 铀资源 ·········· 122
#### 4.8.2 钍资源 ·········· 123
#### 4.8.3 铀需求 ·········· 124
### 参考文献 ·········· 127

## 第 5 章 核安全与保障 ·········· 129
### 5.1 核安全法规 ·········· 129
### 5.2 安全与辐射防护目标 ·········· 130
### 5.3 纵深防御概念 ·········· 131
### 5.4 反应堆安全 ·········· 133
#### 5.4.1 反应堆的控制 ·········· 134

  5.4.2 堆芯热量的去除 …… 134
  5.4.3 放射性的包容 …… 135
 5.5 设计、运行、退役中的安全问题 …… 136
 5.6 安全与监管责任 …… 137
 5.7 核事故种类与事故处理 …… 138
 5.8 以往经验与安全记录 …… 138
 5.9 核事故 …… 141
  5.9.1 克什特姆核事故(1957)，俄罗斯 …… 142
  5.9.2 温斯克尔核事故(1957)，英国 …… 142
  5.9.3 三里岛核事故(1979)，美国 …… 142
  5.9.4 圣劳伦斯核事故(1980)，法国 …… 143
  5.9.5 切尔诺贝利核事故(1986)，乌克兰 …… 143
  5.9.6 班德略斯核事故(1989)，西班牙 …… 145
  5.9.7 东海村核事故(1999)，日本 …… 145
  5.9.8 戴维斯-贝斯核事故(2002)，美国 …… 145
  5.9.9 波克什核事故(2003)，匈牙利 …… 145
  5.9.10 福岛核事故(2011)，日本 …… 146
 5.10 相对其他能源的安全性 …… 148
 5.11 核安全与保障 …… 150
 参考文献 …… 153

# 第6章 放射性废物管理 …… 155
 6.1 放射性废物分类 …… 155
  6.1.1 极低放废物(VLLW) …… 156
  6.1.2 低放废物(LLW) …… 156
  6.1.3 中放废物(ILW) …… 157
  6.1.4 高放废物(HLW) …… 157
 6.2 乏燃料组成 …… 158
 6.3 核电站产生的放射性废物量 …… 159
 6.4 放射性废物处置 …… 163
 6.5 奥克洛天然裂变反应堆 …… 166
 6.6 分离与嬗变研究 …… 167
  6.6.1 由粒子加速器驱动的快堆和次临界堆 …… 169
  6.6.2 分离嬗变对地质处置的影响 …… 170
 参考文献 …… 172

**词汇表** …… 173

# 第一部分　核物理与辐射效应

第1章　物质的组成
第2章　放射性及核辐射穿透能力
第3章　核反应与核裂变

# 第1章 物质的组成

在对物质的基本组成部分——原子作简短介绍后,本章将首先讲述原子的基本属性,包括其组成、大小、质量和密度等。原子核位于原子中心并集中了原子绝大部分质量和能量,它比原子本身要小十万倍,但也是由更小的粒子——质子和中子组成的。

然后,着重介绍了核力(将质子和中子结合在一起的力)、核结合能、核素分布图和核稳定谷等内容。最后,简要讨论了核反应和宇宙中各元素的丰度。

## 1.1 原子及其组成

我们周围的所有物质,包括生物和非生物,都是由原子组成的。原子是宇宙中所有结构和有机体的基本组成部分。恒星、太阳、行星、石头、树木、动物和人类,乃至我们呼吸的空气都是由不同的原子组合而成的。

与普通物体相比,原子尺寸非常小,直径约为 $10^{-10}$ m(千万分之一毫米)。1亿个原子并排在一起,才能形成一条1厘米长的线(图1.1(a))。但其数量非常大,比如在一个质量只有8mg的针头中,就大约有 $10^{20}$ 个铁原子。将1摩尔[①]任意物质所含的原子并排排列,其长度可达地球太阳之间距离的400倍(约 $1.5 \times 10^{11}$ m,即1.5亿km)(图1.1(b))。

公元前5世纪,两位古希腊哲学家 Democritus 和 Leucippus 首先提出了宇宙万物都是由无数不可分割的微小颗粒组成的观点,并称之为原子(Atoms)。Atoms 在古希腊语中的意思是:"不能被分割成更小的碎片"。但我们今天知道,原子也是一个复杂的系统,且可以被分解成更小的碎片。

实际上,原子是由带正电荷的核心(原子核),及散布在原子核周围,带负电荷的电子组成的。原子的电子数称为原子序数,用字母"$Z$"表示。

原子核包含原子99.95%以上的质量,但体积只占其极小的一部分,约 $1/10^{15}$。电子占有剩余质量,并在大得多的原子空间中运动。对于最轻的原子(由1个质子和1个电子组成的氢原子),原子核质量($1.67262 \times 10^{-27}$ kg)大约是电子质量($9.10938 \times 10^{-31}$ kg)的1836倍。而对于最重的天然原子(由92个质子、146个中子和92个电子组成的铀-238),其原子核的质量约为92个电子质量和的4750倍。

---

[①] 摩尔是物质的量单位,1摩尔某元素指其所包含的原子数与12克碳-12($^{12}$C)同位素中原子数相同。根据定义,1摩尔 $^{12}$C 的质量正好是12g,其所含原子数即阿伏伽德罗常数 $N_A = 6.02214179 \times 10^{23}$。摩尔是国际单位制的基本单位之一,记作 mol。

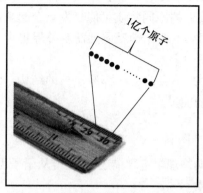 

(a) 一亿个原子尺寸大小　　　　(b) 一粒盐中的原子并排排开覆盖长度

图1.1　原子的小尺寸和大数量

其实,原子所占空间大部分是空的,因为原子核大小在 $10^{-15}$ m 左右,只是电子分布空间相对来说非常大(约为 $10^{-10}$ m)。打个比方,假若原子核只有足球场中央一只蚂蚁那么大,电子的分布则可以延伸到看台那么远,如图1.2所示,图中电子被显示在确定的轨道上,只是为了更好地展示[1],实际上它们围绕在原子核周围,并可以以不同的概率在任意轨迹上运动(详见本节"知识拓展:观察原子"部分)。

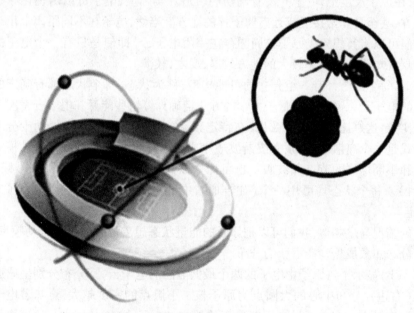

图1.2　原子核在原子中所占空间大小

原子中的原子核和电子带有相反电荷,相互吸引结合在一起。由于电子的总负电荷与原子核的正电荷相等,相互抵消,整体显电中性。

一个原子可以失去(或获得)一个或多个电子,我们称之为原子被正(或负)电离了一次或多次。

原子与相同或不同种类的其他原子相互作用,可形成更大的结构,即分子。原子的化学性质,即它们对其他原子的亲和力①,主要取决于其电子数量。

一些化学反应可以自发发生,两种相互接近的不同物质可能自发结合起来并产生一种新的物质,同时释放出能量(通常为热)。而另一些化学反应则需要外界提供一定能量(比如通过加热)才能发生。

化学反应只涉及原子的外层电子和静电力,不会改变内部原子核的结构。因为其所涉及的能量远低于能够引发原子核改变所需的能量。

**知识拓展:观察原子**

原子和亚原子粒子的行为方式无法用经典物理学定律描述,而是遵从量子力学定律,其运动规律与我们观察到的宏观世界有着本质不同。

由这些定律可知,我们并不能准确描述电子在原子中所处位置,而只能说电子在特定位置出现的概率大小。因此,对于原子结构,从现代量子力学的角度来看,并不能简单地通过一个单纯缩小的宏观系统来进行描述。比如,在 Bohr – Sommerfeld 模型②中,将原子比作一个微型太阳系,原子核位于中心,电子在确定的轨道上绕其旋转,这实际上是一种错误的观点,尽管这种古老过时的原子模型(图 1.3(a))至今仍可在教科书中找到,但实际上只具有一定历史意义罢了。事实上,电子更像是在原子核周围嗡嗡作响的一群小蜜蜂。

因此,在原子尺度上,电子并没有确切的轨道。实际上,电子可以出现在原子核周围的任何地方,甚至是非常接近或远离原子核的地方。当然,电子在不同距离上出现的概率不同。我们可以将其想象成原子核周围存在一团电子云(即使是只有一个电子的氢原子核),该云层在电子出现概率较大的地方较厚,反之,较薄。

事实上,每个原子都有一组分立的可能构型,称为状态,每个状态都有确定的能量和一定形状的电子云。可以通过量子力学的方法精确计算这些能量和电子云密度。

打个比方,这好比一根吉他弦,其在特定频率(基频和谐频)下的振动十分重要。这些振动模式是一个离散序列,频率按谐波顺序成整数倍依次递增。每个振动模式都有一定的形状和不断增加的节点和波腹。也可比作以固定频率振动的二维(如鼓膜)或三维物体(如钟)。每个状态均可用一个(如吉他弦中谐波的阶数)或两三个整数(二维或三维)来确定。

原子的情况与之相似,我们可以把原子的能量状态想象成吉他弦的振动频率,而把电子云密度分布想象成振动能沿弦的分布。

图 1.3(b)显示了氢原子中电子的两个最低能态的电子云,其分布分别呈球形(左边)和纺锤形(右边),分布中心的大圆点为原子核。小黑点的密度越大,意味着电子在该位置出现的概率越大。在电子最有可能出现的地方,电子云密度会更大。这些电子云也在一定程度上反映着不同状态下原子的大小,虽然从量子力学的角度讲,物体并没有准确的

---

① 化学亲和性是不同化学物种形成化合物的电子性质,也可以指一种原子或化合物通过化学反应与不同组成的原子或化合物结合的趋势。

② Niels Henrik David Bohr(1885—1962)是一位对原子结构和量子理论的理解做出了基础性贡献的伟大物理学家,并因此获得 1922 年诺贝尔物理学奖。Arnold Johannes Wilhelm Sommerfeld(1868—1951),德国理论物理学家,原子和量子物理学先驱。

大小,就像天上的云朵没有明确的边界一样。

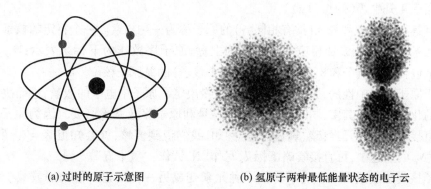

(a) 过时的原子示意图　　　　　(b) 氢原子两种最低能量状态的电子云

图 1.3　原子结构示意图

## 1.2　原子核

原子核是原子的质量中心,虽然比原子本身小近 10 万倍,却几乎集中了原子所有的质量。原子核由质子和中子组成,质子和中子分别用字母 $p$ 和 $n$ 表示。但质子和中子也不是最基本粒子,它们也是由更小的粒子——夸克组成的,夸克则由胶子将其结合在一起。

质子和中子的质量相似($M_p = 1.67262 \times 10^{-27}\,\text{kg}$ 和 $M_n = 1.67493 \times 10^{-27}\,\text{kg}$),中子质量只比质子大不到 0.14%。质子带正电荷,与电子所带负电荷的值相同,但符号相反($e = 1.60217662 \times 10^{-19}\,\text{C}$)。中子不带电,所以原子核所带总电量为 $+Ze$。

除了带电量不同,质子和中子几乎具有相同的性质,因此,被统称为核子。

每个原子所含质子和电子数量相同,原子可由两个数字标识:原子序数 $Z$(等于其所含质子(或电子)数);质量数 $A$(等于原子核中核子(质子+中子)数)。中子数还可以用字母 $N$ 表示。这三个数字之间的关系为

$$A = Z + N \tag{1.1}$$

表 1.1 列出了电子与核子的电荷和质量大小。质量分别以三种单位给出:千克(kg)、原子质量单位(u)和能量单位($eV/c^2$)(后两种单位分别将在 1.6 节和 1.7 节中给出定义)。这是因为在处理原子核 $10^{-15}$ 米级的尺寸和 $10^{-27}$ 千克级的质量时,使用基于米、千克和秒的国际单位制(SI)并不方便。在本书中,主要使用能量单位,这是一个比质量更普遍的概念,在涉及核反应的计算中会更加实用。

表 1.1　不同粒子的电荷和质量[2]

| 粒子 | 符号 | 电量 | 质量 | | |
|---|---|---|---|---|---|
| | | [C] | [kg] | [u] | [MeV/$c^2$] |
| 电子 | $e$ | $-1.60217662 \times 10^{-19}$ | $9.10938 \times 10^{-31}$ | $5.485799 \times 10^{-4}$ | 0.511099 |
| 质子 | $p$ | $+1.60217662 \times 10^{-19}$ | $1.67262 \times 10^{-27}$ | 1.007276 | 938.272 |
| 中子 | $n$ | 0 | $1.67493 \times 10^{-27}$ | 1.008665 | 939.565 |

质子和中子比电子重得多,分别是电子的 1836 倍和 1839 倍。按照这个比例,如果一

个电子的重量相当于欧元的 1 分硬币(2.30g)或一角硬币(2.268g),那么一个质子的重量就相当于 4 升牛奶(约 4.2kg)。

所有具有相同 $Z$ 和 $A$(也具有相同 $N$)的原子称为一种核素。一个特定的核素可通过在化学元素符号 X 上添加相应质量数作为上标,原子序数作为下标来表示:$^{A}X_{Z}$。比如 $^{15}N_{7}$ 表示包含 7 个质子和 8 个中子(总共 15 个核子)的氮原子核。

由于原子是电中性的,原子核中质子的数量决定了原子中电子的数量,进而决定了原子本身的化学性质。其实,同时指定元素的符号和原子序数并无必要。因为原子序数 $Z$ 就可以直接表示化学元素:碳、氧、金等。例如,我们说到氮核,就会知道 $Z=7$。所以,在类似于 $^{15}N_{7}$ 的表达中,可直接省略下标 7,写作 $^{15}N$,读作:"氮十五"。

原子核增加或减少一个质子将使一种元素变成另一种元素。但增加或减少一个中子,外围电子的数量保持不变,原子的化学性质也不会改变,所以这些原子在元素周期表中处于同一位置(详见 1.3 节)。

具有相同质子数和不同中子数的核素称为同位素。具有相同中子数和不同质子数的核素称为同中子素。而具有相同质量数 $A$ 的核素,如 $^{3}He$ 和 $^{3}H$(前者是一种较轻的氦同位素,有两个质子和一个中子;后者是一种氢同位素,有一个质子和两个中子,称为氚)则称为同重素。由于质子和中子之间的核相互作用很相似,所以同重素具有相似的核性质。

同位素原子化学性质相同,但原子核性质不同。例如,碳元素有 6 种同位素,质量数在 11~16;而铀元素有 14 种同位素,质量数在 227~240。

一种元素的同位素在地球上的丰度并不相同。例如,除了氢 $^{1}H$(原子核为一个质子)以外,它还有氘($^{2}H$)和氚($^{3}H$)两种同位素,其原子核分别含一个和两个额外中子(图 1.4)。这三种同位素的原子核都有单独的名称:质子、氘(D)和氚(T)。氘是一种稳定同位素,在自然界中与氢的比例为 1:6420。即在任何含氢的分子化合物中,大约每 6400 个 H 就有一个 D。

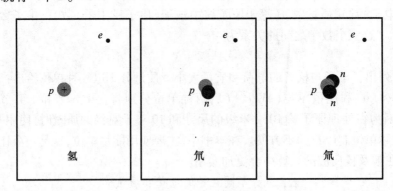

图 1.4 氢的三种同位素

铀元素(原子序数 $Z=92$)在自然界中则主要以三种同位素 $^{238}U$(99.275%)、$^{235}U$(0.720%)和 $^{234}U$(0.005%)混合的形式共存,括号中的数字表示相对百分比。

## 1.3 元素周期表

天然存在的元素一共有 98 种。科学家在实验室能够人工制造出的大约有 20 多种。

由于元素的化学性质具有周期性,所以常常根据它们的原子序数、电子构型和周期性的化学性质,将它们以表格形式进行排列,即所谓的"元素周期表"。我们今天使用的元素周期表是俄国化学家 Dmitri Mendeleev(1834—1907)于 1869 年发明并发表的。Mendeleev 发现,可以根据原子质量来排列当时已知的 65 种元素[3]。

元素周期表的标准形式由一个 18 列 ×7 行的元素网格组成,下方再单列镧系和锕系两行元素(图 1.5)。元素按照原子序数递增的顺序从上到下排列,每个格子中为相应元素的化学符号。表中的行称为周期,列称为族,将它们划分为碱金属、碱土金属、过渡金属、后过渡金属、非金属、卤素、类金属或稀有气体等。同族元素具有相同的最外层电子数,所以具有相似的化学性质。比如第一列的元素(Li、Na、K、Rb、Cs、Fr)由于只有一个价电子,在化学反应中的表现与氢(H)相似。同样地,最后一列的元素(He、Ne、Ar、Kr、Xe、Rn)都是惰性气体,其原子的电子构型决定了它们都很难参与到化学反应中。元素周期表中的大多数元素都是金属,具有良好的可塑性、光泽和韧性。而非金属元素则缺乏金属性质,易挥发。半金属则兼具金属与非金属的一些属性(详见参考文献[4])。

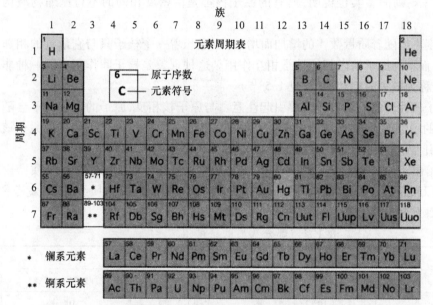

图 1.5　元素周期表[5](彩色图片请描述右侧二维码查看,后同)

注:绿色、淡蓝色和黄色底色表示其单质在室温下分别呈固态、液态和气态。

## 1.4　原子核大小与密度

假如我们将原子核中的质子和中子压缩成一个大致为球形的整体,则其半径 $R$ 约为

$$R \approx r_0 A^{1/3} \tag{1.2}$$

其中 $r_0 = 1.2 \times 10^{-15}\text{m} = 1.2\text{fm}$。长度单位飞米($1\text{fm} = 10^{-15}\text{m}$)是为了纪念意大利物理学家 Enrico Fermi(1901—1954,1938 年诺贝尔物理学奖得主),这是核物理学中常用的一个长度单位。值得注意的是,由于原子核并没有确切的边界,因此核半径也只有象征性的意义。

由式(1.2)可知,原子核的体积 $V$ 与质量数 $A$(即所含核子数)成正比:

$$V = \frac{4}{3}\pi R^3 = \frac{4}{3}\pi r_0^3 A \tag{1.3}$$

一个原子核增加质子或中子时,将分别形成新的同中子素或同位素,原子核体积随核子数的增加而增加,但核子的密度(单位体积内核子的数量)是恒定的。换句话说,无论原子核中有多少个核子,每个质子和中子本质上占有相同的体积($V_{核子} = 7.2 \text{fm}^3$,详见例题 1.2)。即原子核中的核子结合在一起,形成了一团不可压缩的物质。在这方面,原子核与原子有很大的不同。

如前所述,中子和质子的质量大致相同,所以原子核总质量直接正比于质量数 $A$。而原子核体积与质量成正比,即对于所有核来说,核物质质量密度也近似相同。

因此,若原子核 A 的半径为原子核 B 的两倍,那么 A 的核子数应是 B 的 8 倍($2^3$)。这个关系适用于所有不可压缩物质:如果一个固体球半径是另一个相同材料制成的固体球的 2 倍,那它的质量必定是后者的 8 倍。即球体体积、质量,均与其半径的立方成正比。原子核遵循这一规则的事实也说明,所有的原子核都是由密度相同的不可压缩物质构成的。

原子核密度不会随着质量数 $A$ 的增加而增加,也意味着一个核子只与它最近的相邻核子相互作用,而不与原子核内其他核子相互作用。这种现象是核子间作用力的一种非常重要的性质,称为核力的饱和性(详见 1.5 节)。

原子和原子核性质的显著差异需要引起注意。与原子核相反,原子的大小并不会随着原子序数 $Z$ 的增加而增加,意味着电子云密度将随着 $Z$ 的增加而增加。这是由原子核对电子的库仑引力(长程相互作用)引起的。

表 1.2 中给出了一些物质的密度值,以作比较。核物质的密度大约是普通物质密度的 $10^{14}$ 倍(即百万亿倍)。如果一个实心足球(直径约 22cm)单纯由核物质组成,那么其重量将相当于几百万艘世界上最大的游轮①。

表 1.2 部分物质的密度值

| 物质 | 密度/(kg/m³) | 物质 | 密度/(kg/m³) |
| --- | --- | --- | --- |
| 核物质 | $\sim 10^{17}$ | 铝 | $2.70 \times 10^3$ |
| 太阳中心 | $\sim 10^5$ | 水(4℃) | 1000 |
| 铀 | $18.7 \times 10^3$ | 空气 | 1.29 |
| 汞 | $13.59 \times 10^3$ | 实验室超高真空 | $\sim 10^{-15}$ |
| 铅 | $11.3 \times 10^3$ | 星际空间 | $\sim 10^{-21}$ |
| 铁 | $7.86 \times 10^3$ | 星系际空间 | $\sim 10^{-27}$ |

**知识拓展:原子核半径测量**

通过原子核散射电子可以确定原子核内核子的空间分布情况。由于电子带负电荷,

---

① 世界上最大的游轮(皇家加勒比和谐号)的质量约为 $2.28 \times 10^8 \text{kg}$。一个核物质足球的质量为 $5.6 \times 10^{14} \text{kg}$,即皇家加勒比和谐号的 $2.4 \times 10^6$ 倍。

高能电子通过原子核时，带正电荷的质子会使其轨迹发生偏转，而这取决于质子的空间分布。根据电子散射的情况可以反演出正电荷（质子）的空间密度分布 $\rho(r)$。假设质子均匀地分布在整个原子核中，就可以以此测量出原子核的大小。

图1.6显示了各种原子核的电荷密度 $\rho(r)$ 随距核中心距离的变化情况，由电子 – 原子核弹性散射确定（"弹性"是指散射不会改变原子核的内部结构）（详见3.1节）。如图所示，对于极轻的氢核和氦核，电荷分布的峰值在 $r=0$ 处，碳和氧等较轻核的峰值约在 1fm 处，而重核在小于 4~5fm 区间内电荷密度分布几乎不变，但在接下来的 2fm 的距离内快速下降到几乎为零。此外，对于中心平均电荷密度，质子与其他原子核间存在很大差异。氦核也是，其中心电荷密度比所有重核都要大得多。

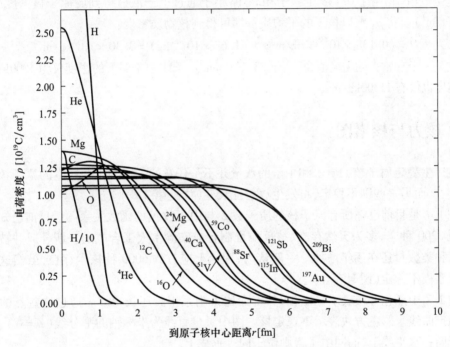

图1.6 实验电荷密度 $\rho[10^{19}\text{C}/\text{cm}^3]$ 随距原子核中心距离 $r[\text{fm}]$ 的变化[6-7]

除去弥散的外表面，所有 $A>40$ 的原子核的电荷密度分布均在 $1.1\times10^{19} \sim 1.3\times10^{19}\text{C}/\text{cm}^3$ 之间，这相当于每 $\text{fm}^3$ 约有 0.075 个质子。假如中子和质子数量相当，那么所有原子核内部的核子密度 $\rho_0$ 都几乎相同，为 0.15 核子/$\text{fm}^3$（详见习题1.2）。

从上面的讨论可以看出，原子核并没有一个明确的边界。如果把原子核半径定义为从原子核中心到电荷密度为原子核中心一半的点的距离，则可以得到一个与式（1.2）近似相当的值。

**例题 1.1 原子核大小。**

请计算氢核（$^1\text{H}_1$）、铝核（$^{27}\text{Al}_{13}$）和铀-238核（$^{238}\text{U}_{92}$）的原子核半径。

解：由公式（1.2）可知：

$$R(^1\text{H}_1) = 1.2\times10^{-15}\text{m}$$

$$R(^{27}\text{Al}_{13}) = (1.2\times10^{15}\text{m})\times(27)^{1/3} = 3.6\times10^{-15}\text{m}$$

$$R(^{238}\text{U}_{92}) = (1.2\times10^{15}\text{m})\times(238)^{1/3} = 7.4\times10^{-15}\text{m}$$

由于原子核半径正比于 $A^{1/3}$，所以自然界中最大的原子核 $^{238}$U 的半径仅比最小的原子核 $^1$H 大6倍。

**例题 1.2 原子核密度。**

请计算核物质密度 $D$，并将其与日常物体的密度进行比较。

解：在原子核中，单位体积内核子数 $\rho_0$ 为

$$\rho_0 = \frac{A}{V} = \frac{A}{\frac{4}{3}\pi R^3} = \frac{3A}{4\pi r_0^3 A} = \frac{3}{4\pi r_0^3} = \frac{3}{4 \cdot 3.14 \cdot (1.2 \times 10^{-15})^3}$$

$$= 0.138 \times 10^{45} \text{核子}/\text{m}^3$$

这个数值（相当于 0.138 个核子/fm$^3$）略小于通过电子散射得到的原子核密度（0.15 个核子/fm$^3$）。将 $\rho_0$ 乘以核子的平均质量即可得到核物质密度：

$$D = (0.138 \times 10^{45} \text{核子}/\text{m}^3) \times (1.67 \times 10^{-27} \text{kg}) = 2.30 \times 10^{17} \text{kg}/\text{m}^3$$

这是一个非常大的密度值，相当于 23 万 t/mm$^3$。而水在室温下的密度仅为 1000kg/m$^3$，铅的密度也仅有 11300kg/m$^3$。

## 1.5 核力与核素图

能产生稳定原子核的质子和中子的数量并不是任意的。一些组合产生的原子核可以长期存在，而另一些则不稳定，将发生放射性衰变（详见第 2 章）。

图 1.7 是目前已知所有原子核的质子数 $Z$ 与中子数 $N$ 的函数关系图。目前已知的核素接近 3200 种[8]，多为天然存在、核反应堆制备或实验室人工合成的。新合成并被研究的核素种类数量还在逐年增加。一般认为，理论上应有约 6000 种核素存在，虽然这里面很多核素极不稳定（瞬时存在）。

图 1.7 中黑色方块表示稳定核，其寿命比太阳系年龄还长得多。通过这些点的曲线称为稳定曲线。彩色方块表示不稳定核。图中黑色直线为坐标轴的平分线（$Z = N$），同位素位于同一水平线上，而同中子素则位于同一垂线上。

这种图表被称为"Segrè Chart"，以纪念意大利裔美国物理学家 Emilio G. Segrè（1905—1989），他扩展了 Fea 于 1935 年首次发表的类似图表[9]。

如图 1.7 所示，大多数原子核是不稳定（放射性）的。一般来说，对于每个质量数 $A = (N + Z)$，只有一个或两个核素（即 $(N, Z)$ 值的组合）能够在地球上存在足够长时间并在自然界大量存在。

从图中还可以看出，轻核（$A < 20$）中质子和中子的数通常近乎相等，而重核中中子数量 $N$ 总是大于质子数量 $Z$，且这种中子过剩倾向随着 $Z$ 的增加而愈发明显。因为中子实际上起到了一种类似于胶水的作用，将相互排斥的质子结合在一起。这种电荷间排斥作用越大，所需胶水就越多。因此，每个质子需要一个多中子，而且中子-质子比也会随着质量数 $A$ 的增加而增加。比如碳-12 有 6 个质子与 6 个中子，铁-56 有 26 个质子和 30 个中子，而铀-238 则有 92 个质子和 146 个中子。换句话说，从 $N/Z = 1$ 开始，到 $N/Z = 1.6$ 结束，稳定核沿着图 1.7 黑色方块组成的曲线分布。

图 1.7 中蓝色方块则表示中子过剩的原子核，这些核可通过 $\beta^-$ 衰变将中子转化为质

子,从而降低中子与质子的比;红色方块表示质子过剩的原子核,它们则可通过 $\beta^+$ 衰变或电子俘获(EC)过程(该过程中原子的一个轨道电子被原子核吸收),将质子转化为中子,从而提高中子与质子的比;黄色的原子核则是通过发射 α 粒子(即氦核,含有两个质子和两个中子)进行衰变;绿色的原子核则可发生自发裂变。在彩色区域的上边缘有几个橙色的核:这些核可通过发射质子而衰变。右上方空心无色方块则是近些年在实验室中产生的超重核。上述所有衰变过程都将在本书第 2 章中作更详细的讨论。

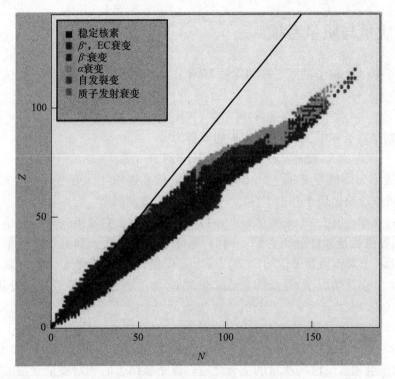

图1.7 目前已知的核素图[10]

质子和中子在原子核中由一种基本作用力束缚在一起,这种力只存在于构成原子核的粒子之间,故将其命名为核力。核力不同于静电力和引力:虽然在原子核中,在核子间典型距离($10^{-15}$m)内,核力远强于后两者(故被称为强相互作用),但其强度随核子间距离增大也降低得更为迅速,当核子间距离超过几飞米时,这种相互作用就基本消失了。所以通常称核力是一种短程相互作用,其作用半径或范围是 $r_a \cong 1.5$fm。此外,核力本身与电荷无关,即两个质子之间、两个中子之间,或者一个质子和一个中子之间的核力是相同的。

核子之间的短程相互作用对原子核的稳定性起着至关重要的作用,这种稳定性建立在力平衡的基础上。原子核要保持稳定,质子之间的静电斥力必须由核子间核力产生的吸引力所平衡。然而,由于静电力是一种长程相互作用,每个质子对原子核中的其他质子都将施加一个斥力,每个核子(质子或中子)却只能吸引短程相互作用距离 $r_a$ 以内的核子。因此,当原子核中质子数 $Z$ 增加时,中子数 $N$ 必须增加得更快,才能维持原子核的稳定。

然而,当达到某种临界水平时,通过单纯增加中子的数量也无法平衡核力引力和静电斥力,即额外中子无法提供足够平衡质子间长程静电斥力所需的核力。此时,原子核将变得不稳定。

正如前文已经简要讨论过的,直到钙元素,稳定同位素都具有相等或相近数量的质子和中子。而对于较重的元素,稳定原子核中中子比质子多,且多余的中子数随着原子序数的增加而增加。例如,铅的稳定同位素含有 82 个质子,却含有 122 个、124 个、125 个或 126 个中子。质子数最多的稳定原子核是同位素 $^{209}\text{Bi}_{83}$,含有 83 个质子和 126 个中子[①]。质子数大于 83 的原子核(如 $Z=92$ 的铀)不稳定,将随时间自发分裂或重排内部结构,这种现象就叫作放射性。

## 1.6 原子核质量与质量亏损

含有 $Z$ 个质子和 $A$ 个核子的原子核的质量 $M(Z,A)$ 略小于它包含的 $A$ 个核子的质量之和:

$$M(Z,A) < ZM_p + NM_n \tag{1.4}$$

$M_p$ 和 $M_n$ 分别是质子和中子的质量,损失的质量为

$$\Delta m = ZM_p + NM_n - M(Z,A) \tag{1.5}$$

这一现象又被称为质量亏损,质量亏损概念在研究依靠强相互作用约束的系统时具有重要意义。它可以反映出质子和中子在原子核中结合程度的强弱。

这是一个普遍规律:任何一个束缚体系 $M$ 的总质量,都小于它各组分分离时质量的总和,即必须外加提供能量才能分离它们。例如,氢原子质量比质子和电子的质量和小 $13.6\text{eV}/c^2$(详见 1.7 节对该质量单位的定义),所以必须提供 13.6eV 能量才能将氢电离得到质子和电子。大多数情况下,亏损质量 $\Delta m$ 非常小,无法通过直接的质量测量获得,而要采取其他方式。

例如,对于地球-太阳系统,$\Delta m/M \approx 10^{-17}$;对于一个水晶,$\Delta m/M \approx 10^{-11}$;对于基态(能量最低的量子构型)氢原子 $\Delta m/M \approx 1.5 \times 10^{-8}$。即使在最剧烈的化学反应(如爆炸)中,释放的能量也不会超过反应物质量的亿分之一。原子核结合时相对质量亏损的数量级远远大于其他结合($\Delta m/M \approx 1\%$),但它对整个体系总质量的影响仍然十分有限。

比如,对于一个氘原子,其质量 $M_d = 3.343584 \times 10^{-27}\text{kg}$,其质量亏损:

$$\Delta m = M_p + M_n - M_d = 3.966 \times 10^{-30}\text{kg}$$

这个差别也非常小,但在原子核的尺度上不可忽略,$\Delta m = 0.0024 \times M_p = 0.0012 \times M_d$。

将 $Z$ 个原子电子的质量代入式(1.5)的右边,并使用原子质量进行计算将更为方便,因为原子质量测量的准确度将比原子核高得多。这样,式(1.5)转变为

$$\Delta m = ZM_H + NM_n - M_A(Z,A) \tag{1.6}$$

其中 $M_H = M_p + m_e$ 是氢原子质量,$m_e$ 是电子质量。而 $M_A(A,Z)$ 则是具有 $Z$ 个电子和 $A$ 个核子的原子的质量。我们注意到,当使用原子质量计算时,$Z$ 个电子的质量也被包括在内 $[M_A(A,Z) = M(A,Z) + Zm_e; M_H = M_p + m_e]$。在计算中,它们与 $Z$ 个氢原子的 $Z$ 个电子的质量相抵消。Z 元素中 $Z$ 个电子由于结合能引起的质量变化低于质量测定误差,可以忽略不计。

---

[①] 实际上,最近人们发现,$^{209}\text{Bi}$ 也会发生衰变,但其半衰期非常长(约为 $10^{19}$ 年),所以也可以说它是"几乎稳定"。

表1.3 给出了一些同位素的中性原子（包括电子并考虑到其结合能）的质量。这些质量以原子质量单位（缩写为 amu，符号 u）的形式给出，一个原子质量单位相当于 $^{12}C_6$ 原子质量的 1/12（1u = 1.66054×10$^{27}$ kg[2]）。

表1.3 某些同位素的中性原子（包括电子并考虑它们的结合能）质量[11]

| 原子核 | 符号 | 质量/u |
| --- | --- | --- |
| 氢 | $^1H_1$ | 1.007825 |
| 氘 | $^2H_1$ | 2.014102 |
| 氚 | $^3H_1$ | 3.016049 |
| 氦 | $^4He_2$ | 4.002603 |
| 碳 | $^{12}C_6$ | 12.000000 |
| 氮 | $^{14}N_7$ | 14.003074 |
| 氧 | $^{16}O_8$ | 15.994915 |
| 铝 | $^{27}Al_{13}$ | 26.981538 |
| 钙 | $^{40}Ca_{20}$ | 39.962591 |
| 铁 | $^{56}Fe_{26}$ | 55.934939 |
| 铜 | $^{63}Cu_{29}$ | 62.939598 |
| 银 | $^{107}Ag_{47}$ | 106.905092 |
| 铅 | $^{206}Pb_{82}$ | 205.974440 |
| 铀 | $^{238}U_{92}$ | 238.050784 |

由于质量和能量是等价的，核物理中习惯用能量单位（即 $eV/c^2$）来表示粒子的质量（$c^2$ 因子的解释详见下一节）。1eV 是一个电子被 1V 的电位差加速时所获得的动能（1eV = 1.602×10$^{-19}$ J），很容易导出 1u = 931.494×10$^6$ $eV/c^2$（详见习题 1.3）。eV 的倍数也是被广泛用到的单位：如 keV（1000eV）、MeV（10$^6$ eV）、GeV（10$^9$ eV）等。

标准国际制单位焦耳（J），对于核子间能量的表示而言太大了。为方便起见，在核物理中，比 J 小得多的单位 MeV（1MeV = 1.602×10$^{-13}$ J）更为常用。对于 MeV 这个单位，核领域中的大部分能量都可以用小数点前的几位数字来表示，而不会出现十进制的幂。

需要注意的是，在粒子和核物理经常使用的单位制中，通常令 $c = 1$，这样质量和能量都用 eV 进行表示。在本书中，我们也将采用这种单位制。

## 1.7 质能方程

根据相对论，静止物体的能量 $E_0$，与它的质量 $M$ 之间的关系为

$$E_0 = Mc^2 \tag{1.7}$$

其中 $c = 2.99792 \times 10^8$ m/s 为真空光速。在下面的计算中，为方便起见，我们常使用其近似值 $c = 3 \times 10^8$ m/s。$E_0$ 被称为物体的静止能量。

通常将式（1.7）称为质量能量等效方程，或简称质能方程，在令 $c = 1$ 的单位制中，$E_0 = M$。

需要注意的是，一个常见物体的静止能量是非常大的，比如一个 0.055kg 的羽毛球，其静止质量为 $(0.055\text{kg}) \times (3 \times 10^8 \text{m/s})^2 = 4.95 \times 10^{15}$ J，这相当于其速度为 70m/s 时动

能($T = 1/2(0.055\text{kg}) \times (70\text{m/s})^2 = 134.75\text{J}$)的一百亿倍。一个电子的静止能量为$511 \times 10^3 \text{eV}$,相当于其通过50kV X射线管加速获得的动能的十余倍。

式(1.7)意味着质量可以转化为能量,反之亦然。在相对论提出之前,物理学和化学的所有发展都是基于假设:任何封闭体系的质量和能量在所有过程中都是守恒的,而且是分别守恒(即质量守恒和能量守恒)。而相对论则认为,没有单独的静止质量守恒定律和单独的能量守恒定律,只有一个定律,即能量守恒定律,此能量包括静止能量(即质量)。

如前所述,在化学反应中,质量转化成其他形式的能量(反之亦然)的比例是非常小的,以至于无法通过质量的直接测量(即使是非常精确的测量)来检测到(详见例题1.5)。然而,在核反应过程中,释放的能量往往要高出上百万倍,所以是可以观测到的。

**例题1.3　能量单位的换算系数。**

请计算原子质量单位 u 与 $\text{eV}/c^2$ 之间的换算系数。

解:根据原子质量单位的定义 $1\text{u} = \dfrac{1}{12}M(^{12}\text{C}) = 1.66054 \times 10^{-27}\text{kg}$

及质能方程 $E_0 = Mc^2$,其中 $c = 2.99792 \times 10^8 \text{m/s}$。

1u 质量对应的能量为

$$E_0 = Mc^2 = (1.66054 \times 10^{-27}\text{kg}) \times \left(2.99792 \times 10^8 \frac{\text{m}}{\text{s}}\right)^2$$
$$= 1.49241 \times 10^{-10}\text{J}$$

而1eV是一个电子通过1V的电位差加速所获得的能量:

$$1\text{eV} = 1.60218 \times 10^{-19}\text{C} \times 1\text{V} = 1.60218 \times 10^{-19}\text{J}$$

即

$$E_0 = \frac{1.49241 \times 10^{-10}\text{J}}{1.60218 \times 10^{-19}\text{J/eV}} = 931.487 \text{MeV}$$

即一个原子质量单位是指,当其乘以 $c^2$,得到能量为931.487MeV(同样采用上述计算中所使用的所有数据,参考文献[2]中得出的数据为$931.494\text{MeV}/c^2$)。

**例题1.4　质子-质子聚合。**

"质子-质子链式反应"是太阳辐射能量的主要来源。从质子开始,经过一系列的步骤,将它们转变为氦核。链式反应第一步为 $p + p \rightarrow d + e^+ + v$,两个质子聚变成一个氘核,并发射一个正电子($e^+$)和一个中微子($v$)(正电子是电子的反粒子:与电子具有相同的质量和相反的电荷量。中微子一般出现在 $\beta$ 衰变中,中微子没有质量)。请计算该热核聚变反应所释放的总能量$E$(氘核质量为1875.61MeV)。

解:$E = (M_p + M_p - M_d - M_{e^+})c^2$
$= 2 \times 938.272\text{MeV} - 1875.61\text{MeV} - 0.510999\text{MeV} = 0.42\text{MeV}$

这部分释放的能量分别由氘核、正电子和逃逸的中微子获得。

**例题1.5　宏观过程中的质量亏损。**

假设两块质量 $m = 1.0\text{kg}$,速度 $v = 2.5\text{m/s}$ 的橡皮泥相向运动,碰撞并粘在一起,形成一个静止的整体。碰撞过程中,两个物体的动能消失,而它们的静止质量增加到某个值 $M$。假设两个物体的所有动能均转化成物体的静止质量,请计算物体质量增加的大小。

解:我们可以用能量守恒定律来计算这两个物体的最终质量 $M$:碰撞前和碰撞后的总能量必须相等,即

$$\left(mc^2 + \frac{1}{2}mv^2\right) + \left(mc^2 + \frac{1}{2}mv^2\right) = Mc^2 + 0$$

重排等式两边可得静止质量的变化值:

$$M - 2m = \frac{mv^2}{c^2} = (1.0\text{kg})\left(\frac{2.5\text{m/s}}{3.0 \times 10^8 \text{m/s}}\right)^2 = 6.9 \times 10^{-17} \text{kg}$$

可以看到,静止质量的变化非常小。实际上,在这个例子中,从宏观角度来看,动能将主要转化为声能和热能。但在核物理中,两个原子核可以碰撞并形成一个质量大于两个初始原子核质量之和的原子核。这主要发生在两个原子核初始动能足够大的情况下,此时全部或部分动能将转化为新系统的静止质量。

## 1.8 核结合能

含有 $Z$ 个质子和 $N = A - Z$ 个中子的原子核的核结合能 $B(Z,A)$ 是指各核子质量和与原子核质量之差:

$$B(Z,A) = \Delta mc^2 = [ZM_p + NM_n - M(Z,A)]c^2 \quad (1.8)$$

或使用原子质量表示为

$$B(Z,A) = \Delta mc^2 = [ZM_H + NM_n - M_A(Z,A)]c^2 \quad (1.9)$$

结合能通常被定义为原子核质量与核子质量和之差:

$$B'(Z,A) = \Delta mc^2 = [M_A(Z,A) - ZM_H - NM_n]c^2 \quad (1.8')$$

显然, $B'(Z,A) = -B(Z,A)$,其值通常为负。

$B(Z,A)$ 表示把原子核分解成单独的核子所需要的能量,也可以说是 $Z$ 个质子和 $N$ 个中子结合成一个原子核时所释放的能量。如果一个原子核的质量恰好等于组成它的 $Z$ 个质子和 $N$ 个中子的质量之和,那么该原子核就可以在不需要任何能量供应的情况下解体。一个原子核想要保持稳定,其质量必须小于组成它的单独组分质量和,这样,外界必须提供能量才能使其分裂。

为了更好地理解哪些核素结合得最为紧密,并比较不同核素之间的差异,一个有效的方式就是,对该原子核每核子的结合能 $B/A$(比结合能)对质量数 $A$ 作图,比结合能越大的原子核,其核子间结合得越紧密,而与核子具体的数量无关。

图 1.8 显示了比结合能 $B/A$ 随质量数 $A$ ($1 \leq A \leq 238$) 的变化趋势。图中的每个点代表一个稳定或近乎稳定的核素(寿命比太阳系的年龄长得多)。

从图中可以看出,从较轻的元素开始,比结合能随 $A$ 的增加而迅速增加,在同位素 $^{62}\text{Ni}_{28}$ 处达到最大值约 8.8MeV/核子 ($B/A(\text{Ni}) = 8.7946 \pm 0.0003$ MeV/核子),然后单调递减至 $^{238}\text{U}$ 处的 7.3MeV/核子。我们很快就会看到这么小的值是不足以保持原子核稳定的。这一趋势对于核衰变和从核反应中获取能量十分重要。与重核裂变形成裂片元素一样,轻核聚变也会形成更紧密的结合。

比结合能的这种变化趋势很容易通过核子之间的核力引力和质子间的静电斥力来理解。正如在 1.5 节中所说,对单个核子的吸引力来源于核力有效作用范围内的所有其他核子:核子数越高,吸引力就越大,使一个核子离开所需的能量就越大。这也解释了为什么核子数量少的轻原子核的比结合能较低。轻原子核足够小,以至于大多数的核子都能感受到来自其他所有核子的吸引力,因而增加更多的核子会产生更紧密的结合。所以轻核($A<30$)$B/A$随$A$的增加而增加。

相反,在一个非常大的原子核中,每个质子对每个其他质子都施加一个斥力,但并不会吸引全部其他核子,因为有些核子相距太远,以至于核力无法在它们之间产生有效作用。比如在一个较大的原子核中,位于原子核一侧的核子由于距离太远而无法被另一侧的核子所吸引。其结果是特别大的原子核的结合也较弱。从图中可以看出,当$A>60$时,比结合能又将逐渐减小。

通过图1.8还可以发现,某些原子核相比于与其质量数$A$相当的其他核,其内部明显结合得更为紧密,比如$^4$He、$^{12}$C和$^{16}$O。这是因为这些原子核的某些量子能级被完全填满,使核子间产生了更强的吸引力(类似于原子物理学中惰性气体的情况)。氦-4($^4$He$_2$)原子核中的核子确实具有相对较高的比结合能,$B/A(^4$He$)=7.06$MeV(详见习题1.7)。因此,从能量的角度讲,在重核衰变过程中,发射氦核($\alpha$粒子)是有利的(详见2.1节)。从结合能的角度来看,这种现象也很容易理解。在$B/A=8$MeV的原子核(质量数$A\approx 185$,见图1.8)中,平均而言,两个质子和两个中子组成的结团的总结合能为(4核子×8MeV/核子=32MeV),大于一个$^4$He原子核的总结合能(4核子×7.06MeV/核子=28.2MeV)。因此,从原子核中发射一个$\alpha$粒子所需能量不到4MeV($32-28.2=3.8$MeV),而发射一个核子则需要8MeV。

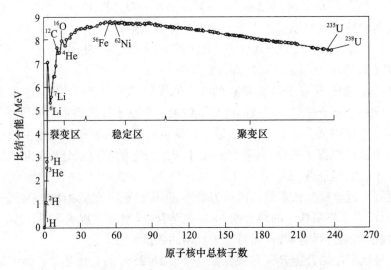

图1.8 比结合能与质量数$A$的关系图

对于质量数$A>185$的原子核,其核子比结合能$B/A<8$MeV,并随着$A$增加而降低,发射$\alpha$粒子所需的能量可以减小至零以至于实现自发发射,即不需要任何额外的能量(详见例题1.9)。显然,此时对于两个质子和两个中子来说,被束缚在一个氦原子核中比被束缚在一个更重的原子核中更具有能量上的优势,这是因为在更重的原子核中,两个质子会受到其他所有质子的排斥力。这就是为什么比$^{209}$Bi$_{83}$重的原子核不稳定并能自发发射$\alpha$粒子的原因①。

---

① 即使$\alpha$粒子发射在能量上是允许的(自发发生),并伴随着动能释放,其发生概率也要遵循量子力学相关规律。所有能量允许的核相关过程都是如此。

$^{12}$C 和 $^{16}$O 中的核子结合能比在氦核中还要强（分别为 7.6MeV/核子和 8.0MeV/核子）。因此，在一些重核衰变过程中，也能观察到 $^{12}$C 或 $^{16}$O 核的发射。

图 1.8 的曲线还表明，聚变反应，即两个轻原子核结合形成一个更重的原子核的过程在能量上也是有利的（详见例题 1.4、例题 1.11 和例题 1.12），而重原子核则通过裂变分裂成两个或两个以上的小一些的原子核。事实上，当一个原子核比结合能低于它的裂片核素的比结合能时，其在动力学上即是不稳定的。图 1.8 表明，质量数 $A>100$ 的所有原子核都存在裂变的可能（详见 3.3 节）。

图 1.9 以图示的方式分别说明了在核聚变和裂变过程中初态和终态间质量的不平衡现象。左图反映了在聚变反应 $^2H_1 + ^3H_1 = ^4He_2 + n$ 中，两个轻原子核的质量之和（$^2H_1$ 和 $^3H_1$）大于氦原子核和发射的中子的质量之和，聚变反应将亏损质量转化为能量。右图则反映了在裂变反应 $^{236}U_{92} \to ^{95}Sr_{38} + ^{139}Xe_{54} + 2n$ 中，两个裂片核素（$^{95}Sr_{38}$ 和 $^{139}Xe_{54}$）和发射的两个中子的质量之和小于最开始的重原子核（$^{236}U_{92}$）的质量，此时，裂变反应将亏损质量转化为能量。

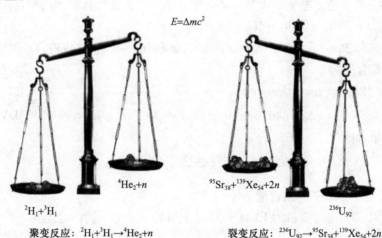

聚变反应：$^2H_1 + ^3H_1 \to ^4He_2 + n$　　　裂变反应：$^{236}U_{92} \to ^{95}Sr_{38} + ^{139}Xe_{54} + 2n$

图 1.9　聚变（左）和裂变（右）反应中初态和终态质量不平衡示意图

**例题 1.6　$^4$He 同位素的结合能。**

请计算氦的最丰同位素（$^4He_2$）的质量亏损及结合能，其质量为 $6.6447 \times 10^{-27}$kg。

解：通过 $^4He_2$ 核质量减去两个中子和两个质子的质量和得到亏损质量 $\Delta m$：

$$\Delta m(^4He_2) = 2M_p + 2M_n - M_{He}$$
$$= 2 \times (1.67262 \times 10^{-27} \text{kg}) + 2 \times (1.67493 \times 10^{-27} \text{kg})$$
$$- 6.6447 \times 10^{-27} \text{kg} = 0.0504 \times 10^{-27} \text{kg}$$

相当于氦核质量 $M_{He}$ 的 8‰：

$$\frac{\Delta m}{M_{He}} = \frac{0.0504 \times 10^{-27} \text{kg}}{6.6447 \times 10^{-27} \text{kg}} = 0.0076$$

有趣的是，将这一数值与核裂变过程[$\Delta m/m \approx 0.1\%$]及电磁过程[$\Delta m/m \approx 10^{-8}$]的能量转化率比较可知，热核聚变显然是自然界中存在的最有效的质能转化过程。

那么 $^4$He 原子核的结合能为（取真空光速近似值 $c = 3 \times 10^8$m/s）：

$$B(^4\text{He}) = \Delta mc^2$$
$$= (0.0504 \times 10^{-27}\text{kg}) \times (3.00 \times 10^8 \text{m/s})^2 = 4.53 \times 10^{-12}\text{J}$$

通常情况下,结合能以 eV 而不是 J 表示($1\text{eV} = 1.60 \times 10^{-19}\text{J}$),则有

$$B(^4\text{He}) = \frac{4.53 \times 10^{-12}}{1.60 \times 10^{-19}} = 28.3\text{MeV}$$

这个值比从氢原子中移除一个电子所需能量(13.6eV)大近 200 万倍。$^4$He 原子核中每个核子的平均结合能为

$$\frac{B(^4\text{He})}{A} = \frac{28.3}{4} = 7.08\text{MeV}$$

**例题 1.7** Fe 的结合能。

请计算铁的最丰同位素($^{56}\text{Fe}_{26}$)的总结合能。

**解**:总结合能由 26 个质子和 30 个中子的质量之和减去$^{56}\text{Fe}_{26}$原子核质量得到:

使用表 1.1 和表 1.3 的数值,以及式(1.6)(注意,当使用原子质量的值来确定原子核的质量亏损时,必须考虑电子的质量。此处用氢原子的质量代替质子的质量),有:

$$\Delta m(^{56}\text{Fe}_{26}) = 26M_\text{H} + 30M_n - M_\text{Fe}$$
$$= 26 \times (1.007825\text{u}) + 30 \times (1.008665\text{u}) - (55.934939\text{u}) = 0.528461\text{u}$$

$^{56}\text{Fe}_{26}$的结合能为

$$B(^{56}\text{Fe}_{26}) = \Delta m(^{56}\text{Fe}_{26})c^2$$
$$= (0.528461\text{u})c^2 \times (931.494(\text{MeV}/c^2)/\text{u}) = 492.258\text{MeV}$$

$^{56}\text{Fe}_{26}$比结合能为

$$\frac{B(^{56}\text{Fe})}{A} = \frac{492.258}{56} = 8.7903\text{MeV}$$

**例题 1.8** 最后一个核子的结合能。

请计算$^{13}\text{C}_6$原子核(质量为 13.003355u)中最后一个中子的结合能 $b$。

**解**:由题可知:

$$\Delta m = M(^{12}\text{C}_6) + M_n - M(^{13}\text{C}_6)$$
$$= 12.000000\text{u} + 1.008665\text{u} - 13.003355\text{u} = 0.005310\text{u}$$

因此,最后一个中子的结合能为

$$b = \Delta mc^2 = (0.005310\text{u})c^2 \times (931.494(\text{MeV}/c^2)/\text{u}) = 4.9462\text{MeV}$$

有趣的是,这个中子的结合能比$^{13}$C 原子核其他核子更少(它们的平均结合能约为 7.5MeV)(见图 1.8)。

**例题 1.9** Ra 的自发 α 衰变。

请判断$^{226}\text{Ra}_{88}$原子核(原子质量 $M_\text{Ra} = 226.025410\text{u}$)能否自发发射 α 粒子并衰变为$^{222}\text{Rn}_{86}$原子核,(原子质量 $M_\text{Rn} = 222.017578\text{u}$)。

**解**:$^{226}\text{Ra}_{88}$核的质量大于$^4\text{He}_2$核和$^{222}\text{Rn}_{86}$核的质量之和:

$$M_\text{Ra} - (M_\text{Rn} + M_\text{He}) = 226.025410\text{u} - (222.017578 + 4.002603)\text{u}$$
$$= 0.005229\text{u}$$

即$^{226}$Ra 的质量大于衰变产物的质量。因此,从能量角度讲,是有可能发生自发衰变的。

**例题 1.10  最后 20 个核子的结合能。**

对于质量数为 $A=180$ 和 $A=200$ 的核子,每个核子的平均结合能分别为 $8.0\text{MeV}$ 和 $7.85\text{MeV}$。请计算第二个核子中另外 20 个核子的平均结合能 $b$。

解:利用题中数据可得:
$$180 \times 8.0 + 20b = 200 \times 7.85$$

得:$b=6.5\text{MeV}$

如果这 20 个核子中的两个质子和两个中子形成一个 $^4\text{He}$ 核,它们的结合能将增加到 $7.08\text{MeV}$。那么 $\alpha$ 粒子的发射在能量上是有利的,因为它将导致 $4\times(7.08-6.5)=2.32\text{MeV}$ 能量的减少。

**例题 1.11  分解碳核所需能量。**

请计算为将 $^{12}\text{C}$ 原子核分解成 3 个 $\alpha$ 粒子必须供给的能量 $\varepsilon$。

解:为了计算能量 $\varepsilon$,需由三个 $^4\text{He}$ 核的质量之和减去 $^{12}\text{C}$ 原子核的质量得出(采用表 1.3 中数值),有:

$$\varepsilon = [3(M_{\text{He}}) - M_{^{12}\text{C}}]c^2 = (3\times 4.002603\text{u} - 12\text{u})c^2 = (12.007809\text{u} - 12\text{u})c^2$$
$$= 0.007809\text{u}\times(931.494(\text{MeV}/c^2))/\text{u} = 7.274\text{MeV}$$

相反地,当三个 $\alpha$ 粒子结合形成 $^{12}\text{C}$ 核时,会释放 $7.274\text{MeV}$。这一过程对于恒星中碳核的形成非常重要。

**例题 1.12  核聚变能量释放。**

请计算在聚变反应 $^2\text{H}_1 + ^3\text{H}_1 \rightarrow ^4\text{He}_2 + n$ 中释放了多少能量,其中一个氘核和一个氚核聚变形成一个氦核并发射一个中子。

解:释放的能量由初始体系(氘核和氚核)的总质量减去最终体系($^4\text{He}_2$ 核和一个中子)的总质量得到:

$$M(^2\text{H}) + M(^3\text{H}) - M(^4\text{He}_2) - M_n$$
$$= (2.014102 + 3.016049 - 4.002603 - 1.008665)\text{u} = 0.018883\text{u}$$

因此,释放的能量是 $(0.018863\text{u})\times(931.494\text{MeV}/\text{u}) = 17.59\text{MeV}$。由于五个核子参与了这个核聚变反应,平均每个核子释放的能量为

$$\frac{17.59\text{MeV}}{5} = 3.52\text{MeV}$$

这个能量大约是裂变过程释放的能量(大约等于 $0.9\text{MeV}/$核子(详见 3.4 节))的 4 倍。即相同质量的燃料,聚变反应相比于裂变反应能释放出更多的能量。

## 1.9  核稳定谷

图 1.7 中的红色或蓝色方块表示不稳定原子核,其质子和中子的比例使得它们在能量上无法保持稳定。因此,在保持原子质量不变的情况下,它们通过质子-中子间的相互转化,转变为新的原子核,过渡到一个稳定的构型。这个过程称为 $\beta$ 衰变,该过程将在 2.1 节中详细讨论。

质子和中子比例的失衡将使原子核能量过剩,这从同重素之间的差异也可以看出。图 1.10 为质量数为 $A=101$ 的同重素的原子质量与质子数 $Z$ 的关系:不同点对应不同

核素,连接这些点的光滑抛物线曲线表明,质量数 $A$ 一定时,核结合能主要取决于质子数 $Z$。

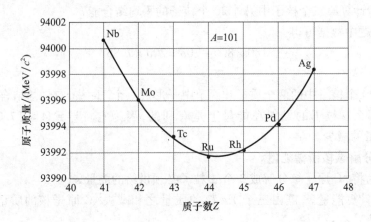

图 1.10  $A=101$ 的同重素原子质量与质子数 $Z$ 的关系图(稳定曲线)

其中,原子质量最小的钌同位素 $^{101}Ru_{44}$ 是 $A=101$ 时唯一的稳定同重素。而抛物线两侧的原子核是不稳定的,将通过一系列的衰变降低自身能量,下降到抛物线的底部,转化为 Ru 同位素。$Z$ 值高于 Ru 的核素通过 $\beta^+$ 衰变(每次衰变 $Z$ 值减小 1),$Z$ 值较低的核素则通过 $\beta^-$ 衰变(每次衰变 $Z$ 增大 1)的方式实现转化。

元素周期表中几乎所有元素均遵循这一规律。通过改变 $A$ 值,可作出三维核素图,其中纵坐标能量对应于原子核的静止能量(原子质量)。不同 $A$ 值对应于一个个不同的能量谷,所有稳定核都位于谷底,这个谷底就称为核稳定谷(图 1.11)。

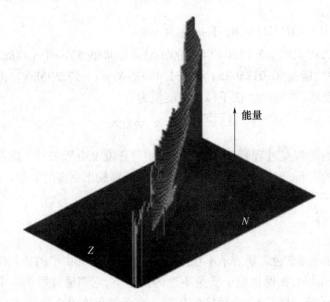

图 1.11  原子核的静止质能与质子数 $Z$ 和中子数 $N$ 的关系[12]

谷底的稳定核素则遵循比结合能的规律(图 1.8 的 $B/A$ 曲线前面加一个负号)。能量谷曲线并非水平,而是在靠近 Fe 和 Ni 原子核处出现最低点,Fe 和 Ni 中每个核子的能量比其他任何原子核中的都少(即每个核子的比结合能更大)。曲线两端则向着重核(比如铀)和最轻核方向缓慢上升。

一个原子核一旦脱离稳定谷底部,它会通过质子–中子相互转化而滚向谷底,同时保持 $A$ 不变。这个失去多余能量的过程很像从山上滚落下来,这张图也显示了在远离谷底稳定原子核的过程中,能量将迅速增加。

## 1.10 核反应

与化学反应通过改变原子外层电子的分布形成新的分子一样,两个原子核之间的反应(核反应)则可以形成新的原子核。

例如,当一个氦核和一个氮核碰撞时,组成它们的 18 个核子可以以新的方式重排,形成 $^{17}O$ 核,并释放一个质子。与化学反应类似,这个过程记作:

$$^{4}He_{2} + {}^{14}N_{7} \rightarrow {}^{17}O_{8} + {}^{1}H_{1} \tag{1.10}$$

或

$$\alpha + {}^{14}N_{7} \rightarrow {}^{7}O_{8} + p \tag{1.11}$$

另一种常用的表示法记作: $^{14}N(\alpha,p)^{17}O$

首先写的是靶核,圆括号中依次是入射粒子、逗号和出射粒子、括号后面则是生成的新核。

书写类似于式(1.10)这样的方程时,需要仔细检查原子核的上下标,确保方程两边核子数和电荷数守恒。比如在本例中,反应的初态和终态均总共有 18 个核子和 9 个正电荷。

同化学反应一样,核反应既可以是放热反应(释放能量),也可以是吸热反应(吸收能量)。要弄清楚核反应 X(a,b)Y 到底是吸热还是放热,只需比较等式左右两边总质量大小。如果等式左边总静止质量比右边的总静止质量大,反应放热,反之,吸热。

为了方便起见,引入反应 $Q$ 值的概念,用以表示由于初态质量和终态质量的差异而获得(或损失)的能量。对于反应 X(a,b)Y(粒子 a 撞击静止的核 X)中的能量守恒,可表示为

$$M_{a}c^{2} + T_{a} + M_{X}c^{2} = M_{b}c^{2} + T_{b} + M_{Y}c^{2} + T_{Y} \tag{1.12}$$

其中 $T$ 表示相应粒子的动能,a 和 X 的质量是静止质量。当然,碰撞也可能使原子核 Y 处于激发态,此时,$M_{Y}c^{2}$ 表示该状态的总能量。反应 $Q$ 值定义为核反应终态和初始动能之差:

$$Q = T_{b} + T_{Y} - T_{a} \tag{1.13}$$

式(1.12)也可写作:

$$Q = [(M_{a} + M_{X}) - (M_{b} + M_{Y})]c^{2} \tag{1.14}$$

当 $Q$ 值为正,反应是放热的,或放能的,通过将一部分静止质量转化为动能释放。反之,当 $Q$ 值为负,反应是吸热的,或吸能的。$Q$ 值在数值上等于反应中转化为静止质量的动能。此时,对于入射粒子 a 的动能,存在一个能量阈值 $(T_{a})_{th}$,低于该值,反应不能发生。能量阈值为[①]

---

① 准确地说,$(T_a)_{th} = -Q \times \dfrac{(M_a + M_X + M_b + M_Y)}{2M_X}$;式(1.15)是当 $Q \rightarrow 0$ 或 $M_a + M_X \cong M_b + M_Y$ 时其的近似。

$$(T_a)_{th} = -Q\left(1 + \frac{M_a}{M_x}\right) \tag{1.15}$$

核反应能量要比化学反应能量大得多(大约一百万倍)。因此,核反应只有在特定条件下才能发生,比如在恒星中心、粒子加速器或核反应堆中。

式(1.10)中的反应是人们最早发现的人工核反应。出生在新西兰的英国物理学家 Ernest Rutherford(1871—1937)在1919年证实了铋-214衰变产生的 $\alpha$ 粒子可以撞击出氮原子核中的质子,并与剩下的粒子合并。1925年,英国物理学家 Patrick M. S. Blackett(1897—1974)在探测器(云室)中成功地拍摄到了该反应。

如今,核反应实验已不再采用来自放射源的 $\alpha$ 粒子进行,大型加速器可以产生各种各样的粒子束,从电子、质子到铀核。这些高能粒子的能量远高于放射性衰变中释放的 $\alpha$ 粒子,并且可以精确控制。此外,通过这些手段每秒产生的粒子数量也远大于普通放射源。高能粒子束可以经定向引导轰击预定原子核(通常为稳定核)靶标。

在使用粒子加速器和核反应堆进行了70年的研究之后,我们在核物理中发现了近3200种同位素[8],包括稳定同位素(部分是人类几个世纪前便已熟知的)、天然放射性同位素,以及在自然界中不存在但在核反应堆和加速器中产生的放射性同位素。放射性同位素,无论是人工合成还是自然界存在的,其放射性性质具有一致性。所有这些稳定的、不稳定的(包括天然存在和人工合成的)同位素,通常可以以一种有序的方式列出来,称为同位素图或核素图。

**例题1.13  核反应。**

请写出核反应 $^{10}B_5(n,\alpha)^A X_Z$ 生成 X 原子核的性质。

解:该反应中质子数和中子数是不变的,有

质子数:$5 = Z + 2$

中子数:$5 + 1 = N + 2$

得 $Z = 3, N = 4$。即 X 原子核为 $^7Li_3$。

**例题1.14  核反应 Q 值。**

请计算核反应 $^7Li(p,\alpha)^4He$ 及 $^4He(\alpha,p)^7Li$ 的 Q 值,$^7Li$ 的原子质量为7.016005u;其他核子质量见表1.3。

解:根据等式(1.15),核反应的 $^7Li(p,\alpha)^4He$ 的 Q 值为

$Q_1 = [(M_p + M_{Li}) - (M_\alpha + M_{He})]c^2 = [1.007825 + 7.016005 - 4.002603 - 4.002603]c^2 \times 931.494\text{MeV}/c^2] = 17.35\text{MeV}$。

显然,作为逆反应:$Q_2 = -Q_1 = -17.35\text{MeV}$。

**例题1.15  $(d,p)$ 核反应 Q 值计算。**

$(d,p)$ 反应的结果是靶核 $^A X_Z$ 增加一个中子,形成 $^{A+1}X_Z$ 核。请证明新生成核中最后一个中子的结合能为该核反应的 Q 值与氘核结合能之和。

证明:根据等式(1.15),对于核反应 $^A Z_X(d,p)^{A+1}Z_X$:

$$Q = [M(A,Z) + M_d - M(A+1,Z) - M_p]c^2$$

原子核 $^{A+1}Z_X$ 的最后一个中子的结合能 $b$ 为(详见例题1.8):

$$b = [M(A,Z) + M_n - M(A+1,Z)]c^2$$

而氘核的结合能为

$$B(^2H) = [M_p + M_n - M_d]c^2$$

将第一个和最后一个等式两端相加得

$$Q + B(^2H) = [M(A,Z) + M_d - M(A+1,Z) - M_p]c^2 + (M_p + M_n - M_d)c^2 = b$$

## 1.11 核素丰度

化学元素都是通过恒星内部的核反应或恒星爆炸形成的。在这个被称为核合成的过程中，会形成多种不同类型的同位素。它们中的大多数是不稳定的，将直接（一步）或间接（多步）衰变为稳定核。

比铁轻的原子核是由恒星内部的聚变反应产生的，从氢核聚变成氦核开始，一步步形成越来越大的核。这些过程会释放能量，这就是为什么太阳会发光并为我们提供热量。而这种聚变反应进行到铁元素便会停止，因为聚变形成更大的原子核需要能量输入。因此，当达到这个阶段时，恒星便开始燃烧。

比铁重的原子核则是在大恒星（红巨星）的生命末期以及恒星剧烈爆炸时，由中子或质子俘获反应产生的①。所有比铁重的核和大量中等质量的核都是在爆炸阶段产生的。

1987年2月23日，人们即观察到了大约发生在16.8万年前的大麦哲伦星云（距离地球16.8万光年）的一次超新星爆炸，但只能在南半球观察到。

表1.4给出了宇宙中丰度最高的15种元素。这些数据是对宇宙平均组成的一个估计[13]。为了方便起见，对表中数据进行了四舍五入近似，所以其总和略高于100%。就目前所知，氢是丰度最高的元素，其次是氦，氖的含量也相当丰富，再其次是氧、碳、氖、铁和氮等较重的元素，但它们的比例要小得多。氢和氦加起来约占宇宙中所有元素的98%。

表1.4 宇宙中相对丰度最高的15种元素

| 元素 | 所占比例/% | 元素 | 所占比例/% |
| --- | --- | --- | --- |
| 氢 | 75.0 | 镁 | 0.05 |
| 氦 | 23.0 | 硫 | 0.05 |
| 氧 | 1.0 | 氩 | 0.02 |
| 碳 | 0.5 | 钙 | 0.007 |
| 氖 | 0.12 | 铝 | 0.005 |
| 铁 | 0.10 | 镍 | 0.004 |
| 氮 | 0.10 | 钠 | 0.002 |
| 硅 | 0.06 | | |

图1.12显示了太阳系中化学元素的丰度，以硅元素的丰度进行了归一化处理，以它们的原子序数$Z$为函数，在对数尺度上，丰度差异跨越12个数量级，即数万亿。图中数据来源于参考文献[13]。不同数据来源略有差异（主要是最稀有的同位素），这也反映出了

---

① 在俘获反应中，一个中子或一个质子与一个原子核结合，形成一个新的核素。由于中子是电中性的，它们的俘获可以简单地通过核力的作用发生，即使当中子非常慢的时候。而质子必须克服静电斥力因此，它们必须拥有足够的动能才能被俘获。

估算这些数字的难度。

如上所述,氢和氦是最常见的元素。随着 $Z$ 的增大,元素丰度分布总体呈下降趋势,但在以 $A=4n$($n$ 为整数)为最丰同位素的元素处出现峰值,比如:$^4$He、$^{12}$C、$^{16}$O、$^{20}$Ne、$^{24}$Mg、$^{28}$Si、$^{32}$S、$^{36}$Ar 和 $^{40}$Ca,都包含整数倍的 $^4$He 原子核。在 $^{56}$Fe 处也可以看到一个突出的峰,这被认为是放射性 $^{56}$Ni 在恒星核燃烧循环的最后阶段衰变产生的,起始于 14 个 $^4$He 核。

在铁峰之后,随着 $Z$ 的增加,丰度分布继续下降,并在以 $A=80$、87、130、138、195、208 同位素为最丰同位素的元素处出现峰值。这是因为在中子俘获(重元素产生的原因)过程中,产生这些特定同位素概率相对较高。

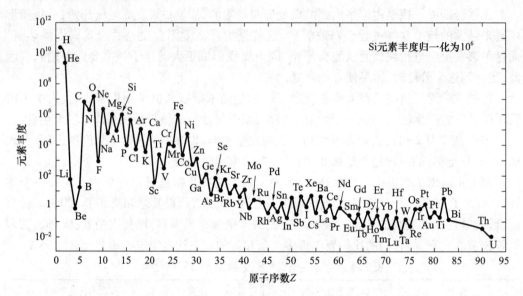

图 1.12　太阳系中各化学元素估算丰度与其原子序数 $Z$ 的关系[13]

**例题 1.16**　太阳寿命。

太阳能的生产是一个质量不断转化为能量的过程。引起这一过程的是轻元素的热核聚变反应。氘核的产生是该过程的第一个步骤(详见例题 1.4)。通过中间过程形成 $^4$He 的原子核。通过四个质子的结合,释放出两个正电子、两个中微子、两个光子及 24.7MeV 能量(已知氘的质量为 0.5MeV,氦核的质量 $M_{He}=6.64466\times10^{-27}$kg,结合表 1.1 中质子和电子的质量,可以很容易地计算出来)。已知地球上每平方米上每秒接收的太阳辐射能量为 1360J(即地球上的太阳功率通量为 $P_S=1.36$kW/m$^2$),请计算每秒在太阳上实际消耗的"燃料"。

解:太阳向所有方向发射能量,等量地落在以太阳为中心、半径为 $R$ 的假想球面的每一平方米上。取半径 $R$ 为地球与太阳间的距离($R=1.5\times10^{11}$m),则太阳辐射的总功率为

$$P=4\pi R^2 P_S = 4\times 3.14\times(1.5\times 10^{11})^2\times 1.36 = 3.84\times 10^{23} \text{kW}$$
$$=2.4\times 10^{39} \text{J} \quad (1\text{J}=6.25\times 10^{12}\text{MeV})$$

显然,每秒辐射的能量为 $E=2.40\times 10^{39}$MeV。将例题 1.6 的计算方法应用于四个质子聚合成一个 $^4$He 核和两个正电子的情况。可得:

$$\frac{4M_p - M_{He} - 2M_e}{M_{He}} = \frac{4 \times 1.67262 \times 10^{-27} - 6.64466 \times 10^{-27} - 2 \times 9.10938 \times 10^{-31}}{6.64466 \times 10^{-27}}$$

$$= \frac{4.3998 \times 10^{-29}}{6.64466 \times 10^{-27}} = 0.0066$$

也就是说，能量 $E$ 相当于一秒内参与聚变反应的质量 $M$ 的 $0.66\%$，$E = 0.0066Mc^2$，由此得出：

$$M = \frac{2.40 \times 10^{39}}{0.0066} \cong 3.36 \times 10^{41} \text{MeV}/c^2$$

考虑到质子的质量约为 $938\text{MeV}/c^2$，太阳每秒就会燃烧 $Np = M/938 \cong 3.87 \times 10^{38}$ 个质子，这相当于每秒有超过 6 亿吨的氢（$3.87 \times 10^{38} \times 1.67 \times 10^{-27} \cong 6.46 \times 10^{11} \text{kg/s}$）燃烧。尽管这个质量非常巨大，但也只是太阳质量（$M_S = 1.99 \times 10^{30} \text{kg}$）的很小一部分（$3 \times 10^{-19}$ 倍）。

**习题**

**1−1** 碲−125（$^{125}$Te）是碲的稳定同位素，常用于生物和生物医学标记，作为靶材或其他应用。请计算同位素 $^{125}$Te 的半径、体积和密度，已知其原子质量为 124.904431u。

[答案：$6.0 \times 10^{-15} \text{m}$；$9.04 \times 10^{-43} \text{m}^3$；$2.29 \times 10^{17} \text{kg/m}^3$]

**1−2** 中子星几乎完全由中子组成，其密度为核物质的密度，$1.8 \times 10^{17} \text{kg/m}^3$。它们是宇宙中已知的密度最大、体积最小的恒星。其半径只有 12~14km。请计算一个质量与太阳相当（$1.989 \times 10^{30} \text{kg}$）的中子星的半径。

[答案：13.8km]

**1−3** 核素 $^{62}$Ni$_{28}$ 是所有已知核素中结合最紧密的。已知其原子质量为 61.928345u，计算其每个核子的结合能。

[答案：8.794MeV]

**1−4** $^{88}$Sr$_{38}$ 同位素是锶的四种天然同位素中含量最丰富的，它是一种稳定的同位素，有 50 个中子。已知 $^{88}$Sr$_{38}$ 的原子质量为 87.905612u，请计算它每核子的结合能。

[答案：8.73MeV]

**1−5** 在核反应 $p + ^{59}\text{Co}_{27} \rightarrow n + ^Y Z_X$ 中产生的原子核 $^Y Z_X$ 是什么？

[答案：$^{59}$Ni$_{28}$]

**1−6** 请写出下列反应中产生的 X 核。

(a) $n + ^{16}\text{O}_8 \rightarrow \text{X}$；  (b) $\alpha + ^{118}\text{Sn}_{50} \rightarrow \text{X} + n$；
(c) $p + ^{127}\text{I}_{53} \rightarrow ^{50}\text{Sc}_{21} + \text{X}$；  (d) $n + ^{235}\text{U}_{92} \rightarrow ^{107}\text{Tc}_{43} + \text{X} + 5n$；

[答案：(a) $^{17}$O$_8$；(b) $^{121}$Te$_{52}$；(c) $^{78}$As$_{33}$；(d) $^{124}$In$_{49}$]

**1−7** 求出反应 $^4\text{He}(^3\text{He}, \gamma)^7\text{Be}$ 的 $Q$ 值，已知氦−3 的原子质量为 3.016029u，铍−7 的原子质量为 7.016930u。

[答案：1.58MeV]

**1−8** 计算"三−$\alpha$ 反应"的 $Q$ 值，$^4\text{He} + ^4\text{He} + ^4\text{He} \rightarrow ^{12}\text{C}$，通过该过程三个氦−4 原子核转化成碳核。这个过程发生在红巨星和红超巨星的后期，此时恒星的中心温度足够高。

[答案：7.274MeV]

**1−9** 计算在氧燃烧反应 $^{16}\text{O}_8 + ^{16}\text{O}_8 \rightarrow ^{28}\text{Si}_4 + ^4\text{He}_2$（发生在大恒星的热核中）中释放的能量。已知硅−28 的原子质量为 27.976926u。

[答案:9.59MeV]

**1-10**  求反应 $^{14}\text{N}(d,p)^{15}\text{N}$ 的 $Q$ 值,已知氮-15 核的质量为 15.000109u。

[答案:$Q = 8.609\text{MeV}$]

**1-11**  $^{207}\text{Pb}(d,p)^{208}\text{Pb}$ 和 $^{208}\text{Pb}(d,p)^{209}\text{Pb}$ 的 $Q$ 值分别为 5.14MeV 和 1.64MeV。请问 $^{208}\text{Pb}$ 和 $^{209}\text{Pb}$ 中最后一个中子的结合能是多少?

[答案:7.36MeV;3.86MeV]

**1-12**  请计算反应:$\gamma + {}^{12}\text{C}_6 \rightarrow {}^{4}\text{He}_2 + {}^{4}\text{He}_2 + {}^{4}\text{He}_2$ 的阈值能量。

[答案:7.27MeV]

**1-13**  请证明 $^{8}\text{Be}$ 核(原子质量为 8.005305u)不稳定且可分裂成两个 $\alpha$ 粒子。

[答案:$Q = 0.09\text{MeV}$]

## 参考文献

[1] INFN - Nuclei e stelle, Asimmetrie, 9, 7 (Sept 2009). http://www.asimmetrie.it/index.php/alcuore-della-materia

[2] CODATA (Committee on Data for Science and Technology), Internationally recommended 2014 values of the fundamental physical constants. http://physics.nist.gov/cuu/Constants/index.html

[3] D. Mendeleev, Zeitschrift für Chemie 12, 405 (1869)

[4] Pure Appl Chem. 85, 1047 (2013). http://www.chem.qmul.ac.uk/iupac/AtWt

[5] Jefferson Lab, http://educational.jlab.org/itselemental/tableofelements.pdf

[6] R. Hofstadter, Ann. Rev. Nucl. Sci. 7, 231 (1957)

[7] I. Sick, Nucl. Phys. A 218, 509 (1974)

[8] http://periodictable.com/Properties/A/KnownIsotopes.html

[9] G. Fea, Il Nuovo Cimento 2, 368 (1935)

[10] Nucleus—A Trip into the Heart of Matter, a PANS (Public Awareness of Nuclear Science) book. (2002), Chap. 6, p. 71. http://www.nupecc.org/pans/bookcontent.html

[11] G. Audi, A. H. Wapstra, Nucl Phys A565, 1 (1993) and Nucl Phys A595, 409 (1995)

[12] The University of Liverpool, Department of Physics, http://ns.ph.liv.ac.uk/*ajb/radiometrics/neutrons/images/beta_stability_valley.gif

[13] http://periodictable.com/Properties/A/UniverseAbundance.an.log.html

# 第2章 放射性及核辐射穿透能力

本章中,我们主要讨论放射性相关问题,放射性是指不稳定原子核通过发射辐射而失去能量的过程。首先阐明了放射性衰变的主要类型($\alpha$、$\beta$、$\gamma$、内转换、电子俘获、核子发射和裂变),而后讨论了衰变规律、衰变速率、同位素平均寿命、放射系和连续衰变等内容。

在本章的第二部分,我们还讨论了辐射与物质之间的相互作用(由于核技术的发展,除天然放射性外,还包括人工放射性)、电离辐射的生物效应(从剂量学要素的角度)以及核辐射在医学、研究和工业中的应用。

## 2.1 原子核衰变

第1章已经讲到,质子数和中子数不平衡的原子核不稳定,可在不提供外部能量的情况下自发裂变——内部结构分裂或重组并释放能量,这种现象叫作放射性。我们称不稳定核具有放射性,而该过程称为放射性衰变。衰变的原核称为母核,产物核称为子核。当母核和子核为不同化学元素时,衰变便产生了不同元素,该过程称为原子核嬗变。但在衰变过程中,总电荷和核子数目都是守恒的,即衰变前后必须保持不变。

放射性衰变包括多种类型(表2.1)。可根据发射粒子的类型,将放射性衰变分为$\alpha$-衰变、$\beta$-衰变或$\gamma$-衰变等。当然,其他类型的衰变还可以发射核子或比母核轻的子核。所有这些辐射都能够被非常精确地探测和测量,而且对于每一种放射性原子核都是特征性的。

表2.1 不同放射性的典型特征

| 放射性 | 原子核电荷变化 | 质量数变化 | 衰变过程特征 |
| --- | --- | --- | --- |
| $\alpha$-衰变 | $Z-2$ | $A-4$ | 原子核发射一个$\alpha$粒子($A=4, Z=2$) |
| $\beta^-$-衰变 | $Z+2$ | $A$ | 原子核中一个中子转变为一个质子、一个电子和一个反中微子:<br>$n \to p + e^- + \bar{v}$ |
| $\beta^+$-衰变 | $Z-1$ | $A$ | 原子核中一个质子转变为一个中子、一个正电子和一个中微子:<br>$p \to n + e^+ + v$ |
| 电子俘获 | $Z-1$ | $A$ | 一个核子俘获一个核外电子并释放一个中微子,衰变子核处于不稳定的激发态:<br>$p + e^- \to n + v$ |
| $\gamma$-衰变 | $Z$ | $A$ | 处于激发态的原子核通过发射一个光子释放能量并到达一个更低的能级 |

(续)

| 放射性 | 原子核电荷变化 | 质量数变化 | 衰变过程特征 |
|---|---|---|---|
| 内转化 | $Z$ | $A$ | 激发态的原子核将能量传递给核外电子并使之脱离原子核成为自由电子 |
| 中子发射 | $Z$ | $A-1$ | 从原子核发射一个中子 |
| 质子发射 | $Z-1$ | $A-1$ | 从原子核发射一个质子 |
| 自发裂变 | $\sim \frac{1}{2}Z$ | $\sim \frac{1}{2}A$ | 原子核裂变为两个碎片核,两个子核质量数和电荷数通常相当(详见第3章) |

## 2.1.1 α-衰变

对于比结合能相对较低的超重原子核,部分核子可以通过发射一个氦核 $^4\text{He}_2$ (在放射性衰变中又被称为 α 粒子),从而获得更高的结合能。α 粒子有两个正电荷 $+2e$,质量数 $A=4$,所以子核的质量数 $A$ 和原子序数 $Z$ 分别比母核减小 4 和 2。

正如第1.8节所述,氦核是一个由四个核子(两个质子和两个中子)组成的结团,这四个核子极其强烈地结合在一起(每个核子的结合能 $B/A=7.06\text{MeV}$/核子,对于这样一个轻核来说是一个非常高的数值)。这也解释了为什么从能量的角度讲,所有重核($A \geqslant 180$)对于 α-衰变都是不稳定的。具体来说,如果母核的质量大于 α-衰变中子核和氦核的质量之和,那么 α-衰变在能量上就是被允许的。

$$M(Z,A) - M(Z-2,A-4) - M(^4\text{He}) > 0 \quad (2.1)$$

也可以用原子核的总结合能表示为

$$B(^4\text{He}) > B(Z,A) - B(Z-2,A-4) \quad (2.2)$$

因此,在 α-衰变中,母核释放的能量 $Q_\alpha$ 可以通过始态和终态质量差乘以 $c^2$ 得到。

$$Q_\alpha = [M(Z,A) - M(Z-2,A-4) - M(^4\text{He})]c^2 \quad (2.3)$$

$Q_\alpha$ 最终转化为子核以及 α 粒子的动能(详见例题2.1)。

α 衰变的一个典型例子就是 $^{238}$U 衰变为 $^{234}$Th:

$$^{238}\text{U}_{92} \rightarrow ^{234}_{90}\text{Th} + ^4\text{He}_2$$

钍原子核比铀原子核少2个质子和2个中子:缺失的核子被 α 粒子带走。

**例题2.1** $^{238}$U 的 α 衰变。

请计算从铀-238(静止质量 $M_\text{U} = 238.0508\text{u}$)到钍-234(静止质量 $M_\text{Th} = 234.0436\text{u}$)的 α 衰变过程中释放的能量,并计算 α 粒子获得的这部分能量大小。

**解**:由题可知:

$$\Delta m = M_\text{U} - M_\text{Th} - M_\text{He} = 238.0508\text{u} - 234.0436\text{u} - 4.0026\text{u} = 0.0046\text{u}$$

$$Q = \Delta mc^2 = 0.0046 \times 931.494 = 4.28\text{MeV}$$

这部分能量分别由钍核和 α 粒子获得。$^{234}$Th 原子核比 α 粒子的质量大得多,因此它以较小的速度反冲。在衰变过程中,能量和线性动量都是守恒的,假设母核处于静止状态并忽略相对论修正,就有:

$$M_\text{Th}v_\text{Th} = M_\alpha v_\alpha, \quad \frac{1}{2}M_\text{Th}v_\text{Th}^2 + \frac{1}{2}M_\alpha v_\alpha^2 = k_\text{Th} + k_\alpha$$

$k_\alpha$ 和 $k_{\text{Th}}$ 分别表示氦和钍原子核的动能。很显然，$Q = k_{\text{Th}} + k_\alpha$。

由第一个等式可得：$v_\alpha = \dfrac{M_{\text{Th}}}{M_\alpha} v_{\text{Th}}$，然后由第二个等式可得 α 粒子的动能为

$$k_\alpha = \frac{1}{2} M_\alpha v_\alpha^2 = \frac{1}{2} M_\alpha \left( \frac{M_{\text{Th}}}{M_\alpha} v_{\text{Th}} \right)^2 = \frac{1}{2} M_{\text{Th}} v_{\text{Th}}^2 \frac{M_{\text{Th}}}{M_\alpha} = \frac{M_{\text{Th}}}{M_\alpha} k_{\text{Th}}$$

$$= \frac{234.0436}{4.0026} k_{\text{Th}} = 58.47 k_{\text{Th}}$$

衰变中释放的能量 $Q$ 为

$$Q = k_{\text{Th}} + k_\alpha = 58.47 k_{\text{Th}} + k_{\text{Th}} = 59.47 k_{\text{Th}}$$

进一步可得：

$$k_{\text{Th}} = \frac{Q}{59.47} = 0.017 Q = 0.073 \text{MeV} = 73 \text{keV}$$

$$k_\alpha = 58.47 k_{\text{Th}} = \frac{58.47}{59.47} Q \approx 0.983 Q = 4.21 \text{MeV}$$

即：比钍轻得多的 α 粒子占据了总释放能量的 98.3%，而钍核只占剩余的 1.7%。

## 2.1.2 $\beta^-$-衰变

当原子核中的中子与质子之比过高时，就会发生 $\beta^-$-衰变。此时，一个多余的中子会转化为一个质子、一个电子和一个质量可忽略不计的中性粒子，即反中微子（符号 $\bar{v}$）。质子留在原子核中，电子被发射出去。在这一过程中，母核转变为具有相同质量数 $A$ 的子核，但原子序数变为 $Z+1$。

$$^A X_Z \rightarrow {}^A X_{Z+1} + e^- + \bar{v}$$

$\beta^-$-衰变的例子是图 1.10 中在抛物线左侧的原子核，即铌-101 转化为钼-101，钼-101 转化为锝-101，锝-101 转化为钌-101：

$$^{101} \text{Nb}_{41} \rightarrow {}^{101} \text{Mo}_{42} + e^- + \bar{v}$$

$$^{101} \text{Mo}_{42} \rightarrow {}^{101} \text{Tc}_{43} + e^- + \bar{v}$$

$$^{101} \text{Tc}_{43} \rightarrow {}^{101} \text{Ru}_{44} + e^- + \bar{v}$$

从能量上讲，只要新原子的质量比其同重素小，$\beta^-$-衰变就可能发生：

$$M(A, Z) > M(A, Z+1) \tag{2.4}$$

在这里，我们采用原子质量进行判断，所以衰变过程中产生的电子的静止质量已经被自动考虑进去了。反中微子的微小质量（$<2\text{eV}/c^2$）[1] 在质量平衡中可忽略不计。$\beta^-$-衰变的衰变能由母原子和子原子之间的质量差乘以 $c^2$ 得到：

$$Q = [M(A, Z) - M(A, Z+1)] c^2 \tag{2.5}$$

**例题 2.2** $^{234}\text{Th}$ 的 $\beta^-$-衰变。

请计算在钍-234，$^{234}\text{Th}_{90}$（静止质量 $M_{\text{Th}} = 234.04359 \text{u}$）经 $\beta^-$-衰变转化为镤-234，$^{234}\text{Pa}_{91}$（静止质量 $M_{\text{Pa}} = 234.04330 \text{u}$）的过程中释放的电子的最大能量。

**解**：由 $^{234}\text{Th}_{90}$ 原子经 $\beta^-$-衰变产生的 $^{234}\text{Pa}_{91}$ 原子不是电中性的，因为它的原子核比母核多一个质子（$Z=91$），但核外电子数仍为 90，即少了一个电子。然而，如果我们将新产生的 Pa 原子与发出的 $\beta^-$ 粒子质量相加，可得到 Pa 原子核的质量与 91 个电子的质量和，

这是准确的完全中性的 Pa 原子的原子质量(忽略原子电子的结合能)。则 $\beta^-$-衰变对应的质量变化差 $\Delta m$ 为

$$\Delta m = M_{\text{Th}} - M_{\text{Pa}} = 234.04359\text{u} - 234.04330\text{u} = 0.00029\text{u}$$

等价为该衰变过程释放的能量:

$$Q = \Delta mc^2 = (0.00029\text{u}) \times (931.494\text{MeV}/c^2) = 0.27\text{MeV}$$

该能量由衰变子核、电子和反中微子共同获得。从反应运动学的精确方程可知,在合理近似下,发射电子所能拥有的最大能量即反应中释放的总能量:0.27MeV。

注意:质量平衡中并未考虑衰变过程中发出的中微子,因为其质量可忽略不计。

### 2.1.3 $\beta^+$-衰变

$\beta^+$-衰变是指在原子核内的一个质子通过发射一个正电子和一个中性粒子(中微子,符号 $v$)转变为中子的过程,在这个过程中,母核转变为质量数 $A$ 相同但原子序数 $Z$ 小 1 的子核:

$$^A\text{X}_Z \rightarrow {}^A\text{X}_{Z-1} + e^+ + v$$

$\beta^+$-衰变的例子是图 1.10 中在抛物线右侧的原子核,如银-101 转化为钯-101,钯-101 转化为铑-101,铑-101 转化为钌-101:

$$^{101}\text{Ag}_{47} \rightarrow {}^{101}\text{Pd}_{46} + e^+ + v$$

$$^{101}\text{Pd}_{46} \rightarrow {}^{101}\text{Rh}_{45} + e^+ + v$$

$$^{101}\text{Rh}_{45} \rightarrow {}^{101}\text{Ru}_{44} + e^+ + v$$

从能量上讲,只要衰变母原子质量和子原子质量满足如下不等式,$\beta^+$-衰变就可能发生:

$$M(A,Z) > M(A,Z-1) + 2m_e \tag{2.6}$$

该关系式表明 $\beta^+$-衰变产物包括一个含 $(Z-1)$ 个核外电子的子核 $(Z-1,A)$、一个发射的正电子以及母核中多余的一个电子。因此,系统终态的总质量为:$M(A,Z-1) + m_{\beta^+} + m_{e^-}$,而正电子的质量与电子相等,即 $m_{\beta^+} = m_{e^-} = m_e$,所以终态系统质量为:$(A, Z-1) + 2m_e$。

$\beta^+$-衰变释放的总能量为

$$Q_{\beta^+} = \{M(A,Z) - [M(A,Z-1) + 2m_e]\}c^2$$
$$= [M(A,Z) - M(A,Z-1) + 2m_e]c^2 = \Delta mc^2 - 2m_ec^2$$

因此,发射的正电子的最大动能比母核和子核之间的质能差 $\Delta mc^2$ 还小 $2m_ec^2$。

### 2.1.4 电子俘获

在电子俘获衰变过程中,核外电子与原子核相互作用,与质子结合形成中子并发射一个中微子:

$$p + e^- \rightarrow n + v$$

电子俘获过程中,原子核中一个质子变成中子,从而从一种元素变成另一种元素。但是,核子的总数(质子数+中子数)保持不变。比如,一个铍原子(4 个质子和 3 个中子)经过电子俘获后,变成了一个锂原子(3 个质子和 4 个中子):

$$^{7}Be_4 + e^- \rightarrow {}^{7}Li_3 + v$$

电子俘获过程中,失去一个核外电子与失去一个原子核正电荷相平衡,所以产物仍为中性原子。这个过程在提供电子的电子能级上留下一个空位,该空位将由更高能级的电子的下降填补,并释放出部分能量。

虽然在大多数情况下,这种能量以一种叫作 X 射线的电磁辐射的形式释放出来(波长为 $10^{-8}$ 到 $10^{-11}$ m),但这种能量也能转移到其他核外电子上,并从该原子发射出去。这第二个电子称为俄歇电子(Auger electron,是为了纪念其发现者之一①),这一过程又叫俄歇效应。很显然,该过程将产生一个正离子。

电子俘获反应与 $\beta^+$ -衰变互为竞争关系。当满足以下能量条件时,便会发生电子俘获反应:

$$M(A,Z)c^2 > M(A,Z-1)c^2 + \varepsilon \tag{2.7}$$

其中 $\varepsilon$ 为子核的原子核壳层的激发能。这一条件源于反应中形成的新元素的原子在电子能级上有一个空位,即它是在激发态的原子能级上产生的。显然,俘获过程由 $[M(A,Z) - M(A,Z-1)]c^2$ 差值释放的能量必须大于 $\varepsilon$。

## 2.1.5 γ-衰变

原子核结构并非完全刚性,也存在形变,从而引起激发和振动。当处于激发态(此时构型能量高于基态能量)的原子核转变到更低能态或基态(最稳定构型)的过程中,将会发生 γ-衰变。从一个能级向另一个能级跃迁产生的能量将以发射电磁波的形式释放,即 γ 射线,波长范围从 $10^{-10}$ m 到 $10^{-13}$ m,而不发射其他粒子。γ 射线又被称为能量包:光子。

由于光子是电中性的,该过程中原子核中质子和中子数量都不会改变,所以母原子和子原子为同一种化学元素。

一个典型的例子便是激发态氡-222 的衰变:

$$^{222}Rn_{86}^* \rightarrow {}^{222}Rn_{86} + \gamma$$

不稳定的母核 $^{222}Rn_{86}$( * 用于表示原子核处于激发态)自身也是前一次 α-衰变的子核。

## 2.1.6 内转换

内转换也是放射性衰变的一种形式,该过程中,被激发的原子核通过击出原子中的一个电子而非发射 γ 射线退激。发射的电子具有确定的能量,且等于在相同衰变过程中发射的 γ 射线能量(通常忽略原子结合能)。因此,在内转换过程中,高能电子是由放射性原子而非原子核发射出来的。因此,内转换产生的高速电子并非 β 粒子,因为后者来源于 β 衰变,是在原子核衰变过程中产生的。

在内转换中,原子序数不变,因此不会从一种元素转变为另一种元素(同 γ-衰变一样)。然而,由于电子丢失,电子壳层出现空穴并随后由更外层电子填充,因此将产生 X 射线或俄歇电子。

---

① Pierre Victor Auger(1899—1993)是一位在原子、核、宇宙射线物理学领域做出杰出贡献的法国物理学家。

### 2.1.7 核子发射

作为其他衰变类型,高度激发的丰中子或丰质子原子核,偶尔也会通过发射中子或质子降低能量,从而使一种同位素转变为另一种同位素或从一种元素转变为另一种元素。

### 2.1.8 自发裂变

还有一种类型的放射性衰变,在此种衰变中,原子核将分裂成其他的核,这些核具有一定的不确定性,但是是与原核的一系列碎片相对应的。这种衰变称为自发裂变(详见第3章),当一个大的不稳定核自发分裂成两个(有时是三个)更小的子核时,就会发生这种衰变,通常还会伴随$\gamma$射线、中子和$\beta$粒子的发射。

### 2.1.9 小结

表2.1总结了上述不同类型放射性的主要特征。每一种不稳定核素发出的辐射类型和释放的能量都是确定的。例如,一个$\gamma$发射体总是发射某些固定能量的$\gamma$射线。

如果一个放射性核衰变为另一个不稳定核,那后者还会继续衰变,直到生成稳定核。以铀-238为例,将经历14次衰变转化为铅(详见2.3节)。

$\alpha$-衰变主要发生在较重元素的核素中(最轻的$\alpha$放射性核素是$^{105}$Te,$Z=52$)[2],而$\gamma$衰变几乎可发生在所有元素中;准确地说,在图1.7中位于稳定曲线以上的核素为$\beta^+$-衰变,以下的为$\beta^-$-衰变。$\alpha$-衰变或$\beta$-衰变经常伴随着$\gamma$-衰变。实际上,放射性核衰变产生的子核并不一定处于基态,当新生成子核处于激发态时,将迅速衰变到基态,要么直接衰变,要么通过其他中间激发态并发射$\gamma$射线衰变。因此,$\gamma$射线是处于激发态的衰变产物释放过剩能量的最常见形式。

## 2.2 放射性衰变定律

原子核衰变是完全随机的,我们无法预测一个特定的原子发生衰变的准确时刻:它可以发生在下一刻,下一天,甚至下个世纪,但我们可以计算其衰变概率。

每一种放射性同位素在单位时间内衰变的概率都是确定的,用$\lambda$表示,称为衰变常数。这是原子核本身的一种固有性质,与其所处的物理和化学等条件无关,如温度、压力、浓度、年龄或放射性核素的过去史等。放射性原子核自发衰败由其内在动力学规律决定,衰变常数保持不变。

在任意时刻$t$,含有$N$个放射性原子的样品中,在短时间间隔$\mathrm{d}t$内发生的衰变平均次数$\mathrm{d}N$与$\mathrm{d}t$和$N$成正比,根据$\lambda$的定义:

$$\mathrm{d}N = -\lambda N \mathrm{d}t \tag{2.8}$$

其中,等式右边的负号表示放射性核的数量$N$随着时间的推移而减少。显然,由于核衰变是一种随机现象,数字$\mathrm{d}N$受到统计波动的影响,所以只代表在短时间间隔$\mathrm{d}t$内的平均衰变数。

分离变量,式(2.8)还可写作:

$$\frac{\mathrm{d}N}{N} = -\lambda \mathrm{d}t$$

通过两边积分可得：

$$\int_{N_0}^{N} \frac{dN}{N} = -\int_0^t \lambda dt$$

其中，$N_0$ 和 $N$ 分别是在时间 0 时和时间 $t$ 时放射性核的数量，可得：

$$\ln \frac{N}{N_0} = -\lambda t$$

对方程两边取反对数可得到：

$$N(t) = N_0 e^{-\lambda t} \tag{2.9}$$

这就是放射性衰变定律。

为了更好地表述衰变速率，通常会用到半衰期（$\tau_{1/2}$）这个概念，半衰期是指放射性物质中一半的放射性核素发生衰变所需的平均时间间隔。

式（2.9）表明，样品中存在的放射性核的数量将随时间而减少，呈图 2.1 所示的指数趋势：每 $\tau_{1/2}$ 周期之后，将剩余该周期开始时的放射性核素数量的一半。因此，经过 $n$ 个半衰期后，放射性同位素的数量减少到初始量的 $1/2^n$。同样，由于衰变现象的统计性质，我们只能将衰变定律和放射性核素数量减半视作一种统计平均。

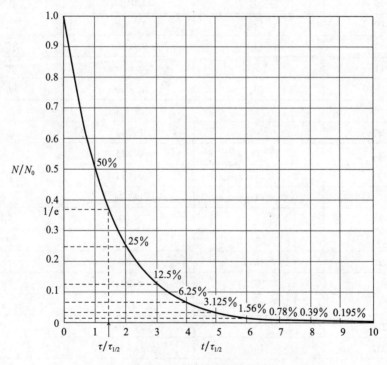

图 2.1 放射性衰变曲线

根据其定义，由式（2.9）可知半衰期为

$$\tau_{1/2} = \frac{\ln(2)}{\lambda} = \frac{0.693}{\lambda} \tag{2.10}$$

常用术语还有同位素的平均寿命 $\tau = \frac{1}{\lambda}$，上述公式转变为

$$\tau_{1/2} = 0.693 \times \tau \tag{2.11}$$

需要注意的是,平均寿命和半衰期这两个量数值并不相同,混淆它们可能会导致明显错误。

将 $\tau$ 代入式(2.9)可知,平均寿命是放射性原子数降至任意初始值的 $e^{-1}=0.368$ 倍所需的时间。

表 2.2 显示了部分放射性核素的半衰期和衰变类型。不同放射性核的半衰期相差很大,从铟-115 的十万亿年到碘-131 的 8 天,再到钋-214 的不到 1ms。铀-238 的半衰期约等于地球的年龄,估计为 45 亿年。因此,在地球形成时就存在的铀-238 中,约有一半保留至今。

含有放射性同位素的物质释放的辐射量主要取决于两个因素:不稳定核的数量以及它们的半衰期。为了量化放射性,通常使用放射性核素的活度 $dN/dt$ 这个概念。其定义为单位时间内发生衰变的次数。

表 2.2　部分放射性核的半衰期和衰变类型[3]

| 核素 | 符号 | 半衰期 | 衰变类型 |
| --- | --- | --- | --- |
| 钋-214 | $^{241}Po_{84}$ | $1.64\times10^{-4}$ s | $\alpha,\gamma$ |
| 氧-15 | $^{15}O_{8}$ | 2.04min | $\beta^{+},EC$ |
| 氪-89 | $^{89}Kr_{36}$ | 3.15min | $\beta^{-},\gamma$ |
| 氮-13 | $^{13}N_{7}$ | 9.97min | $\beta^{+},EC$ |
| 碳-11 | $^{11}C_{6}$ | 20.39min | $\beta^{+},EC$ |
| 铀-239 | $^{239}U_{92}$ | 23.45min | $\beta^{-},\gamma$ |
| 氟-18 | $^{18}F_{9}$ | 109.8min | $\beta^{+},EC$ |
| 镎-239 | $^{239}Np_{93}$ | 2.36d | $\beta^{-},\gamma$ |
| 氡-222 | $^{222}Rn_{86}$ | 3.82d | $\alpha,\gamma$ |
| 碘-131 | $^{131}I_{53}$ | 8.03d | $\beta^{-},\gamma$ |
| 氚 | $^{3}H_{1}$ | 12.32a | $\beta^{-}$ |
| 锶-90 | $^{90}Sr_{38}$ | 28.79a | $\beta^{-}$ |
| 铯-137 | $^{137}Cs_{55}$ | 30.1a | $\beta^{-},\gamma$ |
| 镭-226 | $^{226}Ra_{88}$ | 1600a | $\alpha,\gamma$ |
| 碳-14 | $^{14}C_{6}$ | 5700a | $\beta^{-}$ |
| 镅-243 | $^{243}Am_{95}$ | 7370a | $\alpha,\gamma$ |
| 钚-239 | $^{239}Pu_{94}$ | 24110a | $\alpha,\gamma$ |
| 镎-237 | $^{237}Np_{93}$ | $2.14\times10^{6}$a | $\alpha,\gamma$ |
| 锔-247 | $^{247}Cm_{96}$ | $1.56\times10^{7}$a | $\alpha,\gamma$ |
| 铀-235 | $^{235}U_{92}$ | $7.04\times10^{8}$a | $\alpha,\gamma$ |
| 钾-40 | $^{40}K_{19}$ | $1.25\times10^{9}$a | $\beta^{-},\beta^{+},EC$ |
| 铀-238 | $^{238}U_{92}$ | $4.47\times10^{9}$a | $\alpha,\gamma$ |
| 钍-232 | $^{232}Th_{90}$ | $1.41\times10^{10}$a | $\alpha,\gamma$ |
| 铷-87 | $^{87}Rb_{37}$ | $4.81\times10^{10}$a | $\beta^{-}$ |
| 铟-115 | $^{115}In_{49}$ | $4.41\times10^{14}$a | $\beta^{-}$ |

由式(2.8)及式(2.10)可得:

$$\left|\frac{dN}{dt}\right| = \lambda N = \frac{0.603}{\tau_{1/2}}N \qquad (2.12)$$

绝对值符号的使用是因为放射性核数量的变化 $dN$ 为负。

活度单位是贝克勒尔(Bq),Bq 是为了纪念法国物理学家 Antoine Henri Becquerel(1852—1908,1903 年诺贝尔物理学奖得主)而命名的,他是第一个发现放射性现象的人。1Bq 等于每秒发生一次衰变或者说原子核转化。

还有一个单位至今仍被广泛使用,即居里(Ci),Ci 是为纪念出生在波兰的法国物理学家居里夫人(1867—1934,1903 年诺贝尔物理学奖得主)。1Ci 等于每秒衰变 $3.70 \times 10^{10}$ 次,这是 1.0g 镭-226 的活度。显然,1Ci = $3.70 \times 10^{10}$ Bq。

**例题 2.3** 铀同位素的留存。

$^{238}$U 和 $^{235}$U 同位素的半衰期分别为 44.7 亿年和 7 亿年。请计算两种同位素在地球形成时所占百分比。已知太阳系年龄为 45 亿年,$^{238}$U/$^{235}$U 现在比例为 0.7%。

解:$^{238}$U 同位素的半衰期相当于地球的年龄,最初存在的 $^{238}$U 中大约有一半留存至今。而地球年龄相当于 6 个以上同位素 $^{235}$U 半衰期,因此最初的铀-235 大约只有:

$$\frac{1}{2^6} = \frac{1}{64} = 0.0156 = 1.56\% \text{留存至今。}$$

利用这些数据,可以很容易地计算出地球形成时天然铀的 $^{235}$U/$^{238}$U 比值约为 22%。若采用两种同位素半衰期的准确值计算,该百分比的准确值为 23.1%。

**例题 2.4** 锑的放射性活度。

一种放射性同位素 $^{124}$Sb(锑),初始活度 $R_0 = 7.4 \times 10^7$ Bq,半衰期为 60d。请计算其一年后的剩余活度 $R$。

解:锑衰变常数为

$$\lambda = \frac{0.693}{60d} = 0.01155 d^{-1}$$

通过式(2.9)和式(2.12),将 0 时刻和 1 年后( = 365.25d)的 Sb 原子数分别记为 $N_0$ 和 $N$,可得

$$R_0 = \left|\frac{dN}{dt}\right|_0 = \lambda N_0$$

$$R = \left|\frac{dN}{dt}\right| = \lambda N = \lambda N_0 e^{-\lambda t} = R_0 e^{-\lambda t} = 7.4 \times 10^7 e^{-0.01155 \times 365.25} = 1.09 \times 10^6 \text{Bq}$$

**例题 2.5** 放射性核素的半衰期和衰变常数。

某放射性核素的活度在 3.5 小时内从每分钟 350 次衰变减少到 275 次。请计算放射性核素的半衰期及其衰变常数。

解:由题可知:

$$R/R_0 = e^{-\lambda t}$$

两边取自然对数,得

$$\ln\frac{R}{R_0} = -\lambda t$$

$$\lambda = -\frac{1}{t}\ln\frac{R}{R_0} = \frac{1}{t}\ln\frac{R_0}{R}$$

代入 3.5h = 12600s：

$$\lambda = -\frac{1}{12600}\ln\frac{350}{275} = 1.91 \times 10^{-5}\text{s}^{-1}$$

半衰期为

$$\tau_{1/2} = \frac{0.693}{\lambda} = \frac{0.693}{1.91 \times 10^{-5}} = 0.3638 \times 10^5 \text{s} = 10.08\text{h}$$

## 2.3 放射系

衰变链是一系列连续放射性衰变过程，其中一个核的衰变将产生另一个具有放射性的新核，一直持续到最终衰变为一个稳定核。例如，铀-238 衰变为钍-234，钍-234 又变为镤-234，以此类推，直到在衰变链末端产生稳定的铅-206。这一系列衰变中的核素群称为放射系。

所有天然放射性核素都被分为三个放射系，分别以钍-232（$^{232}\text{Th}, Z=90$）、铀-238（$^{238}\text{U}, Z=92$）和铀-235（$^{235}\text{U}, Z=92$）作为相应放射系的起始核素。这些元素的所有同位素都是放射性的，而上述三种是最重要的，它们的半衰期很长，以至于在自然界中留存至今。

这些放射系中每个同位素的质量数分别为 $A = 4k$、$A = (4k+2)$ 和 $A = (4k+3)$，$k$ 为整数。自然界中缺少 $A = (4k+1)$ 类型的放射系，但它已经被人工生产出来了①。该放射系被称为镎系，因为该系中寿命最长的成员 $^{237}\text{Np}_{93}$ 半衰期"只有" $2.14 \times 10^6$ 年。它在自然界中不存在的原因是，其所有成员的寿命都比太阳系的年龄短得多。因此，即使这些放射性核素在地球形成时存在，现在也被完全转化为该放射系最后一个稳定核素，即铊-205（$^{205}\text{Tl}_{81}$）。一些较早的资料引用铋-209 作为该放射系的最后一个同位素，但最近发现它也具有放射性，其半衰期为 $1.9 \times 10^{19}$ 年。这是唯一一个没有以铅的同位素结束的放射系。而对于所有其他衰变链，都将结束于形成稳定的铅同位素（$^{206}\text{Pb}_{82}$、$^{207}\text{Pb}_{82}$ 或 $^{208}\text{Pb}_{82}$）。

图 2.2 显示了铀衰变链 $(4k+2)$，它以 $^{238}\text{U}$ 核为母核，以 $^{206}\text{Pb}$ 结束。原子核在其 $Z$ 值和 $A$ 值对应处，用红色或蓝色的方块表示。对角箭头表示 $\alpha$ 衰变（$A$ 和 $Z$ 分别减少 4 和 2）。垂直箭头表示 $\beta$ 衰变（$A$ 保持不变，$Z$ 增加 1）。

最初的核 $^{238}\text{U}$ 通过发射 $\alpha$ 粒子衰变为 $^{234}\text{Th}$，但这个子核本身不稳定，将经过 $\beta$ 衰变成为镤核 $^{234}\text{Pa}$，这个原子核也不稳定，将进一步衰变为 $^{234}\text{U}$，以此类推。

对于某些放射性核素，可能有两种不同的衰变模式或分支。如图中 $^{218}\text{Po}$ 的情况，它可以经历 $\alpha$-衰变和 $\beta$-衰变，分别产生子核 $^{214}\text{Pb}$ 和 $^{218}\text{At}$。再经过子核的衰变（分别为 $\beta$-衰变和 $\alpha$-衰变），两条分支都最终得到 $^{214}\text{Bi}$。类似的情况还有同位素 $^{218}\text{At}$、$^{214}\text{Bi}$ 和 $^{210}\text{Bi}$。这些原子核可以沿着不同路径衰变，对应着不同的概率，称为分支比。而同位素半衰期这个量只是对应于更普遍的一种衰变方式。

正是这些衰变链的存在，我们才有可能在自然界中发现那些半衰期较短的放射性元素，否则这些元素是不存在的。例如，镭同位素 $^{226}\text{Ra}_{88}$ 的半衰期很短（1600 年），地球形成

---

① 其他三个衰变系中铀、钍以上的元素也是通过人工合成的。

时（大约45亿年前）产生的所有这种放射性核素现在都消失了，但铀-238系的衰变链保证了$^{226}Ra_{88}$的持续产生。同样的情况也发生在许多其他放射性核上。

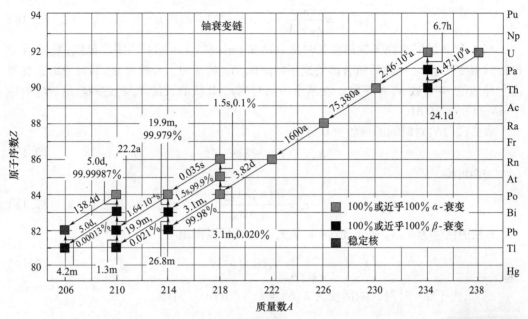

图 2.2　$A-Z$平面的铀衰变链（$4k+2$）

注：这是已知最长的衰变链。图中给出了每个核的半衰期、衰变类型及相对概率（若未标明，表示100%）。为方便起见，数值已四舍五入。对角箭头表示$\alpha$衰变，垂直箭头表示$\beta$衰变。红色和蓝色方块分别是100%或接近100%的$\alpha$或$\beta$粒子发射核。绿色方块对应于最终稳定同位素铅-206。

在一个放射系中，母核的衰变有时会成为子核衰变的"瓶颈"。例如，与母核$^{226}Ra_{88}$长达1600年的半衰期相比，子核$^{222}Rn_{86}$几乎立即衰变（3.82天），但显然在其形成之前是不会衰变的。因此，只有当它的某个母核$^{226}Ra_{88}$在存在多年后偶然发生衰变时，才能观察到$^{222}Rn_{86}$原子核的衰变。

## 2.4　连续衰变

如果一个母核A衰变为同样不稳定的子核B，则控制A和B数量变化的方程为

$$\frac{dN_A}{dt} = -\lambda_A N_A \tag{2.13}$$

$$\frac{dN_B}{dt} = -\lambda_B N_B + \lambda_A N_A \tag{2.14}$$

式中$N_A$和$N_B$为母核和子核的原子核数，$\lambda_A$和$\lambda_B$为它们各自的衰变常数。

原子核B的方程的通解是：

$$N_B(t) = N_B(0)e^{-\lambda_B t} + \frac{\lambda_A}{\lambda_B - \lambda_A} N_A(0)(e^{-\lambda_A t} - e^{-\lambda_B t}) \tag{2.15}$$

式中$N_A(0)$和$N_B(0)$分别为初始时刻（$t=0$）衰变母核和子核数量，方程右侧第一项表示到$t$时刻，由开始即有的B核$N_B(0)$留存的B核数；第二项则表示到$t$时刻，由A核

衰变产生的 B 核留存的 B 核数。

如果一开始 B 核不存在，即 $N_B(0)=0$，则式(2.15)可简化为

$$N_B(t) = \frac{\lambda_A}{\lambda_B - \lambda_A} N_A(0) (e^{-\lambda_A t} - e^{-\lambda_B t}) \tag{2.16}$$

当 A 和 B 的所有原子核都衰变时，$N_B(t)$ 在 $t=0$ 和 $t=\infty$ 时都为零。显然，$N_B$ 会随着母核的衰变而增多，但随后随着供给速率的降低，$N_B$ 数量的上升将停止，其自身的衰变将占主导地位，并导致 $N_B$ 的下降。在某个中间时刻 $t_m$，B 核的数量 $N_B$ 将达到峰值。$t_m$ 对应于 $dN_B(t)/dt=0$ 时。

取式(2.16)对时间的导数为 0 可得

$$\lambda_A e^{-\lambda_A t_m} = -\lambda_B e^{-\lambda_B t_m} \tag{2.17}$$

进而可得

$$t_m = \frac{\ln(\lambda_A/\lambda_B)}{\lambda_A - \lambda_B} \tag{2.18}$$

B 核的活度为 $\lambda_B N_B$ 而非 $dN_B/dt$，从式(2.16)可以得出

$$\lambda_B N_B = \frac{\lambda_A \lambda_B}{\lambda_B - \lambda_A} N_A(0) (e^{-\lambda_A t} - e^{-\lambda_B t}) \tag{2.19}$$

或者，由于在 $t$ 时刻 A 的活度为 $\lambda_A N_A = \lambda_A N_A(0) e^{-\lambda_A t}$ 可得

$$\lambda_B N_B = \lambda_A N_A \frac{\lambda_B}{\lambda_B - \lambda_A} (1 - e^{-(\lambda_B - \lambda_A)t}) \tag{2.20}$$

考虑以下三种特殊情况会很有意思：

(a)子核比母核寿命长。

如果 $\tau_B > \tau_A$，即 $\lambda_B < \lambda_A$，经过相当长时间($t \gg 1/\lambda_A$)后：

$$e^{-\lambda_A t} \ll e^{-\lambda_B t}$$

则式(2.16)可写成：

$$N_B = \frac{\lambda_A}{\lambda_A - \lambda_B} N_A(0) e^{-\lambda_B t} \tag{2.21}$$

因此，长时间后的 B 核的数量只取决于其自身半衰期。短寿命核素的初始存量 $N_A(0)$ 实际上将迅速转变为长寿命核素的初始存量 $N_B(0)$，且 $N_B(0) \cong N_A(0)$，而这些长寿命核子将以 $e^{-\lambda_B t}$ 呈指数衰减。子核的活度最终变得与母核的残余活度无关(如图 2.3a)。

(b)子核比母核寿命短。

如果 $\tau_B < \tau_A$，即 $\lambda_B > \lambda_A$，经过相当长时间($t \gg 1/\lambda_B$)后：

$$N_B = \frac{\lambda_A}{\lambda_B - \lambda_A} N_A(0) e^{-\lambda_A t} \tag{2.22}$$

长时间后，B 核的数量仅取决于母核 A 的半衰期，如图 2.3(b)所示。

由式(2.22)可知，对于较大的 $t$：

$$\frac{N_B}{N_A} = \frac{\lambda_A}{\lambda_B - \lambda_A} = \frac{\tau_B}{\tau_A - \tau_B} \tag{2.23}$$

代入 A 和 B 的活度分别为 $\lambda_A N_A$ 和 $\lambda_B N_B$，可得

$$\frac{\lambda_B N_B}{\lambda_A N_A} = \frac{\lambda_B}{\lambda_B - \lambda_A} = \frac{\tau_A}{\tau_A - \tau_B} \tag{2.24}$$

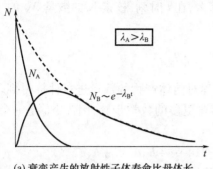 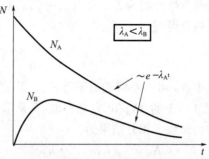

(a) 衰变产生的放射性子体寿命比母体长　　　　(b) 衰变产生的放射性子体寿命比母体短

图 2.3　不同情况下衰变母体和子体数量变化

注：后一种情况中，当 $t$ 非常大时，母核和子核几乎以相同的指数律衰变，比率保持不变。

这意味着母核和子核的活度比是恒定的。在这种情况下，当 $t$ 较大时，子核与母核的活动之比大于 1，称为暂时平衡。

(c) 子核比母核寿命短得多。

如果 $\tau_B \ll \tau_A$，即 $\lambda_B \gg \lambda_A$，式(2.20)可采用一种更简单的形式：

$$\lambda_B N_B(t) = \lambda_A N_A (1 - e^{-\lambda_B t}) \tag{2.25}$$

子核活度呈简单的指数曲线增长（由其自身衰变常数 $\lambda_B$ 控制）。在这些情况下，平衡活度比保持为 1：

$$\lambda_A N_A = \lambda_B N_B \tag{2.26}$$

这个结果也可通过令式(2.24)右边 $\lambda_A \to 0$ 中得到。这种情况称为长期平衡。

如果有衰变链 A→B→C→D→⋯，其中 $\tau_B, \tau_C, \tau_D, \cdots \ll \tau_A$，即 $\lambda_B, \lambda_C, \lambda_D, \cdots \gg \lambda_A$，重复同样的步骤，可得

$$\frac{dN_A}{dt} = -\lambda_A N_A$$

$$\frac{dN_C}{dt} = -\lambda_C N_C + \lambda_B N_B = -\lambda_C N_C + \lambda_A N_A$$

因为 B 与 A 处于长期平衡，我们可以应用式(2.26)。因此，可容易得：

$$\lambda_C N_C = \lambda_D N_D = \cdots = \lambda_A N_A$$

所以，由寿命较长的同位素开始的衰变链产生的所有同位素将达到长期平衡，所有子核和母核的活度都是相等的。这是在天然铀的衰变链中发现的，它的两种同位素 $^{235}U$ 和 $^{238}U$ 分别与其 11 个和 14 个子核处于长期平衡状态。

## 2.5　连续衰变中衰变产物的积累

假设有这样一个衰变链：

$$A \xrightarrow{\lambda_A} B \xrightarrow{\lambda_B} C \xrightarrow{\lambda_C} \cdots M \xrightarrow{\lambda_M} N \xrightarrow{\lambda_N}$$

该衰变链包含 $n$ 次不同的核素衰变。为简便起见，我们假设在 $t = 0$ 时刻，A 有 $N_0$ 个核存在，而没有衰变链中任何其他子核，即 $N_B, N_C, \cdots, N_M, N_N = 0$。设 A 及其系列衰变子

核的衰变常数分别为 $\lambda_A$、$\lambda_B$、$\lambda_C$、$\cdots$、$\lambda_M$、$\lambda_N$。那么，在 $t$ 时刻，核素 N 的数量 $N_N$ 的个数将由下式积分得到：

$$\frac{dN_N}{dt} = \lambda_M N_M - \lambda_N N_N \tag{2.27}$$

其中 $N_M$ 由一系列类似于等式(2.27)的方程对前体产物的数量进行计算得到。这与等式(2.14)中的 $dN_B/dt$ 完全类似，只是求解需要更多的数学步骤，因为 $N_M$ 是一个比 $N_B$ 更复杂的函数。积分结果为

$$N_N = N_0 (h_A e^{-\lambda_A t} + h_B e^{-\lambda_B t} + h_C e^{-\lambda_C t} + \cdots + h_M e^{-\lambda_M t} + h_N e^{-\lambda_N t}) \tag{2.28}$$

其中系数是各衰变常数的函数（无量纲），其值如下：

$$h_A = \frac{\lambda_A}{\lambda_N - \lambda_A} \frac{\lambda_B}{\lambda_B - \lambda_A} \frac{\lambda_C}{\lambda_C - \lambda_A} \cdots \frac{\lambda_M}{\lambda_M - \lambda_A}$$

$$h_B = \frac{\lambda_A}{\lambda_A - \lambda_B} \frac{\lambda_B}{\lambda_N - \lambda_B} \frac{\lambda_C}{\lambda_C - \lambda_B} \cdots \frac{\lambda_M}{\lambda_M - \lambda_B}$$

$$\cdots$$

$$h_M = \frac{\lambda_A}{\lambda_A - \lambda_M} \frac{\lambda_B}{\lambda_B - \lambda_M} \frac{\lambda_C}{\lambda_C - \lambda_M} \cdots \frac{\lambda_M}{\lambda_N - \lambda_M}$$

$$h_N = \frac{\lambda_A}{\lambda_A - \lambda_N} \frac{\lambda_B}{\lambda_B - \lambda_N} \frac{\lambda_C}{\lambda_C - \lambda_N} \cdots \frac{\lambda_M}{\lambda_M - \lambda_N} \tag{2.29}$$

初始条件 $t=0$ 时 $N_N=0$，要求系数之和为 0，所以这些系数满足如下条件：

$$h_A + h_B + h_C + \cdots + h_M + h_N = 0 \tag{2.30}$$

如果终核 N 是稳定的，则上述表达式也成立，此时将 $\lambda_N = 0$ 代入，可直接得到 $h_N = 1$。

对于式(2.28)的完整形式，其中所有子核在 $t=0$ 时的初始浓度并不为 0（即 $N_B$、$N_C$、$\cdots$、$N_M$、$N_N \neq 0$），被称为 Bateman 方程，该方程可用于描述一个衰变系列中核素的完整演化过程。

如果我们考虑一个比衰变系中任何成员平均寿命都短的时间 $t$（即 $t \ll 1/\lambda_i, i = A, B, C, \cdots, N$），近似解可以基于式(2.28)中的指数级数展开的一般解。在这种情况下，为了简单起见，假设在 $t=0$ 时，只有 A 原子核存在，数量为 $N_0$，对于初始时的 B 原子核有：

$$dN_B = N_0 \lambda_A dt \quad (N_0 \lambda_A \text{ 为 A 的活度})$$

通过简单积分，就有

$$N_B = \int_0^t dN_B = \int_0^t N_0 \lambda_A dt = N_0 \lambda_A t \tag{2.31}$$

也就是说，B 核的初始增长随时间是线性的。

而原子核 C 来自于 B 的衰变，故有

$$dN_C = N_B \lambda_B dt = (N_0 \lambda_A t) \lambda_B dt \tag{2.32}$$

通过简单积分可得

$$N_C = \int_0^t dN_C = \int_0^t (N_0 \lambda_A t) \lambda_B dt = N_0 \lambda_A \lambda_B \frac{t^2}{2} \tag{2.33}$$

我们可以得到同样的结果，通过取 B 在 0 到 $t$ 的时间内的平均活度 $\langle N_B \lambda_B \rangle t = (N_B \lambda_B / 2) t = (N_0 \lambda_A \lambda_B t / 2)$ 并乘以 $t$，$N_C = (N_0 \lambda_A \lambda_B t / 2) t = (N_0 \lambda_A \lambda_B t^2 / 2)$。用类似的方法，我们可以推导出 D 原子核的增长率：

$$dN_D = N_C \lambda_C dt = \left(N_0 \lambda_A \lambda_B \frac{t^2}{2}\right) \lambda_C dt \tag{2.34}$$

通过进一步积分,得到:

$$N_D = \int_0^t dN_D = \int_0^t \left(N_0 \lambda_A \lambda_B \frac{t^2}{2}\right) \lambda_C dt = N_0 \lambda_A \lambda_B \lambda_C \frac{t^3}{6} \tag{2.35}$$

以此类推。需要注意的是,对于每一个原子核,在这些近似条件下,其增长只取决于前体的衰变常数。即 B 的增长只取决于 $\lambda_A$,C 只取决于 $\lambda_A$ 和 $\lambda_B$,D 只取决于 $\lambda_A$、$\lambda_B$ 和 $\lambda_C$,同理类推。

**例题 2.6** 放射性子体的增长。

假设一个放射源只含有纯 $^{210}\text{Bi}_{83}$ 同位素。它通过 $\beta^-$ 衰变(半衰期 $\tau_{1/2A} = 5\text{d}$)为 $^{210}\text{Po}_{84}$,而 $^{210}\text{Po}_{84}$ 又通过 $\alpha$-衰变(半衰期 $\tau_{1/2B} = 138.4\text{d}$)至 $^{206}\text{Pb}_{82}$。请计算 $\alpha$ 粒子发射速率到达峰值的时刻 $T$。

**解**:令 $N_A$ 和 $N_B$ 为 Bi 和 Po 的原子核数,相应的衰变常数为:$\lambda_A = \ln2/\tau_{1/2A}$、$\lambda_B = \ln2/\tau_{1/2B}$。代入 $\alpha$-衰变速率方程等式(2.16),令该方程导数为零,即对应于 $\alpha$ 粒子发射速率达到最大值:

$$\frac{dN_N}{dt} = \frac{\lambda_A}{\lambda_B - \lambda_A} N_A(0) \frac{d}{dt}(e^{-\lambda_A t} - e^{-\lambda_B t})$$

$$= \frac{\lambda_A}{\lambda_B - \lambda_A} N_A(0)(-\lambda_A t e^{-\lambda_A t} + \lambda_B t e^{-\lambda_B t}) = 0$$

得
$$-\lambda_A t e^{-\lambda_A t} + \lambda_B t e^{-\lambda_B t} = 0$$

得
$$\frac{\lambda_A}{\lambda_B} = e^{-(\lambda_A - \lambda_B)T}$$

得 $T = \dfrac{\ln(\lambda_A/\lambda_B)}{\lambda_A - \lambda_B} = \dfrac{1}{\ln2}\dfrac{\tau_{1/2A}\tau_{1/2B}}{\tau_{1/2B} - \tau_{1/2A}} \ln\dfrac{\tau_{1/2B}}{\tau_{1/2A}} = \dfrac{1}{0.693} \times \dfrac{5.0 \times 138.4}{138.4 - 5.0} \ln\dfrac{138.4}{5} = 24.9\text{d}$

**例题 2.7** 衰变链中最终产物稳定核的累积。

假设存在衰变链 A→B→C→D(稳定),衰变常数分别为 $\lambda_A$、$\lambda_B$ 和 $\lambda_C$。请证明当 A 是一个寿命非常长的衰变源时,在 $t$ 时刻 D 原子核数量 $N_D$ 为

$$N_D = N_A(0)\left(1 - e^{-\lambda_A t} + \frac{\lambda_A \lambda_C}{\lambda_B(\lambda_C - \lambda_B)} e^{-\lambda_B t} + \frac{\lambda_A \lambda_B}{\lambda_C(\lambda_B - \lambda_C)} e^{-\lambda_C t}\right)$$

**证明**:由式(2.28)和式(2.29)可知:

$$N_D(t) = N_A(0)(h_A e^{-\lambda_A t} + h_B e^{-\lambda_B t} + h_C e^{-\lambda_C t} + h_D e^{-\lambda_D t})$$

$$h_A = \frac{\lambda_A}{\lambda_D - \lambda_A} \frac{\lambda_B}{\lambda_B - \lambda_A} \frac{\lambda_C}{\lambda_C - \lambda_A}$$

$$h_B = \frac{\lambda_A}{\lambda_A - \lambda_B} \frac{\lambda_B}{\lambda_D - \lambda_B} \frac{\lambda_C}{\lambda_C - \lambda_B}$$

$$h_C = \frac{\lambda_A}{\lambda_A - \lambda_C} \frac{\lambda_B}{\lambda_B - \lambda_C} \frac{\lambda_C}{\lambda_D - \lambda_C}$$

$$h_D = \frac{\lambda_A}{\lambda_A - \lambda_D} \frac{\lambda_B}{\lambda_B - \lambda_D} \frac{\lambda_C}{\lambda_C - \lambda_D}$$

代入 $\lambda_D = 0$,得

$$h_A = -\frac{\lambda_B}{\lambda_B - \lambda_A} \frac{\lambda_C}{\lambda_C - \lambda_A}$$

$$h_B = -\frac{\lambda_A}{\lambda_A - \lambda_B} \frac{\lambda_C}{\lambda_C - \lambda_B}$$

$$h_C = -\frac{\lambda_A}{\lambda_A - \lambda_C} \frac{\lambda_B}{\lambda_B - \lambda_C}$$

$$h_D = 1$$

假设 $\lambda_A \ll \lambda_B$ 且 $\lambda_A \ll \lambda_C$,可以将上述等式近似为

$$h_A = -1$$

$$h_B = \frac{\lambda_A}{\lambda_B} \frac{\lambda_C}{\lambda_C - \lambda_B}$$

$$h_C = \frac{\lambda_A}{\lambda_C} \frac{\lambda_B}{\lambda_B - \lambda_C}$$

$$h_D = 1$$

所以得

$$N_D(t) = N_A(0)\left[1 - e^{-\lambda_A t} + \frac{\lambda_A \lambda_C}{\lambda_B(\lambda_C - \lambda_B)}e^{-\lambda_B t} + \frac{\lambda_A \lambda_B}{\lambda_C(\lambda_B - \lambda_C)}e^{-\lambda_C t}\right]$$

得证。

## 2.6 核辐射穿透力

放射性核产生的辐射在穿透物质时会产生特定的物理效应,特别是辐射与物质的相互作用将会对被穿透物质造成损伤。例如,电子电路就很容易受到辐射损坏。对于生物细胞来说更是如此,也就意味着辐射对人体健康的危害。

仅用放射性活度是不足以全面评估特定辐射所产生的影响的。这是因为不同核辐射与物质的相互作用是不同的,这取决于辐射的类型和能量,如图 2.4 所示。通过了解不同类型辐射穿透物质的能力,我们可以更好地采取适当的屏蔽措施,以保护人、环境和敏感设备。

$\alpha$ 粒子在空气中射程只有几厘米,可以被一张纸或一层皮肤阻止。$\beta$ 粒子则可以在空气中传播几米,在人体中传播几毫米,可以用几毫米厚的金属板挡住。而 $\gamma$ 射线、X 射线和中子的穿透力更强,铅等致密金属构成的厚屏障或厚混凝土墙最能阻挡 $\gamma$ 射线,而厚混凝土层或水和石蜡等富含氢原子的材料最能屏蔽中子。硼或镉等中子吸收剂也被用于吸收中子。屏蔽中子时,必须特别考虑中子被原子核散射或吸收时产生的二次 $\gamma$ 射线。

这种行为差异来源于不同类型辐射与物质相互作用的方式不同。

$\alpha$ 粒子和 $\beta$ 粒子都是带电粒子,当它们穿过物质时,会与沿途遇到的原子和分子发生碰撞。在这些碰撞中,它们既可以激发原子和分子的原子能级,也可以将电子撞出原子和分子(使原子和分子电离)。在这两个过程中,$\alpha$ 粒子和 $\beta$ 粒子都将其能量的一部分传递给原子电子。由于这种能量损失,它们的速度会减慢并最终停止。它们在运动终点停止时,其初始能量完全转移到了所穿透物质上。因此,$\alpha$ 粒子和 $\beta$ 粒子有一个特征的平均射

程(或范围),在这个距离上它们将几乎被完全吸收。这个范围取决于电离粒子的能量和穿透材料的性质。通常,穿透物质单位径长的能量损失,α粒子非常高,β粒子次之,这就是为什么相对较薄的轻质材料层(空气、纸、木材、塑料、人体皮肤)也能非常有效地阻止它们并起到屏蔽作用。

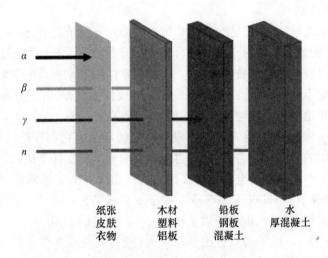

图2.4 不同辐射的穿透能力

γ射线和X射线都属于电磁辐射,就像光和无线电波一样,只是频率更高(波长更短)而已。它们也可以被认为是量子粒子束,即光子,每一束都携带着分散的能量,但没有质量。γ射线和X射线具有相同的基本性质,但它们的起源不同。X射线是由原子电子发射出来的,也就是说,来自核外过程,而γ射线来自核内。X射线的能量通常也较低,因此穿透性不如γ射线。γ射线和X射线也会使它们穿过的物质电离,但它们失去能量的方式与α粒子完全不同。一个光子可以穿过相当厚的材料,并保留其全部能量,直到它与一个原子相互作用并击出一个电子,将其大部分能量传递给它,或者在这个过程中被完全吸收。发射出的电子反过来又将接收到的能量转移到材料上,其机制与β射线相同。

因此,γ射线和X射线穿过物质后,最终将被原子吸收而消失,而不是因为减速而失去能量(因为它们是电磁辐射的形式,其唯一可能的速度是:光速)。因此,γ射线和X射线没有特定的穿透深度,而是随着穿透介质深度的增加,它们的强度呈指数下降,最后接近于零。对于光子,我们说的不是介质中的平均穿透深度,而是衰减长度,即光子的强度减少 $e=2.71828$ 倍的距离。

中子也是穿透性很强的粒子。在地球上,它们可以通过原子核的自发裂变产生,也可以通过核反应堆的诱导裂变产生,或者通过高能宇宙射线将原子核分解成质子和中子产生。由于不带电,它们与物质的相互作用很弱,不会直接电离,因此穿透力非常强,不易减速。

中子在与所经过物质的原子核碰撞时速度会降低。在中子能量较低时,碰撞主要是弹性的,即相互作用物体的总动能守恒的过程。在3.7节中将会讲到,根据简单的运动学方程可得,原子核越轻,在碰撞中损失的能量就越高,导致它们的动能逐渐丧失。因此,要阻止中子，就要用厚的混凝土层或含有氢的材料（如水或石蜡）以更有效地吸收它们的能量。如果有足够的材料为中子提供足够数量的碰撞条件，这种能量损失过程可一直持续到中子"热化"，即与介质中的原子达到热平衡。在这种情况下，它们的平均能量大约等于 $kT$（其中 $k=1.38\times10^{-23}\text{JK}^{-1}$ 为玻尔兹曼常数），温度 $T$ 为介质温度。常温下，$T=300℃$，此时 $kT=0.025\text{eV}$。

如果入射中子能量足够高，将会发生非弹性碰撞。这种情况下，反冲的原子核可保持在激发态，其能量随后通过发射 $\gamma$ 射线或分裂发射其他粒子（光子、中子、质子和 $\alpha$ 粒子）释放。中子也可以被某些原子核俘获，这一过程通常伴随着 $\gamma$ 射线的发射，在俘获过程中形成的同位素可能不稳定，并再次发生 $\beta$ 衰变。需要注意的是，在上述所有碰撞过程中，发射的 $\gamma$ 射线和带电粒子都能电离介质并将能量转移给介质。

就像 $\gamma$ 辐射一样，中子的穿透距离也没有明确的定义。它们穿透的距离取决于在特定物质中相互作用的概率。对它们来说，也通常使用衰减长度这个概念。

表 2.3 给出了不同类型的电离辐射在进入人体组织时的穿透深度，按穿透深度递增的顺序列出，动能分别为 1MeV 和 10MeV。对于 $\alpha$ 射线和 $\beta$ 射线，穿透深度为其射程。对于中子和 $\gamma$ 射线来说，则是入射粒子数量减半之前所经过的距离。

相同能量条件下，$\alpha$ 粒子的质量比 $\beta$ 粒子大得多（大约是 $\beta$ 粒子的 8000 倍），运动速度也慢得多，与介质中的原子相互作用时间也长得多，所以它们的能量损失得更快。除此之外，$\alpha$ 粒子有两个单位的电荷，所以与原子之间的库仑力是 $\beta$ 粒子的两倍。由于上述两个原因，较薄的材料即可阻挡 $\alpha$ 粒子，也就是说 $\alpha$ 粒子具有最小的穿透深度。中子和 $\gamma$ 射线不受电荷的阻碍，所以它们在人体内的穿透能力很强。

通过使用相同的"作用时间理论"，可知能量越高意味着穿透深度越深，这也体现在表 2.3 两行数据的差异上。

表 2.3　两种给定能量下各类电离辐射在人体组织中的穿透深度

| 能量/MeV | 穿透深度/mm | | | |
|---|---|---|---|---|
| | $\alpha$ | $\beta$ | $n$ | $\gamma$ |
| 1 | 0.005 | 5 | 25 | 100 |
| 10 | 0.2 | 50 | 100 | 300 |

## 2.7　剂量

任何物质（如人体组织）暴露在辐射下的主要影响来源于能量在物质中的沉积。因此，衡量辐射暴露程度的单位是基于所吸收的辐射能量定义的。

辐照剂量，也称吸收剂量，单位为戈瑞（Gy），以英国物理学家 Louis H. Gray（1905—1965）命名，他是 X 射线和镭辐射测量及其对活体组织影响研究领域的先驱。1Gy 定义为 1J 能量在 1kg 材料中的沉积：1Gy=1J/kg。

还有一种古老且仍在使用（主要在美国）的吸收剂量单位：拉德（rad），是辐射吸收剂量（radiation absorbed dose）的缩写。1rad=0.01Gy。

然而，要评估辐照对生物组织的影响，只知道吸收剂量是不够的，我们还必须考虑到辐射的性质（某些类型的辐照比其他类型的危害性更大）以及某些组织比其他组织更敏感的事实。对于相同的吸收剂量，$\alpha$ 粒子比 $\beta$ 射线和 $\gamma$ 射线的潜在危害要大得多，因为它们将能量沉积在较短的距离内（见表 2.3），即沉积在较小的体积内，由此产生的细胞损伤可能更难修复。

此外，不同组织对辐射损伤的敏感性也不同。一般来说，组织的辐射敏感性与其细胞的增殖速率成正比，与细胞分化程度成反比。例如，对于相同剂量的同种辐射，对肺部和生殖器官的损害要大于对骨骼和牙齿的损害。这也意味着发育中的胚胎在早期分化阶段对辐射最为敏感。

潜在的辐射损伤还取决于进入人体的方式。例如，对于内照射而言，$\alpha$ 射线非常危险，但对外照射来说，危险就要小得多，因为 $\alpha$ 粒子很容易被屏蔽，实际上，皮肤的厚度就足以阻挡它们。

为了将辐射性质考虑进来，还需对不同类型的辐射赋予不同的权重因子，用来把它们所沉积的能量与其所造成的损害的生物学意义联系起来，系数越高，损害越大。

为了在同一尺度上定量表示各种电离辐射对暴露组织的生物损伤效应，将采用当量剂量这个概念，其计算方法是将吸收剂量乘以相应辐射类型的无量纲权重因子 $w_R$。表 2.4 显示了不同类型辐射的权重因子 $w_R$。

表 2.4　各种辐射类型的辐射权重因子 $w_R$

| 辐照类型和能量范围 | $w_R$ |
|---|---|
| 任意能量的 X 射线或 $\gamma$ 射线 | 1 |
| 任意能量的电子或正电子 | 1 |
| 能量 >2MeV 的质子 | 5 |
| $\alpha$ 粒子、裂变碎片及重原子核 | 20 |
| 能量 <10keV 的中子 | 5 |
| 10～100keV | 10 |
| 100～2000keV | 20 |
| 2～20MeV | 10 |
| >20MeV | 5 |

当量剂量单位为希沃特（符号 Sv），以瑞典医学物理学家 Rolf M. Sievert（1896—1966）命名，他以测量辐射剂量和研究辐射的生物效应而闻名。

1Sv 定义为产生与 1Gy X 射线相同生物伤害的任何辐射的吸收剂量。因此，与 1Gy 不同，无论考虑的是哪种辐射，1Sv 都会产生相同的生物效应。例如，表 2.4 显示 1Gy 的 $\beta$ 辐射或 $\gamma$ 辐射将产生 1Sv 的生物效应，1Gy 的 $\alpha$ 辐射产生 20Sv 效应，而 1Gy 的 10～100keV 的中子辐射则会产生 10Sv 的生物效应。

此外，为了考虑不同组织对辐射损伤的不同敏感性，我们使用有效剂量，有效剂量是通过将相关组织的当量剂量乘以一个无量纲权重因子 $w_T$ 得到的。

有效剂量单位仍为 Sv。表 2.5 给出了某些组织器官的权重因子 $w_T$。

表 2.5　部分组织器官权重因子 $w_T$

| 组织/器官 | $w_T$ |
|---|---|
| 性腺 | 0.20 |
| 红骨髓、结肠、胃、肺 | 0.12 |
| 膀胱、乳房、肝脏、食道、甲状腺 | 0.05 |
| 皮肤、骨膜 | 0.01 |
| 其他 | 0.05 |

希沃特(Sv)是一个相当大的辐射剂量单位,所以毫希沃特(mSv)和微希沃特(μSv)是更常用的单位。当量剂量和有效剂量还有一个较老的单位是雷姆(人体伦琴[①]当量),符号 rem。rem 等于 Sv 的百分之一(1rem = 0.01Sv = 10mSv,也就是 1Sv = 100rem)。

短寿命和长寿命的放射性物质都可能产生严重的危害,但原因有所不同。半衰期短的放射性同位素很危险,原因很简单,每一单位质量每秒的衰变次数非常高。因此,它们可以使人们在短时间内接触到非常高的剂量。但另一方面,寿命越短,放射性物质衰变到自然放射性水平的速度就越快(详见例题 2.9 和第 2.8 节),因此,对于寿命较短的放射性物质,只需要在较短的时间间隔内设置防护屏蔽。具有中长半衰期的同位素不会使人严重受照(每单位质量每秒的衰变次数相对较少),但它们可以使整个区域在很长一段时间(成百上千甚至上万年)内保持明显的放射性。这就是为什么处理含有这类同位素的反应堆废物是一项重大的挑战。最极端的是寿命非常非常长的同位素,以至于其危害水平接近于零。除去可裂变铀-235 同位素后剩余的铀-238 就属于这种情况,其半衰期为 45 亿年。

**例题 2.8　剩余活度。**

某医院购买了一个 $^{60}Co_{27}$ 放射源用于医疗辐照治疗。请计算三个半衰期后放射源的残余活度($^{60}Co$ 的半衰期约为 1925 天)。

解:根据半衰期的定义,试样在 $3\tau_{1/2}$ 后的剩余活度为初始值的 $1/2^3 = 1/8$。

实际上,当医用放射源的活度下降到这种程度时,可能无法再用于治疗活动,但考虑到其潜在泄漏风险,仍然是危险的,应予以处理。处置通常采用特殊运输将其转移到专用储存库中。

**例题 2.9　放射性物质的潜在危害。**

在危害方面,最具潜在危害的放射性物质往往既不是半衰期极长也不是半衰期极短的,而是介于两者之间的。这是因为我们的身体只会暴露于在我们生命过程中发生的衰变,而从人的一生角度讲,短半衰期核素将在非常短的时间内迅速衰变,而长半衰期核素每秒钟只产生非常少的衰变。

请评估半衰期分别为 3a、30a 和 300a 的 A、B、C 三个 β 放射性核素的潜在危害。总暴露时间为 3a。假设 A、B 和 C 这三种放射性物质的放射性核素的初始数目 $N_0$ 相同。

解:要评估这三种物质的潜在危险,必须先估算 3a 后,这三种放射性同位素有多少原子核已经发生衰变。采用公式(2.9)可得:

---

[①] 伦琴是 20 世纪 30 年代最常用的辐射暴露单位。它以德国物理学家 Wilhelm Roentgen(1845—1923)命名,他是医学 X 光的早期先驱。这个单位已经过时,没有明确的定义(尽管通常认为:1rem 约为 10mSv)。伦琴本质上是指一定体积的空气暴露在辐射下形成的离子对的数量。因此,它本身不是能量吸收或剂量的量度。

3a 后,放射性核素 A(半衰期为 3a)的初始核有一半已经衰变:

$$\frac{N_0 - N_A}{N_0} = 1 - e^{-3 \times 0.693/3} = 1 - e^{-0.693} = 1 - \frac{1}{2} = 0.5$$

少于 1/10 的放射性核素 B(半衰期 30a)的初始原子核将会衰变:

$$\frac{N_0 - N_B}{N_0} = 1 - e^{-3 \times 0.693/30} = 1 - e^{-0.0693} = 1 - 0.933 = 0.067$$

但这种物质的放射性会比物质 A 的放射性时间长 10 倍。

放射性核素 C 初始原子核的(半衰期 300a)衰变量小于 1/100:

$$\frac{N_0 - N_C}{N_0} = 1 - e^{-3 \times 0.693/300} = 1 - e^{-0.00693} = 1 - 0.993 = 0.007$$

但这种物质保持放射性的时长将分别是 A 和 B 物质的 100 倍和 10 倍。如果不采取适当的防护,寿命最短的物质 A 将是最有害的。相反,如果物质 A 由于其高活性而被很好地屏蔽,而 B 和 C 由于其寿命较长而没有屏蔽,则物质 B 将具有更大的危害,因为其 1/10 的原子核将在 3 年的暴露期内衰变,而 C 物质在同一时间内,却只有不到 1% 的原子核衰变。但物质 C 会在很长的时间内保持放射性,这也是一个问题。

## 2.8 天然及人工放射性

自然界中有许多不稳定同位素,它们的放射性被称为天然放射性。在实验室里,由于各种核反应,也会产生许多其他不稳定同位素,我们说这些同位素是人工产生的,称其放射性为人工放射性。

需要指出的是,从物理学角度而言,天然和人工放射性是完全相同的。一个给定的同位素的性质与获得它的途径无关。因此,人工放射性并不会比天然放射性更危险或更有益。

### 2.8.1 天然放射性

辐射属于环境组成的一部分,因此我们受到的辐射剂量很大一部分是自然产生的,不可避免。因此,生命体在进化过程中已经适应了具有大量电离辐射的环境。

比如,我们在日常生活中,就暴露在宇宙射线下——主要来自太阳系之外并主要由高能质子和原子核组成——如雨点般落在地球上。它们被认为是通过各种过程产生的,包括恒星的诞生和死亡,也可能发生在所谓的活跃星系核中。初级宇宙射线的能量范围在 1GeV 到 $10^{11}$GeV 之间。这些粒子到达大气层顶部的量,随能量的增加而下降,从 1GeV 时每平方米每秒 10000 个到最高能量时每平方千米每世纪不到 1 个。当它们到达地球时,宇宙射线与大气上层的原子核碰撞,产生大量次级粒子,主要是 π 介子。带电的 π 介子可以迅速衰变为另一种亚原子粒子,称为 μ 介子。与 π 介子不同的是,这些粒子与物质的相互作用不强,可以穿过大气层并渗透到地下。μ 介子到达地球表面的速度大约为每秒有一个 μ 介子穿过一个人头部大小的物体。地球的大气层和磁场起到了抵御宇宙辐射的作用,可以减少到达地球表面的辐射。考虑到这一点,很容易理解:我们每年从宇宙辐射中获得的辐照剂量主要取决于我们生活的海拔高度。

自然产生的放射性物质(即 NORM)无处不在:在我们行走的土壤中,在我们居住的建筑中,在我们吃的食物中,在我们喝的水中。放射性气体存在于我们呼吸的空气中,甚至我们的身体由于天然放射性物质的存在也具有弱放射性。在地球上,人们不可能完全避开天然辐射。

天然辐射的水平,也就是通常所说的本底辐射,并非处处恒定,在不同的地点和海拔高度上差异很大。例如,居住在美国科罗拉多州的居民比美国东海岸或西海岸的居民暴露在更多的天然辐射中,因为科罗拉多州海拔更高,有更多的宇宙辐射,而且其土壤中富含天然铀,所以其地面辐射也更高。同样,站在意大利罗马圣彼得广场上的人比呆在其他罗马广场上的人暴露在更多的自然辐射中,因为圣彼得广场是用斑岩(一种著名的"鹅卵石")铺成的,其中含有天然钍。

### 2.8.2 人工放射性

人的一生中不仅仅只暴露在天然辐射中,也暴露在人类活动产生的各种新的辐射中。它们包括核裂变发电站在发电的各个阶段所产生的放射性核(主要来自于核电站卸出的燃料(即乏燃料)的后处理过程,还有少部分来自核燃料原件制造和能源生产,详见第6章),或来自于20世纪四五十年代部分国家进行的核武器试验,或稳定核的辐射。后者的产生与它们在医学、诊断和治疗以及许多其他工业应用方面的广泛应用有关。用于诊断和治疗、工业和科研的X射线发生器和粒子加速器是人工辐射的另一个来源。

图2.5是上述各种情况的卡通示意图。

天然辐射

宇宙辐射

及其他地表辐射

食物辐射

人工辐射

医学诊断

医学治疗

核电站

图2.5 人类不同情况下所受到的天然辐射和人工辐射卡通示意图

综上所述,很显然,我们受到的辐射剂量在某种程度上也取决于我们的生活方式、饮食、职业和医疗服务等。例如,给病人拍X光的牙医,或者在某些矿井下工作的矿工,都会受到额外的辐射。与大多数人相比,航空机组人员在高海拔地区停留的时间更长,他们也会受到来自宇宙射线的额外辐射。太空中的宇航员也会受到类似的辐射。

此外,X射线、计算机断层扫描(CT)和正电子发射断层扫描(PET)等其他医学成像技术的使用也涉及大量电离辐射暴露。然而,通常认为,在这些实践中,病人获益大于所涉及的风险。在一些国家,类似技术的使用近年来迅速增长(详见图2.6)。

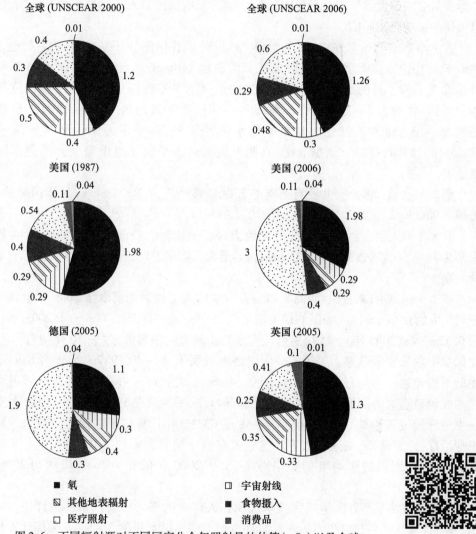

图2.6　不同辐射源对不同国家公众年照射量的估算(mSv)以及全球平均年照射量的估算[4]。

注:对世界上大多数人来说,80%~85%的剂量来自天然辐射。

## 2.9　平均年辐照剂量

既然天然辐射不可避免,了解每个人从天然辐射源接受的年平均有效剂量是很有趣的。因为对于任何人造辐射造成的吸收剂量而言,这是一个很有意义的参考标准。

联合国原子辐射效应科学委员会(UNSCEAR)[①]自 1955 年以来收集了有关人类典型受照水平以及主要辐照来源的信息,并每隔几年发布一次报告,以总结所有来源的平均照射量。只有少数意外情况下才会直接测量公众受照剂量。通常根据环境或排放物[②]监测数据对这些剂量进行评估,并用模型对环境暴露情景进行模拟。另外,由于不同国家提供数据的方式不同,数据的准确度之间会存在一定差异。

图 2.6 的饼状图显示了不同辐射源对不同国家公众照射的估计贡献,以及辐射效应科学委员会对全世界平均照射量的估计。虽然天然辐照和人工辐照来源有区别,但它们对人体的影响是相同的。

自然本底水平通常在 1.5~3.5mSv/a 之间,但在伊朗、印度和欧洲的一些地方超过 50mSv/a,在伊朗拉姆萨尔的辐射量甚至更高达 260mSv/a,此地天然辐照的终生剂量可达几千 mSv。目前已知影响大量人口的最高水平本底辐射是在印度喀拉拉邦和马德拉斯邦,大约有 14 万人接受 γ 射线年平均辐射剂量达到 15mSv,以及来自氡的同等剂量。在巴西和苏丹也出现了类似水平的辐照,对很多人来说平均暴露量约为 40mSv/a。然而,并没有证据表明,这些天然的高水平会导致患癌或其他健康问题概率上升。

图 2.6 显示,2006 年世界自然本底辐射暴露平均为 2.33mSv/a,具体国家的值为:美国 2.96mSv/a、德国 2.10mSv/a、英国 2.23mSv/a。

对大多数人而言,自然本底辐射是他们暴露于辐射的最重要部分(2006 年世界平均水平为 79%)。氡[③]通常是造成公众暴露的最大天然辐射源,有时占所有辐射源总暴露量的一半。

图 2.6 还显示,来自医疗、商业和工业活动的人工辐射源贡献了 2006 年世界年辐射照射量中的 0.61mSv/a。美国的相关值是 3.15mSv/a,德国是 1.94mSv/a(2005 年),英国是 0.52mSv/a(2005 年)。医疗照射是迄今为止最大的辐射源,过去 30 年里在一些工业化国家中增长非常迅速。美国的数字清楚地表明了这一点,1987—2006 年期间医疗用途的增加导致人均年有效剂量总额从 0.54mSv/a 增加到 3.0mSv/a,使医疗照射可与自然本底辐射造成的照射相当。显然,3.0mSv/a 的平均值是有误导性的,因为大多数人一生中只做过 X 射线,只有一小部分人做过 CT 扫描(计算机断层扫描)、放射性同位素癌症治疗、血管造影、支架植入等。这些人在治疗期间暴露在 3.0mSv/a 以上几倍。相反,全球医疗照射的平均增加要小得多,仅从 2000 年的 0.4mSv/a 增加到 2006 年的 0.6mSv/a。

图 2.7 总结了部分医学成像技术沉积在人体中的平均辐射剂量的估计值。如图所示,骨盆计算机断层扫描产生的辐射剂量为年本底辐射剂量的 3~5 倍;胸部计算机断层扫描的辐射量为年本底辐射剂量的 2 倍以上;乳房 X 光检查为 0.4mSv;牙科 X 光检查为

---

[①] 联合国辐射效应科学委员会(UNSCEAR)由联合国大会于 1955 年成立,其任务是评估和报告电离辐射的暴露水平和影响。世界各国政府和组织将该委员会的估算数据作为评估辐射风险和制定防护措施的科学依据。

[②] 这里所说的排放物是指从核设施排放出的任何气体或液体。

[③] 氡是一种放射性惰性气体。它最重要的同位素是 $^{222}Rn$,它出现在铀衰变链中,半衰期为 3.8 天。作为一种重气体,易在地下空间,如房屋地下室聚集。

0.005mSv。该数据还给出了机场 X 射线背散射扫描仪的平均吸收剂量、5 个小时的定期飞行和一年中每天抽一包烟对应的剂量值。

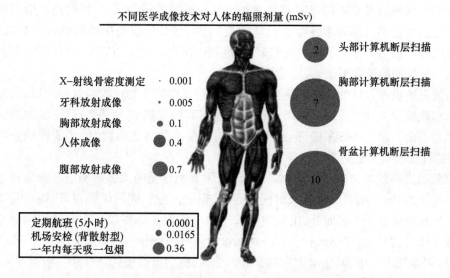

图 2.7　各种医学成像技术对人体的平均辐射剂量(mSv)[5]

## 2.10　辐射生物效应

当一个人暴露在辐射中,也就是当一个人吸收了一定的辐射能量,我们说他受到了一定剂量的辐照。但这并不会使人产生放射性或使其受到污染①。

导致人体组织电离的辐射会产生非常有害的影响。然而,就像我们体内引入的许多其他物质(咖啡、酒精、烟、处方药等)一样,当人们知道所受辐射的强度和暴露的时间跨度时,就可以正确地评估辐射对人体健康的可能影响。

例如,人们喝一杯威士忌,可能不会有明显的副作用,但如果喝了一整瓶,情况就不同了。这种情况下,还需要知道它是在几分钟内喝的,是在一天内喝的,还是在较长的一段时间内喝的。

必须指出的是,对于许多自然物质,均存在着阈值,低于该阈值的物质对人类生命有益,甚至必不可少,但超过这个阈值则是危险的。例如,许多金属元素(如锌、铁、硒等)、维生素以及氧都是如此。

辐射对活体组织的损害是由于能量被转移到细胞结构中的原子和分子中,这是生物组织的基本组成部分。生物组织 80% 由水($H_2O$)组成,其余 20% 部分则是复杂的生物结构。人体的每个细胞都含有脱氧核糖核酸(DNA)分子,它存储遗传信息并控制细胞的生长、功能、发育和繁殖。电离辐射使原子和分子被激发或电离。这些激发和电离会导致有

---

① 放射性污染是指放射性物质出现(沉积)在固体、液体或气体(包括人体)的表面(或内部),这种出现(或沉积)是意外的或不受欢迎的。辐照暴露和辐射剂量被用于描述人体吸收 $\gamma$、$\alpha$、$\beta$ 射线或中子能量的情况,而污染是指一定量的放射性物质转移到人体或衣服鞋子上。例如,当放射性物质的存在形式有利于其从一个地方转移到另一个地方,比如液体、灰尘、刨花、空气中的微粒等,便容易发生放射性污染。

害的生物效应,具体取决于受影响的细胞部位。如果这种电离发生在 DNA 中,它的功能可能会因严重的物理伤害而改变,甚至致癌或基因突变。

我们的细胞具备有效的修复机制来对抗某些类型的损伤,包括那些由辐射引起的损伤(事实上,我们的身体经常发生染色体畸变),因此,受伤或受损的细胞可以自我修复,不会造成残留损伤。如果不能自我修复,细胞则可能会死亡或功能紊乱。比如,它们可能开始以不受控制的速度繁殖,并引发癌症。

每天有数以百万计的身体细胞死亡,然后通过正常的生物过程被替换。因此,只有当涉及的细胞数量大到足以破坏组织或损害某些器官的功能时,辐射照射造成的细胞死亡才会成为一个问题。一般来说,低剂量(例如每天受到的本底辐射)的主要影响是对细胞 DNA 的损伤,而高剂量则通常会导致细胞死亡。

辐照诱发癌症的风险实际上很难估计,因为人类接受的大多数辐射都非常接近本底水平。低于 100mSv 的低剂量在长时间内存在,辐射诱发癌症的风险很低,很难与正常的癌症发生水平区分开来。此外,由辐射引起的白血病或实体肿瘤与由其他原因引起的白血病或实体肿瘤是无法区分的。相反,高剂量的辐射(在短时间内超过 100mSv,也称为急性剂量)可杀死大量细胞,使组织和器官立即受损,称为急性辐射综合症。辐射剂量越高,辐射效应出现的时间越早,死亡的概率也越高。

线性无阈(LNT)剂量响应关系被用来描述辐射剂量与癌症发生概率之间的关系。这种剂量响应假说认为没有阈值,也就是说,不存在低于零风险的暴露水平。它还假设,任何剂量增加,无论多小,都会导致风险的增加:如果暴露量增加一倍,风险也会增加一倍。

一些科学家强烈反对无阈值假设。因为生命是在显著水平的自然辐射下成功进化的,从而提出了一个阈值假设,根据这个假设,非常小的辐射是无害的。其他科学家甚至断言,低水平的辐射对健康有益(这种观点被称为激效作用)[6-7]。然而,现有数据对任何模型的支持都不够明确。

尽管通常认为 LNT 模型是保守的,但它又在世界范围内辐射防护准则中被广泛采用。

通过 LNT 风险模型,美国国家科学院①电离辐射生物效应委员会(BEIR 委员会)估算认为 0.1mSv 的剂量会使癌症死亡风险上升约百万分之一[8]。

显然,每个人对风险的接受程度是不一样的,需要获取足够的信息才能做出正确的判断。表 2.6 比较了辐射与其他常见活动的潜在风险,这些活动也会造成百万分之一的死亡风险[9]。

因此,很明显,极低的辐射剂量(0.1mSv)风险与日常生活中的其他活动相当,尽管这样的辐射剂量已经大约是我们每天从自然本底接收的辐射剂量的 10 多倍。

---

① 美国国家科学院(NAS)是由美国杰出学者组成的一个非公、非营利组织。成立于 1863 年,负责为其国家提供独立、客观的科学技术相关建议。特别地,自 BEIR 委员会于 1956 年 7 月第一次发布报告以来,NAS 一直定期对人们对辐射风险的总体认识状况进行评估。

表 2.6  经计算有百万分之一概率导致死亡的一些活动清单[6]

| 活动 | 风险 |
| --- | --- |
| 抽 1.4 支香烟 | 肺癌 |
| 吃 40 汤勺花生酱 | 肝癌 |
| 吃木炭烤的牛排 | 癌症 |
| 在纽约生活两天 | 空气污染 |
| 驾驶汽车行驶 65km | 事故 |
| 搭乘航班飞行 4000km | 事故 |
| 划独木舟 6min | 事故 |
| 接收 0.1mSv 剂量辐照 | 癌症 |

## 2.11 电离辐射在医学、研究与工业上的应用

今天,电离辐射被广泛应用于医学、研究和工业,以及发电。此外,它在农业、考古学、空间探索、执法、地质(包括采矿)、环境、具有文化遗产意义的文物的保护和保存等诸多方面都有应用。辐射的这些有益用途往往不如其潜在危害为人所知和宣传得多。

接下来,我们将举例展示辐射的一些有益用途。

### 2.11.1 药物应用

现代医学从电离辐射的使用中获益良多,无论是诊断还是治疗。

诊断范围从常规和先进的 X 射线应用(X 射线成像、X 射线透视检查和计算机断层摄影(CT))到注入放射性同位素(称为放射性药物)用于 $\gamma$ 成像(正电子发射断层成像(PET)、单光子发射计算机断层成像(SPECT)、闪光成像等)。

放射性药物被当作"示踪剂"作用于病人。示踪剂在体内的任何地方,都可以被适当的探测器通过检测其特征辐射跟踪。还可以将其制成化合物,于特定的器官和生物结构中富集,从而确定要绘制的结构的精确位置、形状和生化功能。因此,有可能对癌症和中枢神经系统退行性综合征(如阿尔茨海默病和帕金森病)等疾病进行识别和早期诊断。事实上,这些细胞对特定的分子具有高度特异性的受体,即使在浓度很低的情况下也能俘获这些分子。近年来,放射性药物的设计能够特异性和选择性地结合到这些受体上,这使得人们能够在分子水平甚至实时地研究细胞的代谢。

正电子发射断层扫描是放射性示踪剂在医学上广泛应用的一种重要方法。当含有短寿命、发射正电子的同位素的化合物被注射到病人体内时,它们将富集于特定的器官,从而达到示踪的目的。这是可行的,因为当正电子衰变时,它们会很快遇到其反粒子——(负)电子。此时,(负)电子和正电子迅速湮灭,两个高能光子会以完全相反的方向发射出来。通过检测这种光子对,以纳秒计时,就可以相当准确地确定放射性同位素在体内的衰变位置。通过在一段时间内检测许多这样的配对,就可以得出化学物质浓度的详细变化。这可以用于研究活体心脏、大脑和其他器官的功能,并诊断相应疾病。例如,中风造

成的脑损伤可以被精确地绘制出来。正电子发射断层扫描也成为了解大脑和其他器官正常功能的重要方法。

最著名的用途是用于治疗癌症的放射治疗,因为它破坏病变组织的效率比破坏健康组织的效率更高。用于癌症治疗的辐射可能来自于体外的仪器(外照射疗法),也可能来自于放置在体内癌细胞附近的放射性物质(内照射疗法)。在后一种情况下,利用上述细胞俘获放射性药物的机制,给病人服用含有放射性核素的化合物是一种非常有效的方法,这种化合物倾向于在癌细胞内发生放射衰变,而对周围健康组织的损害有限。

强子疗法(Hadrontherapy)是一种新颖有效的肿瘤治疗方法。它包括用质子或轻核($\alpha$粒子,碳离子)照射肿瘤。与传统放疗相比,它有两个主要优势:定位肿瘤的空间精度更好,对肿瘤的照射更准确、更有效。事实上,虽然X射线在穿透组织时能量损失较慢,且主要呈指数衰减,但带电粒子在其射程末端可以对物质释放更多的能量。这使得通过能量可调入射粒子束瞄准身体特定深度的位置明确的区域成为可能,从而减少对周围健康组织的损害。

由于可以杀死细菌和病毒,电离辐射还经常用于针头、手术器械和敷料的消毒——尤其是那些不耐热制品。

## 2.11.2 研究应用

X射线衍射被用于研究从矿物到生物大分子的分子三维结构。它是测定生物大分子,特别是蛋白质和核酸,如脱氧核糖核酸(DNA)和核糖核酸(RNA)分子构象的主要方法。值得一提的是,DNA的双螺旋结构就是由X射线衍射数据推导出来的。

中子衍射也被用于研究溶液中分子的性质或对X射线图像所获得的结构进行精修。通常认为这两种方法是互补的,因为X射线对原子电子的空间分布很敏感,对重原子的散射最强烈,而中子对原子核的空间位置很敏感,甚至对许多轻同位素(包括氢和氘)的散射也很强。

电子衍射已被用于确定一些蛋白质,特别是膜蛋白和病毒衣壳的结构。

在过去的几十年里,同步辐射①已经成为生物大分子、艺术、考古学和文物保护等研究领域的一个越来越重要的工具,特别适合于微观无损分析。

在考古学和地质学中,放射性衰变在确定化石和其他物体的年龄、确定非常久远事件的日期和测量非常大的时间间隔方面有着重要应用。

从环境分析到考古学和艺术史,利用质子或中子进行样品元素分析的许多方法已经被开发出来。其中最重要的方法包括卢瑟福背散射法、质子诱导X射线发射(PIXE)、中子活化②分析(NAA)、中子照相和瞬发$\gamma$活化分析(PGAA)等。

在农业领域,则涉及利用放射性同位素产生基因突变对新植物物种进行开发的研究。

---

① 同步辐射是带电粒子受到弧形加速度时所发射的电磁辐射,比如其轨迹被磁场弯曲时。

② 活化,比如在加速束流撞击周围物质的核碰撞中,其中一个质子或一个中子可以从被撞击物质的稳定同位素中剥离出来,从而使某一元素的稳定同位素转变为放射性同位素。所产生的同位素可以是$\beta^+$或$\beta^-$发射体。又比如当一个(慢)中子被原子核俘获时,也会发生活化。俘获过程产生激发态核,它通过发射$\gamma$射线迅速衰变到基态。新形成的多含一个中子的同位素可能不稳定,通常发生$\beta^-$衰变。

## 2.11.3 工业应用

放射性同位素被广泛应用于工业领域。它们往往是穿透γ射线的来源,用于检查金属结构,以便在金属铸件和焊接中发现其他方法无法察觉的缺陷,并在这些缺陷造成危险故障之前找到它们(例如,使用该技术对球轴承和喷气涡轮叶片进行定期检查)。射线照相也被用于检查密封发动机中的机油流量以及各种材料磨损的速度和方式。测井设备使用放射源和探测设备来识别和记录井内深处的地层,用于石油、天然气、矿物、地下水或地质勘探。

此外,放射性同位素应用的实例还包括:通过转化反应生产具有特定化学-物理特性的新材料、用于制造家用烟雾探测器、用于废金属分类和合金分析、用于工业厂房或医院的污水淤泥处理、用于追踪和分析污染物以及用于检查航空行李、货运集装箱中是否藏有爆炸物等。

工程师们还使用含有放射性物质的仪表来测量纸制品的厚度、油罐和化学容器中的液位,以及建筑工地土壤和材料的湿度和密度等。

农业上将辐射用于食品产量提升、保鲜和包装。例如,植物种子暴露在辐射下,带来新的和更好的植物类型。除了使植物更强壮,辐射还可以用来控制昆虫的数量,从而减少危险农药的使用。γ射线的照射被用来增加某些植物的货架期,并用于某些种类的食品的虫害控制。食品辐照可以阻止蔬菜或植物在收获后发芽,它还能杀死细菌和寄生虫,并控制水果的成熟。

放射性物质还被用于测量蛋壳厚度的仪器上,以便在装进蛋盒之前将薄而易碎的鸡蛋筛出。此外,我们的许多食品都是用聚乙烯收缩膜包装的,这种薄膜经过辐照后可以加热到超过其通常熔点,并用于包裹食品,提供密封保护膜。

最后,核裂变发电是辐射的最大用途之一。截至2015年10月31日,有30个国家439个商业核反应堆运行,总电力容量超过38万兆瓦[11-12]。作为持续、可靠的基本电力来源,核能提供了超过世界总电力的11%,且没有二氧化碳排放(详见4.2节)。

## 2.11.4 放射性定年

放射性原子核有一个半衰期,这个半衰期与原子核所在原子的化学状态无关。因此,放射性同位素的集合形成了一个极好的时钟。因此,可用于确定在考古学、历史学和地质学中具有重要意义的日期。

在考古学中,放射性碳定年法,或 $^{14}C$ 定年法,被广泛用于测定有机材料(骨头、木材、纺织纤维、种子、木炭)的年代。该方法基于对碳同位素相对丰度的测量,可以对5万到100年前的材料进行年代测定。

碳是生命所必需的化学元素,存在于所有有机物质中。自然界中有三种碳同位素,两种是稳定的($^{12}C$ 和 $^{13}C$),一种是放射性的($^{14}C$)。后者通过 $\beta^-$-衰变转化为氮($^{14}N$),半衰期为5700年。因此,如果不持续补充,$^{14}C$ 最终会消失殆尽。新 $^{14}C$ 在自然界的上层大气中,通过特定的氮原子-中子(中子是由不断轰击地球和大气原子核的宇宙射线产生的)俘获反应产生:

$$n + {}^{14}N \rightarrow {}^{14}C + p$$

生成和衰变的动态平衡使大气中$^{14}C$浓度保持不变,目前大气中的$^{14}C$主要以二氧化碳的形式与氧结合。其中放射性同位素$^{14}C$所占比例约为稳定同位素$^{12}C$的$1/10^{12}$。

所有的生物(植物和动物)均可通过呼吸、光合作用或进食的过程不断地与大气进行碳交换。因此,一个生物体只要活着,它所有组织中$^{14}C$浓度便与大气中的$^{14}C$浓度一致且保持不变。一旦动物或植物死亡,其碳交换就停止了,从那时起,它所含的$^{14}C$便会由于没有新的补充而开始逐渐减少。$^{14}C$浓度下降规律遵循式(2.9)。

$$C(t) = C_0 \times e^{-\lambda \Delta t} \tag{2.36}$$

其中$C_0$为大气中碳-14的浓度,$\Delta t$为生物体死亡后经过的时间,$\lambda$为$^{14}C$的衰减常数。

因此,通过测量有机残留物中$^{14}C$的含量,我们可以根据以下公式得到它们的年龄:

$$\Delta t = -\frac{1}{\lambda} \ln \frac{C}{C_0} \tag{2.37}$$

例如,如果在一个有机标本中,$^{14}C$的浓度为自然水平的1/4,那么标本的年龄为两个半衰期。如果低于1000倍,则意味着该生物体的死亡发生在10个半衰期之前。

这种方法可以对样品进行定年,误差范围在2%到5%之间,最长测定可达5万年。对于年代过于久远的样品,$^{14}C$的浓度太低,无法进行足够准确的测量。通过使用提高$^{14}C$含量的特殊制剂,有可能达到约75000年前。

利用半衰期较长的放射性核素,还可以追溯到更久远的年代,甚至长达太阳系的年龄(45亿年)。例如,基于$^{40}K_{19}$到$^{40}Ar_{18}$的$\beta^+$衰变的钾-氩法,半衰期为12.5亿年,在45亿年到10万年的范围内是可靠的。铷-锶体系,基于$^{87}Rb_{37}$到$^{87}Sr_{38}$的半衰期为481亿年,在45亿年到500万年的范围内是可靠的。这两种方法在地质定年中都有应用。

**例题2.10 总剂量。**

某放射技师每天工作3.5小时,距离$^{60}Co$放射源$d = 5.0m$,放射源活度为$1.0 \times 10^9 Bq$。该放射源每次衰变将快速依次发射两条能量分别为1.33MeV和1.17MeV的$\gamma$射线。请计算该技术师每天吸收的剂量,已知他/她的质量是$M = 80kg$,假设他/她的身体正面投影面积为$1.5m^2$,其中$\gamma$射线能量约有50%沉积在其体内。

解:在每次衰变中释放的两条$\gamma$射线的总能量为$(1.33 + 1.17)MeV = 2.50MeV$。那么,放射源每秒释放的总能量为

$$1.0 \times 10^9 \times 2.50 = 2.5 \times 10^9 MeV/s$$

该能量被均匀地释放到源周围的空间中。考虑到技术人员在距离源5.0m处工作,其身体截获的能量的比例等于其身体正面截面积与半径为$d$的球体表面的比值:

$$\frac{1.5}{4\pi d^2} = \frac{1.5}{4 \times 3.14 \times 5^2} = 4.8 \times 10^{-3}$$

而$\gamma$射线在技术员体内只释放50%的能量,故沉积在体内的能量为

$$E = \frac{1}{2} \times 4.8 \times 10^{-3} \times 2.5 \times 10^9 \times 1.6 \times 10^{-13} = 9.6 \times 10^{-7} J/s$$

$1Gy = 1J/kg$,技术人员身体单位时间内吸收的剂量为

$$9.6 \times 10^{-7}/80 = 1.2 \times 10^{-8} Gy/s$$

所以,在$3.5h(=12600s)$内,技术人员吸收剂量为

$$12600 \times 1.2 \times 10^{-8} = 1.5 \times 10^{-4} \text{Gy}$$

而 $\gamma$ 射线的辐射权重因子为 $w_R = 1$，所以当量剂量为 0.15mSv。

**例题 2.11** 初始活度和剩余活度。

一个实验室有 $1.49\mu g\ ^{13}N_7$（半衰期 600s）。请计算试样的初始活度及 1h 后的剩余活度。

解：1 摩尔（13g）放射性标本含有 $6.02 \times 10^{23}$ 个 $^{13}N_7$ 核。因此，样品中最初有 $^{13}N_7$ 原子核数目为

$$N_0 = \frac{1.49 \times 10^{-6}}{13} 6.02 \times 10^{23} = 6.90 \times 10^{16}$$

代入式(2.10)得

$$\lambda = \frac{0.693}{\tau_{1/2}} = \frac{0.693}{600\text{s}} = 1.16 \times 10^{-3}/\text{s}$$

代入式(2.11)得 $t = 0$ 时活度为

$$\left(\frac{dN}{dt}\right)_0 = \lambda N_0 = (1.16 \times 10^{-3} s^{-1})(6.90 \times 10^{16}) = 8.00 \times 10^{13} \text{Bq}$$

1h 后剩余活度为

$$\frac{dN}{dt} = \left(\frac{dN}{dt}\right)_0 e^{-\lambda t} = (8.00 \times 10^{13}/\text{s}) e^{-(1.16 \times 10^{-3}/\text{s})(3600\text{s})}$$

$$= 1.12 \times 10^{12} \text{Bq}$$

**例题 2.12** 飞行时间 PET。

正电子发射断层扫描测量两个湮灭光子，该对湮灭光子是由放射性核素标记的示踪分子发生正电子衰变后背对背产生的，这一现象被用于在生物化学水平上标记身体特定的功能部位。如图 2.8 所示，通过放置在患者身体周围的探测器环形阵列对光子进行探测。

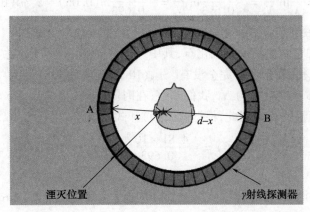

图 2.8 例题 2.12 图

假设在一个湮灭事件中，两个发射的光子被放置在患者两侧的检测器 A 和 B 检测到。从两个光子到达探测器 A 和 B 的时间差 $\Delta t$（飞行时间差）即可反演湮灭位置（图中红色五角星）。请计算湮灭点在连接两个检测器 A 和 B 直线上的位置，已知它们之间的距离为 $d$。

解:设湮灭位置与探测器 A、B 的距离分别为 $x$ 和 $d-x$;$c$ 为光速;$t_A$ 和 $t_B$ 为两个光子分别到达探测器 A 和 B 的时间,则有

$$ct_A = x \qquad (1)$$
$$ct_B = d - x \qquad (2)$$

从等式(2)减去等式(1),并令 $\Delta t = t_B - t_A$,可得

$$c\Delta t = d - 2x$$

由此可知,湮灭发生位置与探测器 A 的距离 $x$ 为

$$x = \frac{d - c\Delta t}{2}$$

飞行时间 PET 成像曾经进行过相关研究,但受限于现有仪器,还未被实际应用过。近年来,适用于飞行时间 PET 的闪烁体的发展,以及探测器在时间分辨率和时间稳定性的进步,使得飞行时间 PET 扫描仪的相关研究逐步复苏,并引入了商业模式。然而,飞行时间 PET 的优势仍有待于在未来几年内进行考验。

**例题 2.13** 放射性年代测定。

一件古代木制物品中 $^{14}$C 比例约为新鲜木材标本的 6%。请计算该木制品年代。

解:假设新鲜木材标本中 $^{14}$C 核数为 $N_0$,而文物中 $^{14}$C 核数为 $N$,文物的年龄为 $T$,由式(2.9)可得

$$\frac{N}{N_0} = e^{-\lambda T}$$

两边取对数,得到:

$$\ln \frac{N}{N_0} = -\lambda T$$

由式(2.10)可知,$^{14}$C 的半衰期为 $\tau_{1/2} = 5700a$(见表 2.2),得

$$T = \frac{1}{\lambda} \ln \frac{N}{N_0} = -\frac{\tau_{1/2}}{0.693} \ln \frac{N}{N_0} = -\frac{5700}{0.693} \ln(0.06) \approx 2.3 \times 10^4 a$$

**例题 2.14** 放射性测定。

一块沉积岩中包含史前动物的化石,其中 $^{87}Sr_{38}$ 和 $^{87}Rb_{37}$ 的原子比为 0.016。请计算该化石的年龄 $T$,假设化石形成时完全没有 $^{87}Sr_{38}$(Rb 半衰期为 $4.81 \times 10^{10}$a)。

解:设初始 Rb 核的数量为 $N_0$,我们知道,在时间 $T$ 内,将有 $0.016 \times N_0$ 个 Rb 核发生 $\beta$-衰变,并产生等量的 Sr。因此,根据式(2.9)和式(2.10),化石的年龄为

$$T = -\frac{\tau_{1/2}}{\ln 2} \ln(1 - 0.016) = -\frac{4.81 \times 10^{10}}{0.693} \times 1.613 \times 10^{-2} = 1.12 \times 10^9 a$$

## 习题

**2-1** 钋-210 具有 $\alpha$ 放射性,可直接衰变为稳定的子同位素铅-206,半衰期为 138.4d。已知 $^{210}$Po 和 $^{206}$Pb 的原子质量分别为 209.982874u 和 205.974465u,请估算该 $\alpha$ 衰变的衰变能。

[答案:5.40MeV]

**2-2** 请计算 1mol 钚-239 经 $\alpha$ 衰变转化为铀-235 时所释放的能量(钚-239、铀-235 和 $\alpha$ 粒子的质量分别为 239.0521634u、235.0439299u 和 4.002603u)。

[答案:$5.1 \times 10^{11}$J]

**2-3** $^{226}$Ra($Z=88$,原子质量 226.0254098u)衰变后的 α 粒子动能为 4.78MeV,子核$^{222}$Rn($Z=86$)的反冲能为 0.09MeV。请计算$^{222}$Rn 原子核质量。

[答案:222.0175785u]

**2-4** 氚($^3$H)是氢最重的同位素,具有放射性,经 $\beta^-$ 衰变为氦同位素$^3$He,半衰期为 12.3a。已知两种同位素的原子质量分别为 $M[^3\text{H}] = 3.01604928178\text{u}$ 和 $M[^3\text{He}] = 3.01602932243\text{u}$,请计算衰变过程中发射的电子能量的最大值。

[答案:18.6keV]

**2-5** 某放射性样品半衰期为 12min。如果实验开始时样品中含有 8.0g 放射性物质,那么 1h 实验结束后还剩多少?

[答案:0.25g]

**2-6** 若某放射性物质的活度在 150s 内衰减到原来的 1/8,请问其半衰期是多少?

[答案:50s]

**2-7** 请计算一个放射性样品经过(a)3 个半衰期;(b)7 个半衰期;(c)10 个半衰期;(d)$n$ 个半衰期后,原始核剩余百分比是多少?

[答案:(a)12.5%;(b)0.78%;(c)0.098%;(d)$100(1/2)^n$]

**2-8** 铅同位素$^{214}$Pb 与其放射性母核的化学分离于上午十时完成,该铅同位素半衰期约为 27min。上午 11 时,$^{214}$Pb 原子核仅剩 $8.0 \times 10^6$ 个。请计算在:(a)上午 11 点 27 分和(b)11 点 54 分剩余$^{214}$Pb 原子核数。

[答案:(a)$4.0 \times 10^6$ 个核;(b)$2.0 \times 10^6$ 个核]

**2-9** 放射性物质含有 $10^{12}$ 个放射性核,半衰期为 1h。请计算在 1s 内有多少个原子核衰变。

[答案:$1.93 \times 10^8$]

**2-10** 放射性锑同位素$^{124}$Sb(半衰期 60d)初始活度 $3.7 \times 10^6$Bq。请计算其一年后的活度是多少?

[答案:$5.5 \times 10^4$Bq]

**2-11** 放射性同位素的活度为 $3.5 \times 10^8$Bq。3.90h 后,活度为 $2.3 \times 10^8$Bq。请问同位素的半衰期是多少?再过 3.90h 后活度又为多少?

[答案:6.4h;$1.5 \times 10^8$Bq]

**2-12** 某个 $\beta$ 放射性样品被放置在盖革计数器(一种 $\beta$ 射线探测器)附近,盖革计数器每分钟记录 480 次。12h 后,探测器每分钟记录 30 次。请计算样品半衰期是多少?

[答案:3h]

**2-13** 在 2003 年,一个放射性样品被观测到以每分钟 800 次的速度衰变。在 2015 年,同样的样本被观察到以每分钟 100 次的速度衰变。请问样品半衰期是多少?

[答案:4a]

**2-14** 请计算 1g 同位素$^{226}$Ra 的活度,已知其半衰期是 1600 年,请问 3200 年后样品活度是多少?

[答案:$3.7 \times 10^{10}$Bq;$9.2 \times 10^9$Bq]

**2-15** 放置在放射性同位素$^{131}$I 样品(半衰期 8d)附近的辐射探测器测得其活度为 32000Bq。请问测量前 40d 样品的活度为多少?还需要多少天活度才能降到 100Bq?

[答案:1024000Bq;66.6d]

**2-16** 一个考古遗址的木炭样本 $^{14}$C 含量为新鲜样本的 1/16($^{14}$C 的半衰期为 5700a),请估算该样本年龄。

[答案:22800 年]

**2-17** 人的骨头中大约有 175g 钾。已知天然钾中约 0.01% 为不稳定同位素 $^{40}$K(半衰期 $1.26\times10^9$a),请计算人的活度。

[答案:4590Bq]

**2-18** 对某骨骼样品进行化学分析显示含有 300g 二碳。测得 $^{14}$C(半衰期 5700a)的活度为 10Bq。请计算该骨骼的年龄,已知在活体材料中,每 $10^{12}$ 个 $^{12}$C 原子对应一个 $^{14}$C 原子。

[答案:14459a]

## 参考文献

[1] Particle Data Book, Chinese Physics C, 38, Nb. 9(2014). Online: http://iopscience.iop.org/cpc

[2] Java-based Nuclear Data Information System, http://www.oecd-ne.org/janis/

[3] https://www-nds.iaea.org/exfor/endf.htm

[4] UNSCEAR, 2008 Report Sources and effects of ionising radiation, Vol.1(2008)

[5] Le Scienze, Italian edition of Scientific American, 86, Nb. 513, p. 101,(2011)

[6] E. J. Calabrese, Belle Newsletter(Biological Effects of Low Level Exposure), 15 Nb. 2,(2009). ISSN 1092

[7] Health Physics, vol. 52, issue no. 5(1987). Monograph volume on Radiation hormesis

[8] Health risks from Exposure to low levels of ionising radiation. BEIR VII Report(2006).
Online: http://www.nap.edu/

[9] DOE Radiation Worker Training based on work by B. L. Cohen, Sc. D. Online: https://www.jlab.org/div_dept/train/rad_guide/effects.html

[10] The Nuclear Physics European Collaboration Committee, NuPECC Report "Nuclear Physics for Medicine"(2014). Online http://www.nupecc.org/

[11] IAEA Report "Nuclear Power Reactor in the World", Edition 2015

[12] IEA, World energy outlook 2014 Factsheet "How will global energy markets evolve to 2040?" http://www.worldenergyoutlook.org/media/weowebsite/2014/141112_WEO_FactSheets.pdf

# 第 3 章　核反应与核裂变

本章前两节将概述各种类型的核碰撞，而后将介绍用于描述核反应的截面概念。剩下部分则将讨论核能发电的基本过程——核裂变。3.3 节至 3.7 节详细研究了裂变碎片的分布、裂变反应中的能量释放、链式裂变反应发生的一般条件，以及在热中子反应堆中中子减速的方法。3.8 节至 3.12 节综述了用于能源生产的裂变技术的基本物理知识，并详细描述了热堆和快堆的组成部分和物理特性，尤其是反应堆控制和燃料燃烧等内容。

## 3.1　核-核碰撞

核反应可以看作是两个原子核碰撞，导致原子核组成和/或能量状态发生变化的过程。

一般情况下，当靶核受到来自加速器或放射性物质的粒子/原子核轰击时，便会发生核反应。反应产物可以是守恒定律（质能守恒、电荷守恒、核子数守恒等）所允许的任何原子核。

当两个原子核或一个粒子与一个原子核发生碰撞时，可能会发生几种不同的反应：

1. 散射

当入射粒子（反应物之一）同时也出现在产物中时，即发生了入射核/粒子与靶核之间的核散射。

如果相互作用的原子核在碰撞中本质上保持不变（即反应物和最终产物是相同的），并且没有产生其他粒子，散射就是弹性的。在这个过程中，只发生碰撞核之间动能的再分配。弹性散射的一个例子：

$$p + {}^{16}O \rightarrow p + {}^{16}O$$

一个氢原子核（质子）撞击一个氧原子核并与其交换动能。碰撞后，两个原子核运动方向发生改变。

如果靶核（或入射粒子）被激发或分裂，散射就是非弹性的。这种情况下，系统的部分动能转化为碰撞核的内部激发能。

非弹性散射时靶核被激发的一个例子：

$$n + {}^{16}O \rightarrow n + {}^{16}O^*$$

其中 * 表示原子核 ${}^{16}O$ 处于能量激发态。

靶核分裂的非弹性散射的一个例子：

$$e + {}^{4}He \rightarrow e + {}^{3}H + p$$

靶核 ${}^{4}He$ 分裂成氚 ${}^{3}H$ 和一个质子。

## 2. 嬗变

相互碰撞的原子核之间发生原子核组分的重排。一个实例如下：

$$d + {}^{14}N \rightarrow e + {}^3He + {}^{13}C$$

该过程中，氮原子核失去一个质子，转化为碳原子核，氘核（$^2H$）则得到一个质子，变成氦-3 原子核。

更多实例：

$$\alpha + {}^9Be \rightarrow {}^{12}C + n$$

$$p + {}^{23}Na \rightarrow \alpha + {}^{20}Ne$$

第一个反应中，两个质子和一个中子从 $\alpha$ 粒子（$^4He$ 原子核）转移到 Be 上，留下一个自由中子和碳-12。正是在该反应中，1932 年英国物理学家 James Chadwick（1891—1974，1935 年诺贝尔物理学奖获得者）首次发现了中子[1]。

第二个反应中，钠原子核（$^{23}Na$）的一个质子和两个中子与入射的质子结合形成一个 $\alpha$ 粒子，剩下的 20 个核子形成氖原子核$^{20}Ne$。

核反应也可能形成两个以上的原子核，实例如下：

$$p + {}^{14}N \rightarrow {}^7Be + 2\alpha$$

$$\gamma + {}^{233}U \rightarrow {}^{90}Rb + {}^{141}Cs + 2n$$

或者像俘获反应一样，只形成一个原子核，在俘获反应中，入射粒子被靶核俘获，形成一个新的整体，称为复合核。后者是一个不稳定的结构，可经衰变或裂变成为其他原子核。俘获反应的例子如下：

$$n + {}^{107}Ag \rightarrow {}^{108}Ag^*$$

$$n + {}^{235}U \rightarrow {}^{236}U^*$$

$$p + {}^{27}Al \rightarrow {}^{28}Si^*$$

*通常表示原子核处于激发态。

少数情况下，两个以上的原子核也有可能发生反应。例如：

$$^4He + {}^4He + {}^4He \rightarrow {}^{12}C$$

该反应可能发生在恒星内部过热的等离子体中。

通常，当一个入射核/粒子撞击一个给定的靶核时，可能会发生不止一种核反应。举个例子，氘核与$^{238}U$ 碰撞可能会引发下列多种反应：

$$^2H + {}^{238}U \rightarrow {}^{240}Np + \gamma$$

$$^2H + {}^{238}U \rightarrow {}^{239}Np + n$$

$$^2H + {}^{238}U \rightarrow {}^{239}U + p$$

$$^2H + {}^{238}U \rightarrow {}^{237}U + {}^3H$$

在第一个反应中，氘核被铀吸收，形成一个激发态的$^{240}Np$ 原子核，该原子核通过发射 $\gamma$ 射线退激。接下来两个反应为削裂反应：氘核中的一个核子（上述例子中分别是一个质子和一个中子）转移到靶核。最后一个例子为削裂反应的相反过程——拾掇反应：氘核从靶核俘获一个中子，形成氚核。

表 3.1 对上述不同核反应情况进行了总结。

表 3.1　核碰撞的主要类型

| 反应物 | 产物 | | 实例 |
|---|---|---|---|
| | X + a | 弹性散射 | $p + {}^{12}\mathrm{C} \to p + {}^{12}\mathrm{C}$ |
| | X* + a | 非弹性散射 | $p + {}^{12}\mathrm{C} \to p + {}^{12}\mathrm{C}^*$ |
| a + X | Y + b | 嬗变 | ${}^{7}\mathrm{Li} + {}^{208}\mathrm{Pb} \to {}^{197}\mathrm{Au} + {}^{18}\mathrm{C}$ |
| | W + c + d + ⋯ | | ${}^{7}\mathrm{Li} + {}^{208}\mathrm{Pb} \to {}^{212}\mathrm{At} + 3n$ |
| | Y + W + b + ⋯ | | ${}^{7}\mathrm{Li} + {}^{208}\mathrm{Pb} \to$ 两个碎片元素及中子 |
| | Z* | 俘获反应 | $n + {}^{27}\mathrm{Al} \to {}^{28}\mathrm{Al}^*$ |

## 3.2　反应截面

反应截面是描述和解释核反应的一个重要概念,它可以量化反应发生的概率。从定量上讲,反应截面与碰撞粒子的性质以及它们之间的作用力相关,能够为原子核的性质及其相互作用提供重要信息。

为引入反应截面的概念,我们选取初态和终态均为两个原子核的简单反应体系进行阐述。对于终态只有一个或有两个以上原子核的体系,下面的讨论仍然有效。

对于反应:

$$a + b \to c + d$$

用一束单能点状粒子 a 轰击由粒子 b 构成的靶标薄片时,由于它们的相互作用,将形成粒子 c 和粒子 d(见图 3.1(a))。这个薄片应足够薄,以保证单个入射粒子不会击中多个靶核。

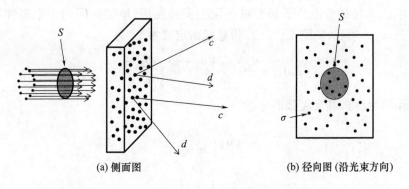

图 3.1　测量核反应截面的基本实验装置

设 $n_a$ 为单位时间内轰击靶标的 a 粒子数,$N_b$ 为靶标单位面积内的 b 粒子数。假设粒子 a 均匀分布在面积 $S$ 上,如图 3.1(b) 所示,但实际上这与接下来的讨论无关,因为我们将定义的量与面积 $S$ 无关。

a 粒子中一部分通过靶标但不发生相互作用,另一部分则将与靶标的 b 粒子发生相互作用。假设单位时间内产生的粒子 c 和 d 数目分别为 $n_c$ 和 $n_d$,则反应的截面(通常记为 $\sigma$)定义为

$$\sigma = \frac{n_c}{n_a N_b} \tag{3.1}$$

由于该过程中产生的粒子 c 和粒子 d 数量相等,所以也可以写作:

$$\sigma = \frac{n_d}{n_a N_b} \tag{3.2}$$

可见,反应截面是发生特定相互作用的入射粒子的比例,除以薄靶单位面积上靶核的数量。显然,截面乘以粒子 a 的入射率(单位时间入射粒子数 $n_a$)和单位面积上目标粒子数 $N_b$ 就可以得到单位时间内产生的粒子 c(和 d)的数目 $n_c(n_d)$。

从式(3.1)或式(3.2)可得,反应截面 $\sigma$ 的量纲是面积,因为 $n_a$ 和 $n_c$ 或 $n_d$ 量纲都是时间的倒数,$N_b$ 量纲则是长度的负二次方。所以我们可以假设,对于每个靶核 b,存在一个垂直于入射粒子束的截面 $\sigma$,若入射粒子 a 穿过该截面区域,就会产生相互作用,并发生反应,否则,不发生反应。需要注意的是,反应截面 $\sigma$ 是一个虚构的区域,与靶标的横截面积无关。它是一个在特定反应中与力的作用范围有关的物理量。因此,它不是靶核的一个真正的物理性质,而是为了便于可视化以及比较各种相互作用的可能性而提出的一个概念。

对于核和粒子碰撞,一个常用的截面单位是 $fm^2 (1fm^2 = 10^{-30} m^2)$。也经常使用单位 barn[①](符号 b),$1b = 10^{-28} m^2$。

根据上述截面的定义(式(3.1)或式(3.2)),可得入射粒子与靶核发生相互作用的概率为

$$P = \frac{n_c}{n_a} = \frac{n_d}{n_a} = \sigma N_b \tag{3.3}$$

此即单位面积内所有靶核的总反应截面(沿粒子入射方向)(图 3.1(b))。

一般来说,给定的轰击粒子和靶材可发生多种反应,单位时间内产生多种反应产物 $n_1$、$n_2$、$n_3$、$\cdots$、$n_m$。然后,参照式(3.1),将总截面定义为

$$\sigma_{tot} = \frac{n_1 + n_2 + n_3 + \cdots}{n_a N_b} = \frac{\sum_1^m n_i}{n_a N_b} \tag{3.4}$$

对于第 i 种反应,其反应截面分量为

$$\sigma_i = \frac{n_i}{n_a N_b} \tag{3.5}$$

所以

$$\sigma_{tot} = \sum_1^m \sigma_i \tag{3.6}$$

---

[①] 单位 barn 来源于美国俗语"像谷仓(barn)一样大"。1942 年,它被首次用于表示慢中子与某些原子核相互作用的截面,实验结果比预期值要高得多。

通常,核碰撞是用一束粒子或原子核(光子、电子、中子、质子、氚核、α粒子等)轰击厚度为 d$x$ 的薄靶板而发生的(图 3.1)。靶板中单位面积靶核数 $N_b$ 为

$$N_b = N_A \frac{\rho dx}{P_A} = N_A \frac{t}{P_A}$$

其中 $\rho$ 和 $P_A$ 分别是靶标的密度和原子质量。$N_A = 6.022 \times 10^{23}$ 为阿伏伽德罗常数, $t = \rho dx$。由于物理量 $t$ 包含了靶标密度和厚度的相关信息,在计算中用起来很方便,经常用其来表示靶标厚度,而不是用 d$x$。很明显,$t$ 的量纲为质量除以长度平方,即 $kg/m^2$(或 $g/cm^2$)。

**例题 3.1** 碰撞的速率。

一束 1MeV 的中子,强度为 $I = 5 \times 10^8 cm^{-2} s^{-1}$,横截面积 $A = 0.1 cm^2$,轰击 $^{12}C$ 薄板,其厚度 d$x = 0.05 cm$。在 1.0MeV 时,$^{12}C$ 吸收中子的总截面为 $2.6 \times 10^{-24} cm^2$。若靶标密度为 $\rho = 1.6 g/cm^3$,那么发生相互作用的速率 R 是多少。入射中子在靶上发生碰撞的概率是多少?

解:代入碳原子质量 $M = 12$,阿伏伽德罗常数 $N_A = 6.022 \times 10^{23}$,可得靶标材料的数密度 $N_C$ 为

$$N_C = \frac{\rho N_A}{M} = \frac{1.6 \times 6.02 \times 10^{23}}{12} \approx 8 \times 10^{22}/cm^3$$

由式(3.1)得

$$R = \sigma(IA) \times (N_C dx) = 2.6 \times 10^{-24} \times 5 \times 10^8 \times 0.1 \times 8 \times 10^{22} \times 0.05 = 5.2 \times 10^5 \text{ 次碰撞/s}$$

单个中子碰撞的概率 P 为

$$P = \frac{R}{IA} = \frac{5.2 \times 10^5}{5 \times 10^8 \times 0.1} = 1.0 \times 10^{-2}$$

也就是说,单个中子与靶标相互作用的概率为 1%。

**例题 3.2** 放射性同位素 $^{60}Co$ 的生产。

一块 $m = 1g$ 的钴-59($^{59}Co$)被通量 $\Phi = 10^{12} s^{-1} cm^{-2}$ 的热中子流辐照。反应产生放射性同位素 $^{60}Co$(半衰期 $\tau_{1/2} = 5.2714a$)。请计算辐照 1 周后的 $^{60}Co$ 活度,已知 $^{59}Co$ 热中子俘获截面上为 $\sigma = 40b$。

解:代入钴-59 的原子质量 $A = 59$,阿伏伽德罗常数 $N_A = 6.022 \times 10^{23}$,以及钴板密度 $\rho$,那么靶标材料 $N_{59}$ 的数量密度为

$$N_{59} = \frac{\rho N_A}{A} = \frac{6.02 \times 10^{23}}{59}\rho \approx 1.0 \times 10^{22}\rho \, cm^{-3}$$

而靶标薄板的密度为

$$\rho = \frac{m}{Sdx}$$

式中 $S$、d$x$ 分别为钴板表面积和厚度,于是有

$$N_{59} = \frac{\rho N_A}{A} = \frac{m}{Sdx}\frac{N_A}{A}$$

由式(3.1)可知,$^{60}Co$ 核产生速率为

$$R = \sigma \Phi S N_{59} dx = \sigma \Phi S dx \frac{m N_A}{SA dx} = \sigma \Phi \frac{m N_A}{A} = 40 \times 10^{-24} \times 10^{12} \frac{1 \times 6.02 \times 10^{23}}{59}$$

$$= 4.08 \times 10^{11} \text{ 次/s}$$

考虑到$^{60}$Co 的半衰期较长，我们可以忽略生产周( =604800s)内发生的衰变，得出辐照一周产生的$^{60}$Co 的数量为

$$N_{60} = 4.08 \times 10^{11} \times 604800 = 2.47 \times 10^{17} 个$$

然后，使用式(2.12)，并代入 $5.2714a \approx 1.66 \times 10^8 s$，$^{60}$Co 的活度为

$$\frac{dN}{dt} = N_{60} \frac{0.693}{\tau_{1/2}} = 2.47 \times 10^{17} \frac{0.693}{1.66 \times 10^8} = 1.03 \times 10^9 Bq$$

## 3.3 核裂变过程

在核裂变反应中，重元素的原子核将分裂成数个较轻的碎片（通常为两个，即二元裂变），释放大量的能量和一定数量的自由中子（通常是两个或三个）。三元裂变（一个核分裂成三部分）的概率是二元裂变的 $10^{-2} \sim 10^{-6}$。在普通粒子能量轰击下，重核裂变为更多碎片的可能性可忽略不计。

正如 1.8 节所讨论，对于 $A > 100$ 的原子核，从能量角度讲，都是有可能发生裂变的，裂变中将有约 200MeV（$= 3.2 \times 10^{-11}$ J）的静止质量转化为裂变碎片和出射中子的动能、$\beta$ 电子、反中微子和 $\gamma$ 射线的能量（详见 3.4 节）。裂变产物随后与周围原子碰撞并在几到几十微米的范围内，快速失去动能并转化成周围介质的热能。

值得注意的是，这种能量大约是化学反应中释放能量的 1000 万倍，这使得核裂变成为一种具有很高能量密度（单位质量燃料产生的能量）的能够产生大量能量的途径。与化石燃料燃烧等化学反应相比，核裂变只需更少的燃料就能产生等量的能量。定量比较一下，1g $^{235}$U（使用最广泛的核燃料）裂变释放的能量约为 820 亿焦耳（详见习题 3.3），大约相当于燃烧 3t 煤所释放的能量（详见例题 3.4）。

虽然对于重核来说，自发裂变在能量上是允许的，且随着质量数 $A$ 的增加，这种可能性会更大，但由于受到核子间强烈的核吸引力的阻碍，即使像铀这样的重核，自发裂变仍然很少发生。原子核有时会形变拉伸试图分裂，但通常会回到平衡态，并在平衡态附近振动。因此，自发裂变的概率很小，对应的半衰期也很长，比如 $^{235}$U 半衰期约为 $10^{17}$ 年[2-4]，是地球年龄的 2000 万倍。

$Z$ 较大的原子核可通过获得能量（比如中子俘获过程）从而诱发裂变。在这个过程中，产生的多一个中子的复合核形状将变得异常细长，并在极短的时间内发生裂变。对于许多重核，如铀-235，通过中子俘获诱发裂变的概率非常高（半衰期约 $10^{-21}$ s[5]）。一个 $^{235}$U 核俘获一个中子后，其发生裂变的概率大约增加 $10^{45}$ 倍（从 $10^{17}$a 到 $10^{-21}$s）。该特性十分有利于能源生产（这一过程将在第 3.5 节进行更详细的讲述）。

在裂变反应中，自由中子的发射主要是由于重核中子过剩。其裂变产物也通常中子过剩，与图 1.7 显示的稳定曲线有些距离。因此，它们随后将继续发生 $\beta^-$-衰变和 $\gamma$-衰变，有时半衰期很长，直至转化为具有相同质量数的稳定核。如下裂变反应①就是一个实例：

---

① $^{235}$U 和 $^{236}$U 的裂变其实是一回事。在本书中，我们讨论 $^{235}$U 的裂变时，实际展示的为 $^{236}$U 的反应。严格地说，真正裂变产生碎片的是 $^{236}$U（$^{235}$U 俘获一个中子后产生），只是习惯性称之为 $^{235}$U 裂变。

$$^{236}U_{92} \rightarrow {}^{137}I_{53} + {}^{96}Y_{39} + 3n$$
$$^{137}I_{53} \rightarrow (\beta^- - 衰变, \tau_{1/2} = 24.5s) \rightarrow {}^{137}Xe_{54} + e + \bar{v}$$
$$^{137}Xe_{54} \rightarrow (\beta^- - 衰变, \tau_{1/2} = 3.818min) \rightarrow {}^{137}Cs_{55} + e + \bar{v} \quad (3.7)$$
$$^{137}Cs_{55} \rightarrow (\beta^- - 衰变, \tau_{1/2} = 30.08a) \rightarrow {}^{137}Ba_{56} + e + \bar{v}$$
$$^{96}Y_{39} \rightarrow (\beta^- - 衰变, \tau_{1/2} = 5.34s) \rightarrow {}^{96}Zr_{40} + e + \bar{v}$$

或总反应方程式：
$$^{236}U_{92} \rightarrow {}^{137}Ba_{56} + {}^{96}Zr_{40} + 3n + 4e + 4\bar{v} \quad (3.8)$$

最初的铀-236 原子核分裂成两个碎片，碘-137($^{137}I_{53}$)和钇-96($^{96}Y_{39}$)，以及三个中子。初始碎片通过一系列 $\beta^-$ 衰变转化为稳定的钡-137($^{137}Ba_{56}$)和极长寿命的锆-96($^{96}Zr_{40}$, $\tau_{1/2} = 2.0 \times 10^{19}$ a)。总共发射出 3 个中子、4 个电子和 4 个反中微子。值得注意的是具有较长半衰期的 $^{137}Cs$($\tau_{1/2} = 30.08a$)，它是裂变反应产生的长寿命放射性废物的一个实例(将在第 6 章详细讲述)。

图 3.2 是 $^{235}U$ 原子核中子俘获反应的图解，形成复合核 $^{236}U$，而后进一步分裂为 $^{96}Y_{39}$ 和 $^{137}I_{53}$，释放出 3 个中子，如式(3.8)所示。

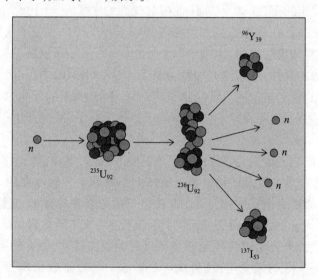

图 3.2　$^{235}U_{92}$ 核中子俘获反应示意图

裂变反应最初是在 1939 年由德国物理学家 Otto Hahn(1879—1968，1944 年诺贝尔奖得主)和 Fritz Strassmann(1902—1980)发现的，他们发现铀经中子辐照后产生了稀土元素。奥地利物理学家 Lise Meitner(1878—1968)和 Otto Robert Frisch(1904—1979)后来解释了这是由于中子诱发铀核裂变导致的[7]。

## 3.4　核裂变产物

任何一个特定核的裂变都能产生许多不同的裂变碎片组合。例如，式(3.9)列出了同位素 $^{235}U_{92}$ 俘获中子后形成的 $^{236}U_{92}$ 核的一些可能裂变模式：

$$n + {}^{235}U_{92} \rightarrow {}^{236}U_{92} \rightarrow \begin{cases} {}^{127}Sn_{50} + {}^{105}Mo_{42} + 4n + \sim 178\,\text{MeV} \\ {}^{136}Te_{52} + {}^{97}Zr_{40} + 3n + \sim 182\,\text{MeV} \\ {}^{137}I_{53} + {}^{96}Y_{39} + 3n + \sim 179\,\text{MeV} \\ {}^{139}Ba_{56} + {}^{95}Kr_{36} + 2n + \sim 174\,\text{MeV} \\ {}^{141}Ba_{56} + {}^{92}Kr_{36} + 3n + \sim 173\,\text{MeV} \\ {}^{144}Ba_{56} + {}^{90}Kr_{36} + 2n + \sim 180\,\text{MeV} \\ {}^{141}Cs_{55} + {}^{93}Rb_{37} + 2n + \sim 180\,\text{MeV} \\ {}^{139}Xe_{54} + {}^{95}Sr_{38} + 2n + \sim 184\,\text{MeV} \\ {}^{144}Xe_{54} + {}^{90}Sr_{38} + 2n + \sim 176\,\text{MeV} \\ {}^{144}La_{57} + {}^{89}Br_{35} + 3n + \sim 168\,\text{MeV} \end{cases} \quad (3.9)$$

在所有上述方程中，核子（质子+中子）数量守恒（例如，对于第一个反应：1 + 235 = 127 + 105 + 4），但有一小部分原子质量亏损，转化为了裂变碎片和中子的动能，以及 $\gamma$ 射线的能量（这里没有显示）。

稳定或几乎稳定的重核（如 $^{235}U$）具有相对较高的中子/质子比，$^{235}U$ 的比值为 1.55。而较轻的稳定原子核往往具有数量大致相等的中子和质子。裂变中这种中子/质子比的差异体现于，裂变碎片也往往是"丰中子"的。如果 $^{235}U$ 在不释放自由中子的情况下被分裂成两个近似相等的裂片，那么这些裂片将具有与 $^{235}U$ 相同的中子/质子比。因此，裂变碎片通常也是不稳定的，对于同质量的原子核来说，中子过剩，将发生 $\beta^-$-衰变，直至形成稳定原子核。这些衰变过程将原子核中的中子转化为质子，从而使中子与质子的比例趋于稳定。

总的来说，若同时考虑裂变碎片的进一步裂变和衰变，则在铀的多次裂变中将产生数百种不同的放射性核素。这其中许多原子核并不是地球上天然存在的。反应式(3.7)只是铀-236诸多可能裂变模式中的一个，随后是一系列裂变碎片的衰变。正是由于 $\beta$ 衰变，及其伴随产生的 $\gamma$ 射线，使得裂变产物具有高度放射性（详见第6章）。

裂变的一个特点是不会产生质量相等或接近的裂变碎片，通常的结果是中度不对称裂变。例如，在铀-235 的裂变中，优势反应是形成一个质量数在 88 到 103 之间的较轻核，以及一个质量数在 132 到 147 之间的较重核。如图3.3（裂片产额随质量数 $A$ 的分布曲线）所示，裂变中产生的最常见的同位素产额在 6%~8%，并形成较宽的同位素谱（显然，一个质量数可对应于多个元素）。在图中，产额是相对于裂变核的数量，而不是裂变产物数量计算得到的，因此产额总和为 200%（这意味着一个母核对应于两个碎片子核，忽略产生三个碎片的三元裂变，但这一影响很小）。$^{239}Pu$ 裂变和 $^{233}U$ 裂变也有相似的碎片分布。由于许多裂变产物产生后又迅速衰变，所以裂变产物的最终组成还与测量时刻有关。如果碎片分布是在裂变发生一段时间后测量的，那么只有寿命较长的核素能被检测到。

裂变碎片及其衰变产物是核反应堆产生的核废物的重要组成部分。对其安全性的考量主要来源于它们泄漏到环境中的潜在风险。在这方面，最令人关切的是那些放射性较强的，或一旦吸入或摄入会造成严重身体损害的核素。这些核素中最重要的有锶-90（$^{90}Sr$）、铯-137($^{137}$Cs)以及几种碘的同位素。特别是$^{90}$Sr和$^{137}$Cs的半衰期约为30年,因此它们的活度在数百年内都将受到关注(详见6.3节)。

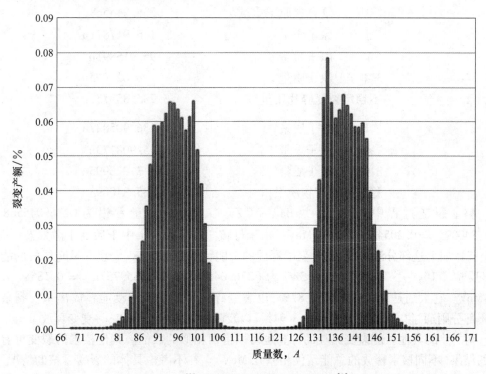

图3.3 $^{235}$U热裂变产物质量数分布图[8]

由每核子$B/A$的结合能曲线(图1.8)不难得出重元素裂变时释放的能量约为200MeV。实际上,质量数$A$在75~160之间的稳定核素每核子的平均结合能约为8.5MeV/核子,而质量数$A\cong240$的稳定核素每核子的平均结合能约为7.6MeV/核子。这意味着对于较重的原子核,总结合能可以通过将原始原子核分裂成两个较小的原子核来增加。因此,将$^{236}$U的原子核分成质量数$A=236/2$的两半,每个核子的结合能将从$B/A\cong7.6$增加到$B/A\cong8.5$MeV/核子。大约增长0.9MeV/核子,或者说,单个$^{236}$U核裂变将产生大约210MeV的能量。

$^{235}$U的原子质量约为218939MeV,所以铀的总质量只有约0.1%转化为动能,其余99.9%保留在质子和中子的质量以及剩余的结合能中。

以上能量释放值,是由比结合能$B/A$的改变值得出的,大于反应的实际$Q$值。这是因为计算中使用的$B/A$值对应于稳定的核素,而具有原子序数$Z/2$和原子质量$A/2$的假想裂变碎片是中子过剩且不稳定的。实际情况中不对称裂变碎片也是如此,它们通常非常不稳定且处于高度激发态。这意味着在计算中使用的$B/A$值应小于8.5MeV/核子,因此实际释放的能量小于210MeV。处于高度激发态的裂变碎片会以多种形式释放多余的能量,包括每个裂变碎片平均释放2.5个瞬发中子,以及每个裂变碎片连续发生2到3次$\beta^{-}$-衰变。如果计算中考虑瞬发中子,能量释放范围在170~180MeV(见式(3.9))。如果我们再将瞬发$\gamma$射线释放的能量,以及不稳定裂变碎片紧接着经$\beta^{-}$-衰变和$\gamma$-衰变为最终稳定核的衰变能也考虑进来,则可以得到上面估算值约为200MeV。

这种定性推理还可以通过质能等效方程实现不同裂变路径释放的能量的定量计算。例如,在方程式(3.7)的裂变反应中,原子质量变化如下:

| | | |
|---|---|---|
| $^{236}$U | 复合核原子质量 | 236.045568u |
| $^{137}$I | 原子质量 | 136.917871u |
| $^{96}$Y | 原子质量 | 95.915891u |
| 3 中子 | 原子质量 | 3.025995u |
| 不稳定裂变碎片质量 | | 235.859757u |
| $^{137}$Ba | 原子质量 | 136.905827u |
| $^{96}$Zr | 原子质量 | 95.908273u |
| 3 中子 | 原子质量 | 3.025995u |
| 稳定裂变产物质量 | | 235.840095u |

整个裂变过程中($^{236}$U$_{92}$ → $^{137}$Ba$_{56}$ + $^{96}$Zr$_{40}$ + 3n)的质量亏损为(236.045568 − 235.840095) = 0.205473u,即 191MeV。由于母核$^{236}$U 吸收一个中子后处于激发态(详见 3.5 节),加上这部分激发能,在裂变中释放的总能量约为 198MeV。裂变瞬间释放的能量(即反应$^{236}$U$_{92}$ → $^{137}$I$_{53}$ + $^{96}$Y$_{39}$ + 3n)为(236.045568 − 235.859757u) = 0.185811u = 173MeV。它大约是总释放能量的 87%,以裂变碎片和快中子的动能释放出来。剩余的 13% 部分则通过初级裂变碎片瞬发 γ 射线,以及随后的 β$^{-}$-衰变和 γ-衰变释放。

对$^{236}$U 的其他可能裂变路径的计算也可以得出相似的数值。其他核素的裂变也有相似的结果(不同核素释放的总能量仅相差几 MeV)。在不考虑具体的裂变母核的情况下,可经验性地认为平均每次裂变大约释放能量 200MeV($3.20 \times 10^{-11}$J)。

从各种测量结果可以看出,裂变释放的能量平均分配在各种裂变产物之间,如表 3.2 所示。裂变能量的最主要部分是裂变碎片的动能,平均约为 165MeV。发射中子的总平均动能约为 5MeV,瞬发 γ 射线的总平均能量约为 7MeV。剩余约 23MeV 的裂变能以内激发和静质能的形式留在裂变产物核中。后者的能量是在一系列 β$^{-}$-衰变(伴随着 γ 射线的发射)中释放的,此时的 $N/Z$ 值将不断调整以达到稳定状态。

表 3.2 裂变能量在各种裂变产物之间的分布

| 能量 | 数值/MeV | |
|---|---|---|
| 瞬发能量 | | 177 ± 5.5 |
| 裂变碎片动能 | 165 ± 5 | |
| 瞬发中子动能 | 5 ± 0.5 | |
| 瞬发光子能量 | 7 ± 1 | |
| 裂片碎片衰变的缓发能量 | | 23 ± 5.5 |
| β 电子动能 | 7 ± 1 | |
| β-衰变反中微子能量 | 10 ± 2 | |
| γ 光子能量 | 6 ± 1 | |
| 总计 | | 200 ± 6 |

在核反应堆中,每 200MeV 能量,只有约 190MeV 被转化为热能,因为反中微子与物质

的相互作用非常弱,还没来得及加热所穿过介质就已经逃逸了。因此,在反应堆中产生的热能约有7%来自于裂变产物的放射性衰变①。即使是反应堆关闭后,这些衰变热源仍将存在一段时间。

**例题3.3　1kg 铀-235 裂变所释放的能量。**

请计算质量为1kg 的$^{235}U_{92}$原子核裂变所释放的能量。假设单个$^{235}U$核裂变释放的能量约为200MeV。

解：1kg 铀-235 中原子核数量：
$$N = 6.02 \times 10^{23}/0.235 = 2.56 \times 10^{24} 个$$

然后,$N$个原子核裂变产生的能量：
$$E = 2.56 \times 10^{24} \times 200 \text{MeV} = 5.12 \times 10^{26} \text{MeV}$$

代入$1\text{eV} = 4.45 \times 10^{-26} \text{kW} \cdot \text{h} = 1.6 \times 10^{-19} \text{J}$,得
$$E = (5.12 \times 10^{26} \text{MeV})(4.45 \times 10^{-26} \text{kW} \cdot \text{h}) = 22.8 \times 10^{6} \text{kW} \cdot \text{h}$$

及
$$E = (5.12 \times 10^{26} \text{MeV})(1.6 \times 10^{-19} \text{J}) = 8.19 \times 10^{13} \text{J}$$

根据质能方程,裂变过程中亏损的质量为
$$m = E/c^2 = (8.19 \times 10^{13} \text{J})/(3 \times 10^{8} \text{m/s})^2 = 0.9 \times 10^{-3} \text{kg} = 0.9\text{g}$$

即只有0.09%的初始质量发生亏损。

**例题3.4　碳和铀的能量密度。**

燃烧1kg煤所释放的能量约为$2.4 \times 10^{7} \text{J}$。请问燃烧多少kg的煤才能产生与1kg 铀-235 裂变时释放相同的能量。

解：利用习题3.3的结果,1kg $^{235}U$ 裂变产生的能量为$8.19 \times 10^{13} \text{J}$。那么,要释放相同的能量,必须燃烧的煤的质量为
$$\frac{8.19 \times 10^{13} \text{J}}{2.4 \times 10^{7} \text{J/kg}} = 3.4 \times 10^{6} \text{kg}$$

因此,1kg 易裂变铀中储存的核能大约相当于300万 kg(3000t)煤中储存的化学能。因此,裂变是一种非常强大的能量来源,具有非常高的能量密度(单位质量燃料产生的能量)。

## 3.5　中子俘获裂变

如上一节所述,重核的自发裂变是很难的,速度非常慢。但如果给原子核提供部分额外能量(对于最重的原子核约为5MeV),裂变就可以以非常高的速率发生。这种额外能量可以通过多种方式提供,中子俘获就是一种有效的方法。

由中子俘获反应生成的多一个中子的复合核在产生时处于激发态,激发能等于新核俘获的中子的结合能与该中子的原始动能之和。额外的能量增加了单个核子的扰动,导致复合核呈异常细长的形状,两部分几乎分离。也正因为它们之间的距离更大,两部分之间的核力减弱了,质子之间的电斥力成为主导。因此,原子核将在非常短的时间内(约$10^{-21}$s)发生裂变。

任何重核在俘获中子后,都有可能发生裂变。然而,低能中子(所谓的慢中子或热中

---

① 反应堆运行一段时间后,由$^{238}$U 中子俘获反应产生的超铀元素$\alpha$-衰变也将产生额外热量。

子,详见3.7节)只能在$Z$-偶和$N$-奇原子核(即含有偶数质子和奇数中子的原子核)中引起裂变。这些核(如$^{233}U_{92}$、$^{235}U_{92}$和$^{239}Pu_{94}$)被称为易裂变核。对于含有偶数质子和中子的原子核,只有当入射中子的能量超过1MeV(快中子)时,裂变才会发生,后者被称为可裂变核。

以铀为例,若要裂变,需要比基态高出约5.5MeV的额外能量。

如果自然界中发现的铀的最丰同位素$^{238}U_{92}$原子核俘获了一个动能为1.0MeV的快中子,那么所形成的这个复合原子核$^{239}U_{92}$的激发能就是5.8MeV。它是1.0MeV中子动能加上4.8MeV中子在$^{239}U_{92}$核内的结合能之和(详见例题3.5)。这一能量足以使原子核获得一种能量高于基态5.5MeV以上的形变结构,从而分裂为两部分。换句话说,具有(至少)1MeV能量的快中子,是诱导$^{238}U_{92}$原子核裂变的有效诱因,它们的动能使这一过程在能量上成为可能。

相反,如果中子的动能小于0.5MeV(慢中子),则形成的复合核$^{239}U_{92}$的激发能仅为4.8~5.3MeV。这不足以产生所需的大变形,裂变的可能性仍然很小。因此,原子核$^{238}U_{92}$俘获慢中子不会导致自身裂变。

低丰度铀同位素$^{235}U_{92}$俘获中子的情况则不同:俘获中子的结合能本身就提供了足够的激发能量,使形成的复合核能够裂变(见例题3.5)。在这种情况下,入射中子不需要具有最小的动能阈值,因此,$^{235}U_{92}$即使俘获慢中子也可发生裂变。

人造超铀核素$^{239}Pu_{94}$俘获中子的过程也是如此,无论其俘获的中子初始动能是多少,它都能裂变。

原子核俘获中子时获得的能量也会导致另一个与裂变竞争的过程:辐射俘获。这种情况下,由中子俘获提供的额外激发能随后以$\gamma$射线的形式释放出来,而不发生裂变反应。无论中子能量如何,该过程在易裂变核和可裂变核中都可以发生。

**例题3.5** 被俘获中子与铀的结合能。

通过中子俘获,$^{235}U$和$^{238}U$同位素分别转变为$^{236}U$和$^{239}U$。请计算两种铀同位素中俘获的中子的结合能,已知不同同位素的静止质量为

$$M(^{235}U) = 235.0439299u; M(^{236}U) = 236.0455668u; M(^{238}U) = 238.050784u;$$

$$M(^{239}U) = 239.054288u。$$

解:如例题1.8,质量亏损如下:

$$\Delta m(^{236}U) = [M(^{235}U) + M(n) - M(^{236}U)]$$
$$= 235.043923u + 1.008665u - 236.045562u = 0.007026u$$

$$\Delta m(^{239}U) = [M(^{238}U) + M(n) - M(^{239}U)]$$
$$= 238.050784u + 1.008665u - 239.054288u = 0.005161u$$

最后一个中子结合能为

$$\varepsilon(^{236}U) = (0.007026u) \times (931.494 MeV/u) = 6.5446 MeV$$
$$\varepsilon(^{239}U) = (0.005161u) \times (931.494 MeV/u) = 4.8074 MeV$$

这分别是同位素$^{236}U$和$^{239}U$的形变能。

图3.4为铀-235和铀-238裂变截面的整体变化情况(红色曲线)。横坐标为中子动能,请注意,纵坐标、横坐标均为对数刻度。图中还显示了两种铀同位素的辐射俘获反应$(n,\gamma)$的截面(绿色曲线)。

如图 3.4 所示,对于$^{235}$U,不存在中子诱导裂变的能量阈值,通过俘获慢中子也可以很容易地发生裂变。随着中子速度的增加,裂变截面大大减小,直到它变得非常小,当中子能量在 0.5~3.0MeV 之间时几乎保持恒定。

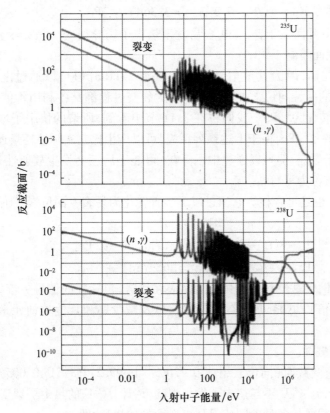

图 3.4　同位素$^{235}$U 和$^{238}$U 的中子诱导裂变截面和
辐射俘获截面随入射中子能量变化图[9]

相反,$^{238}$U 的裂变截面在 1.2MeV 以下非常小,但在该能量以上迅速增加,可认为这是一个阈值。但在该中子能量范围内,它比$^{235}$U 的截面要低。一般而言,对于所有能量的中子,易裂变同位素(即热中子能量下的可裂变同位素)比可裂变同位素裂变概率更高。

当入射中子能量在 1~10keV 之间,在裂变和辐射俘获$(n,\gamma)$截面中均出现的峰称为共振峰,分别对应于激发态复合核$^{236}$U 和$^{239}$U 的形成。

对于慢中子,$^{235}$U 的辐射俘获截面比相应裂变截面低约 10 倍。相反,对于中子能量<0.01MeV 时的$^{238}$U,却高出约 500 倍。之后,裂变截面逐渐增加,在 1MeV 时与辐射俘获截面相等,之后在更高中子能量时高于辐射俘获截面。我们接下来将看到,这些截面在中子吸收方面起着重要的作用,以减少维持核反应堆链式反应的中子数量。

铀-238 占天然铀的 99.3%,它不能被慢中子裂变,但可以通过快中子诱导裂变产生能量。它还有另一个重要的能量应用:当暴露在慢中子中时,它可以俘获一个中子并产生$^{239}$U。再经放射性$\beta^-$衰变(半衰期 23.45min),形成超铀元素镎-239,$^{239}$Np($Z=93$),如以下反应所示:

$$n + {}^{238}U_{92} \rightarrow {}^{239}U_{92}$$

$$^{239}U_{92} \rightarrow (\beta^- - 衰变, \tau_{1/2} = 23.45\min) \rightarrow {}^{239}Np_{93} \tag{3.10}$$

进一步，核 $^{239}$Np 也具有放射性，通过 $\beta^-$ 衰变产生元素 $^{239}$Pu（$Z=94$），半衰期为 2.36d：

$$^{239}Np_{93} \rightarrow (\beta^- - 衰变, \tau_{1/2} = 3.36d) \rightarrow {}^{239}Pu_{94} \tag{3.11}$$

这一系列反应的重要性在于钚-239 容易发生热中子诱导裂变——实际上比 $^{235}$U 还更容易（$^{239}$Pu 的裂变截面略高于 $^{235}$U）。

天然矿石中不存在钚，因为其放射性半衰期仅为 24110a，但可以通过上述过程从 $^{238}$U 中获取。因此，铀的两种同位素由慢中子引起的裂变过程都具备利用价值：$^{235}$U 可以直接使用，而 $^{238}$U 可以转化为 $^{239}$Pu。我们将在 3.11 节中看到，所谓的快中子增殖反应堆含有 $^{238}$U，但实际燃烧的是 $^{239}$Pu，由于上述系列反应，可以产生比它实际消耗量还多的钚。

这种不能被热中子裂变，但可以通过中子俘获（可能随后还会发生放射性衰变）转变为易裂变物质的原子核称为可育核。

除 $^{238}$U 外，钍-232 也是可育核。它通过以下步骤转化为易裂变同位素 $^{233}$U：

$$n + {}^{232}Th_{90} \rightarrow {}^{233}Th_{90}$$

$$^{233}Th_{90} \rightarrow (\beta^- - 衰变, \tau_{1/2} = 21.83\min) \rightarrow {}^{233}Pa_{91}$$

$$^{233}Pa_{91} \rightarrow (\beta^- - 衰变, \tau_{1/2} = 26.975d) \rightarrow {}^{233}U_{92} \tag{3.12}$$

相比铀基燃料循环，钍基燃料循环具有诸多潜在优势，包括钍的储量更丰富（地壳中钍的储量是铀的 3~4 倍），更能防止核武器扩散，以及减少钚和其他超铀元素的产生等（详见 5.11 节）。

**例题 3.6** $^{235}$U 的裂变截面。

天然铀的热中子裂变截面（同位素组成 0.720% $^{235}$U，99.275% $^{238}$U，0.005% 其他）为 $\sigma = 4.22$b。由图 3.4 可知，$^{238}$U 不与热中子发生裂变，请计算 $^{235}$U 的热中子裂变截面。

解：天然铀的裂变截面是各种铀同位素裂变截面的加权和，即

$$\sigma = \sigma(^{235}U) \times 0.720 \times 10^{-2} + \sigma(^{238}U) \times 99.275 \times 10^{-2} + \sigma(其他 U) \times 0.005 \times 10^{-2}$$

忽略权重很低的最后一项，如下：

$$\sigma(^{235}U) = \frac{4.22}{0.0072} = 586\text{b}$$

**例题 3.7** 核轰击产生的放射性核产额。

金靶（$^{197}$Au）（厚度 $d = 0.01$cm，密度 $\rho = 19.3$g/cm$^3$）在恒定的热中子通量 $\Phi = 10^{13}\text{s}^{-1}\text{cm}^{-2}$ 中暴露时间 $T = 10$min。发生中子俘获反应：

$$n + {}^{197}Au \rightarrow {}^{198}Au + \gamma$$

反应截面 $\sigma = 97.8$b，产物核 $^{198}$Au 具有放射性，并可进一步发生 $\beta^-$ 衰变（半衰期 $\tau_{1/2} = 2.7$d）成为 $^{198}$Hg。请计算：

（a）辐照结束时靶内单位表面 $^{198}$Au 原子核活度；
（b）辐照结束时靶内每单位表面的 $^{198}$Hg 核数；
（c）靶内每单位表面的最大 $^{198}$Au 原子核数（即平衡时的数目）。

解：首先，为简便起见，我们分别称 $^{197}$Au、$^{198}$Au 和 $^{198}$Hg 为 A 核、B 核和 C 核。

（a）B 核的布居数的变化用两项表示，一项表示由于 A 核俘获中子产生而增加，另一项表示衰变：

$$\frac{\mathrm{d}N_B}{\mathrm{d}x} = N_A \Phi \sigma - N_B \lambda_B$$

其中产生项由靶标中核子的数量 $N_A$ 乘以通量 $\Phi$，再乘以截面 $\sigma$ 得出，而 $\lambda_B = 0.693/(2.7 \times 86400) = 2.97 \times 10^{-6}/\mathrm{s}$。通过与公式(2.14)类比，这个方程可以用数学方法类比于存在一个靶标母核 A 具有活度 $\lambda_A = \Phi \sigma = 9.78 \times 10^{-10}/\mathrm{s}$ 并可产生放射性核 B。这个概率很小，但是靶核的数量 $N_A$ 非常大，因此 $\lambda_A N_A$ 不可忽略。

由于 $\lambda_A \ll \lambda_B$（即 $^{198}$Au 的半衰期比 $^{197}$Au 的半衰期（虚构的）短得多），我们可用式(2.25)计算子核 B 的活度：

$$N_B(t) = \frac{N_A(t)\lambda_A}{\lambda_B} = \frac{\Phi \sigma}{\lambda_B} N_A (1 - e^{-\lambda_B t})$$

由此可以得出，在照射结束时，即 $T$ 时刻：

$$N_B(T) = \frac{\Phi \sigma}{\lambda_B} N_A (1 - e^{-\lambda_B T})$$

由于 $\lambda_B T \ll 1$，我们可以将括号内的项近似为 $\lambda_B T$（$\lim_{x \to 0} e^x = 1 - x$。在处理 $x \to 0$ 的情况时，需要在数学上谨慎。必须认识到 $e^x$ 并不"完全"等于 1，因为 $x$ 只是非常小，但非真的为零），所以（由于 $\lambda_A \ll \lambda_B$，我们将 $N_A$ 视作常数）：

$$N_B = \sigma \Phi N_A T = \sigma \Phi \left(N_0 \frac{\rho S d}{P_A}\right) T$$

其中 $N_0$ 为阿伏伽德罗常数，$S$ 和 $P_A$ 是靶标 A 的表面积和原子质量：

$$\frac{N_B}{S} = \sigma \Phi \left(N_0 \frac{\rho d}{P_A}\right) T = 10^{13} \times 97.8 \times 10^{-24} \times 6.022 \times 10^{23} \frac{19.3 \times 0.01}{197} (10 \times 60)$$

$$= 3.46 \times 10^{14} \text{个核/cm}^2$$

则单位表面积靶核 $^{198}$Au 的活度 $R_B$ 为

$$R_B = \frac{N_B \lambda_B}{S} = 3.46 \times 10^{14} \times 2.97 \times 10^{-6} = 1.03 \times 10^9 \mathrm{Bq/cm^2}$$

(b) $^{198}$Hg 核的产生由下式给出：

$$\frac{\mathrm{d}N_C}{\mathrm{d}t} = \lambda_B N_B(t) = \sigma \Phi N_A (1 - e^{-\lambda_B t})$$

对该等式从 $t=0$ 到 $t=T$ 积分：

$$N_C(T) = N_A \sigma \Phi T + \frac{N_A \sigma \Phi}{\lambda_B} e^{-\lambda_B t} - \frac{N_A \sigma \Phi}{\lambda_B}$$

由于 $\lambda_B T \ll 1$，我们可以使用二阶泰勒指数展开式（$e^{-x} = 1 - x + 1/2 x^2$），这是一个非常精确的近似，得到：

$$\frac{N_C(T)}{S} = \frac{1}{2} \frac{N_A \sigma \Phi}{S} \lambda_B T^2$$

$$= \frac{1}{2} 6.022 \times 10^{23} \times \frac{19.3}{197} \times 0.01 \times 10^{13} \times 97.8 \times 10^{-24} \times 2.97 \times 10^{-6} \times 600^2$$

$$= 3.08 \times 10^{11} \text{个核/cm}^2$$

(c) 在平衡状态下，靶内 B 核数保持不变，即变化率（产生 + 衰变）等于零：$\frac{\mathrm{d}N_B}{\mathrm{d}t} = 0$。

根据(a)中描述的 B 核产生的第一个方程,平衡时 $N_A\sigma\Phi = N_B\lambda_B$;利用(a)中关于 $N_B/S$ 的结果,可得

$$\left(\frac{N_B}{S}\right)_{max} = \frac{N_A\Phi\sigma}{S\lambda_B} = \frac{3.46\times10^{14}}{10\times60} \times \frac{1}{2.97\times10^{-6}} = 1.94\times10^{17} \text{个核}/\text{cm}^2$$

**例题 3.8** 钚的生产。

当铀-238 被反应堆中的中子辐照时,钚-239 通过反应方程式(3.10)和式(3.11)所描述过程产生:俘获中子后形成的 $^{239}$U 核衰变为 $^{239}$Np 核,半衰期为 23.45min,后者进一步衰变为 $^{239}$Pu,半衰期为 2.36d。

请计算经过一年时间,$^{239}$U 转化成 $^{239}$Pu 的百分比。已知反应堆的中子通量(定义为单位表面积两面上单位时间内中子撞击数量)为 $\Phi = 10^{14} \text{cm}^{-2}\text{s}^{-1}$ 以及热中子辐射俘获截面为 $\sigma_{cap} = 2.7\text{b}$。忽略 $^{239}$U、$^{239}$Np 和 $^{239}$Pu 核上的俘获反应和 Pu 裂变及其衰变(这是合理的,因为 $^{239}$Pu 的半衰期比 $^{239}$Np 长得多)。

为简便起见,我们将 $^{238}$U、$^{239}$U、$^{239}$Np 和 $^{239}$Pu 分别称为 A、B、C、D 原子核。A 发生俘获反应的速率,即 B 产生的速率为

$$\frac{dN_A}{dt} = -\sigma_{cap}\Phi N_A = -\lambda_A N_A$$

其中 $\lambda_A = \sigma_{cap}\Phi = 2.7\times10^{-10}/\text{s}$,$N_A$ 是 A 原子核的数量。由于俘获反应使原子核 A 减少,而减少速度与 A 原子核的数量成正比,这个方程在数学上与原子核 A 衰变方程式(2.13)相同,尽管物理过程不是衰变而是俘获。

B 产生后衰变为 C($^{239}$Np),C 又衰变为 D($^{239}$Pu)。在 $t=0$ 时,只有 $N_0$ 个原子核 A,完全没有原子核 B、C 和 D。那么,类似于习题 2.7,我们可以写:

$$N_D(T) = N_0\left[1 - e^{-\lambda_A t} + \frac{\lambda_A\lambda_C}{\lambda_B(\lambda_C - \lambda_B)}e^{-\lambda_B t} + \frac{\lambda_A\lambda_B}{\lambda_C(\lambda_B - \lambda_C)}e^{-\lambda_C t}\right]$$

在我们的例子中,我们有 $\lambda_A = 2.7\times10^{-10}\text{s}^{-1}$,$\lambda_B = 4.9\times10^{-4}\text{s}^{-1}$,$\lambda_C = 3.4\times10^{-6}\text{s}^{-1}$。因此 $\lambda_A \ll \lambda_C \ll \lambda_B$,进行合理近似,可得

$$N_D(T) = N_0\left[1 - e^{-\lambda_A t} + \frac{\lambda_A\lambda_C}{\lambda_B(-\lambda_B)}e^{-\lambda_B t} + \frac{\lambda_A\lambda_B}{\lambda_C\lambda_B}e^{-\lambda_C t}\right]$$

或

$$N_D(T) = N_0\left[1 - e^{-\lambda_A t} + \frac{\lambda_A\lambda_C}{-\lambda_B^2}e^{-\lambda_B t} + \frac{\lambda_A}{\lambda_C}e^{-\lambda_C t}\right]$$

对于 $t = 1$ 年 $= 3.15\times10^7\text{s}$,只需保留第一个指数项:

$$\frac{N_D(t)}{N_A(0)} = (1 - e^{-\lambda_A t}) = (1 - e^{-2.7\times10^{-10}\times3.15\times10^7}) = 0.0085 = 0.85\%$$

这意味着,$1\text{t}\,^{238}$U 衰变 1 年后,将产生 $8.5\text{kg}\,^{239}$Pu。

**例题 3.9** 反应堆中裂变碎片衰变产生的同位素短期积累。

考虑以下由核反应堆裂变过程引发的衰变链:

$$^{235}\text{U} \xrightarrow{(n,f)} {}^{140}\text{Xe} \xrightarrow{\tau_{1/2}=16\text{s}} {}^{140}\text{Cs} \xrightarrow{40\text{s}} {}^{140}\text{Ba} \xrightarrow{300\text{h}} {}^{140}\text{La} \xrightarrow{40\text{h}} {}^{140}\text{Ce}(\text{稳定})$$

已知反应堆的中子通量 $\Phi = 10^{14}\text{cm}^{-2}\text{s}^{-1}$ 和热中子裂变截面为 $\sigma_f = 590\text{b}$,请计算反应堆运行 3h 后钡、镧和铈的积累量(占初始铀原子核数 $N_0$ 的比例)。

解：正如在前两个习题中所看到的，从数学的角度讲，由中子俘获引起的裂变也可以看作母体靶核$^{235}$U 衰变为$^{140}$Xe 的过程，活度为 $\lambda_U = \Phi\sigma_f = 5.9 \times 10^{-8}/\text{s}$。该裂变反应半衰期为$(0.693/5.9 \times 10^{-8} = 1.17 \times 10^7 \text{s})$，比$^{140}$Xe 和$^{140}$Cs 的半衰期长得多。3h 的时间间隔相对于$^{140}$Xe 和$^{140}$Cs 的半衰期足够长，我们可以认为氙、铯与铀将处于长期平衡状态，因此它们的活度将大致等于铀的裂变速率（其实，在常用公式(2.28)中，包含$^{140}$Xe 和$^{140}$Cs 等大衰减常数的指数项可以忽略不计）。另一方面，相对于$^{140}$Ba 和$^{140}$La 的衰变时间，3h 是一个较短的时间。通过应用方程式(2.31)、式(2.33)和式(2.35)可得，钡在 3h 的时间长度中的累积百分比为

$$\frac{N_B}{N_0} = \lambda_U t = 5.9 \times 10^{-8} \times 3 \times 3600 \cong 6.4 \times 10^{-4} = 0.064\%$$

镧的积累百分比为

$$\frac{N_{La}}{N_0} = \lambda_U \lambda_{Ba} \frac{t^2}{2} = 5.9 \times 10^{-8} \times \frac{0.693}{300 \times 3600} \times \frac{(3 \times 3600)^2}{2} \cong 2.2 \times 10^{-6} = 0.00022\%$$

最后，稳定铈的积累百分比为

$$\frac{N_{Ce}}{N_0} = \lambda_U \lambda_{Ba} \lambda_{La} \frac{t^3}{6} = 5.9 \times 10^{-8} \frac{0.693}{300 \times 3600} \times \frac{0.693}{40 \times 3600} \frac{(3 \times 3600)^3}{6} \cong 3.8 \times 10^{-8}$$
$$= 3.8 \times 10^{-6}\%$$

## 3.6 链式反应

在裂变过程中，除了两个中等原子量的碎片外，还会释放出一些自由中子，这取决于原子核和激发能。例如，$^{235}$U 的裂变通常释放 2 个或 3 个中子，平均约为 2.5 个，裂变时释放的平均中子数通常用希腊字母 $\nu$ 表示。

其中一些中子立即释放，延迟小于$10^{-14}$s，称为瞬发中子。另一小部分随后释放，称为缓发中子。它们来源于丰中子裂变碎片的衰变，或它们的子碎片，其半衰期为秒级[①]。尽管缓发中子数量少得多（铀-235 只有 0.65%，铀-233 只有 0.26%，钚-239 只有 0.21%），但它们在维持核反应堆可控并保持在所谓的临界状态（链式反应不发散的稳定状态（详见下文和第3.10节））方面起着至关重要的作用。

裂变反应中中子的发射具有很大的实际意义，因为在适当的条件下，可以通过自身维持链式反应。事实上，很容易理解，如果裂变产生的每个中子都诱导产生其他裂变，后者的数量将迅速增加，只需要一个初始中子就足以引起大量原子核的裂变。这其实是所有核能实际应用的基础。

在核反应堆中，燃料和其他材料以合适的方式排列，以产生自我维持的链式反应，平均而言，每次裂变释放的中子中只有一个会引发进一步的裂变。在这一点上，反应堆被称为达到了临界状态或者处于临界水平。在这种情况下，单位时间释放的能量（即功率）将保持在一个恒定水平，此即受控链式反应。在给定条件下，维持链式反应所需的最小可裂变物质质量称为临界质量。

---

① 大多数产生缓发中子的裂变碎片半衰期为 1.52s 和 4.51s；也有少部分半衰期为 0.43s、15.6s 和 22.5s。

在诱导产生新裂变的中子数小于1的情况下(次临界反应),链式反应是无法自我维持(自持)的,如果不加以适当地调整,链式反应就会停止。相反,如果引起新的裂变的中子数大于1,反应堆就将处于超临界状态:这种情况下,单位时间内释放的能量不断增加,一旦失控,将导致裂变燃料部分或全部熔化①。

图 3.5 展示了一个假想的链式反应,由中子俘获引起的原子核 $^{235}$U 裂变形成溴-89($^{89}$Br$_{35}$)和镧-144($^{144}$La$_{57}$),再加上三个中子。在第二阶段,一个中子丢失,一个被 $^{238}$U 原子核吸收,第三个则诱导另一个 $^{235}$U 原子核裂变成钼-105($^{105}$Mo$_{42}$)和锡-127($^{127}$Sn$_{50}$),同时释放四个中子。在接下来的阶段,两个中子丢失,另外两个则引发两个 $^{235}$U 原子核分别裂变成氪-95($^{95}$Kr$_{36}$)和钡-139($^{139}$Ba$_{56}$),以及锶-90($^{90}$Sr$_{38}$)和氙-144($^{144}$Xe$_{54}$),并都伴随着两个中子的释放。

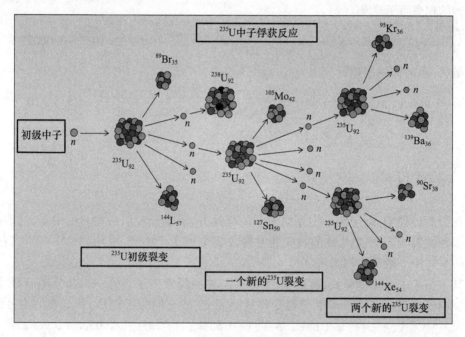

图 3.5 假想链式反应示意图

1942年,芝加哥大学的 Enrico Fermi 和他的同事们实现了第一个自持的链式反应[10-11]。在这个地方,有一块铜匾,上面写着:"1942年12月2日,他在这里得到了第一个自持的连锁反应,从此开始了核能的可控生产。"实验成功的消息通过以下加密文字在华盛顿宣布(这项研究是在第二次世界大战(以下简称二战)期间秘密进行的):"意大利航海家刚刚在新大陆下了船,地球没有他想象的那么大(意指引起反应所需的铀-石墨堆(Pile)比预期的要小),所以他比预期的来得早。"Fermi 将其实验装置称为 CP-1(芝加哥堆1号)。核反应堆(Nuclear Reactor)这个术语当时还不存在,实验设备被称为"堆(Pile)"。Fermi 将其描述为一大片黑色和棕色的砖块,棕色的砖块是铀,黑色的砖块则是

---

① 在这方面,需要注意的是,核反应堆并不会像原子弹一样爆炸。后者已将其所有易裂变材料设置好,以使链式反应尽可能快地传播。而相反,核电站每次使用的核燃料非常少,且燃料浓度有限,所以并不会爆炸。这将在第5章中进行更详细的讨论。

石墨块,用来减慢中子速度(详见3.7节)。

## 3.7 中子慢化

裂变反应中释放的中子很快。如图3.6所示,它们的能量在0.1~10MeV之间,平均值低于2MeV。但是,如图3.4所示,易裂变核的裂变很容易由慢中子(能量约为0.025eV)诱导发生。很明显,它们必须减速到与周围物质处于热平衡状态,才能更好地诱发裂变和产生链式反应。

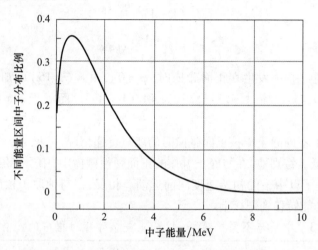

图3.6 裂变反应产生的中子能量分布[12]

在核反应堆中,中子的减速是通过一种低原子量物质(慢化剂)实现的,通过一系列弹性碰撞将它们的动能转移到慢化剂原子核上。如果靶核的质量与中子的质量相当,则中子会发生散射,速度会降低,而靶核则会获得速度(图3.7(a))。就像两个乒乓球,可以很容易地通过碰撞交换速度。相反,当目标核的质量大得多时,速度交换就不那么有效了:中子散射时能量不会显著损失,就像乒乓球击中保龄球(图3.7(b))。

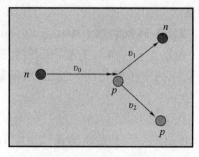 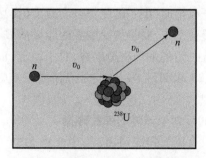

(a) 中子与氢原子核(质子)的弹性碰撞　　(b) 中子与比其重得多的核(铀)的弹性碰撞

图3.7 靶核质量与中子质量的差异对碰撞的影响

可见(详见习题3.10),在一个初始动能为$T_0$的中子与一个质量数为$A$的静止原子核的弹性碰撞中,转移到原子核能量的比例(即原子核的最终动能$T_A$与中子的初始动能$T_0$之比)为

$$\frac{T_A}{T_0} = \frac{4M_n M_A}{(M_n + M_A)^2}\cos^2\varphi \tag{3.13}$$

其中 $M_n$ 和 $M_A$ 分别为中子和靶核的质量,$\varphi$ 为核反冲时的角度。

最终中子动能与初始中子动能之比 $T_n/T_0$ 为

$$\frac{T_n}{T_0} = 1 - \frac{4M_n M_A}{(M_n + M_A)^2}\cos^2\varphi \tag{3.14}$$

通过合理近似 $M_A \cong AM_n$,方程式(3.13)和式(3.14)可写作:

$$\frac{T_A}{T_0} = \frac{4A}{(1+A)^2}\cos^2\varphi \tag{3.15}$$

$$\frac{T_n}{T_0} = 1 - \frac{4A}{(1+A)^2}\cos^2\varphi \tag{3.16}$$

中子的最大能量损失发生在正面碰撞时($\varphi=0$),由式(3.15)可知能量交换最多在 $A=1$ 的情况下,即与氢碰撞时,效率最高,为 $4A/(1+A)^2$。而对于 $A \gg 1$ 来说,效率将变得非常低。

表3.3 给出了不同静止靶核正面碰撞时的能量传递情况,可见 $T_A/T_0$ 随靶核质量 $M_A$ 的增加而迅速降低。特别地,在与静止氢核的正面弹性碰撞中,中子将停止并将其所有动能转移给质子,质子以中子的初始速度向前运动。相反,在与铀原子核的碰撞中,中子只能将不到2%的动能转移到靶核上。

表3.3　中子与不同质量数($A$)静止靶核碰撞过程中的能量转移

| 靶核 | $^1$H | $^2$H | $^4$He | $^{12}$C | $^{238}$U |
|---|---|---|---|---|---|
| $A$ | 1 | 2 | 4 | 12 | 238 |
| $T_A/T_0$ | 1 | 0.89 | 0.64 | 0.28 | 0.017 |

由于铀核质量非常大,比中子质量大230多倍,在核反应堆中,燃料内部的碰撞不会使中子减速。因此,反应堆的几何结构经过特殊设计,使中子在一个裂变和另一个裂变之间移动时需要穿过含氢介质,氢原子核(质子)质量略低于中子质量。所以,平均而言,每次与质子碰撞时,中子的能量都会减半(详见例题3.11)。

在慢化剂中,要将裂变中子的能量从 $E_{\text{fission}} \sim 2\text{MeV}$ 降低到热平衡状态 $E_{\text{th}} \sim 0.025\text{eV}$,需要保证一定的平均碰撞次数,对于轻水、重水(含氘 $A=2$,而不是氢)和石墨,该值分别约为18、25和115[13]。这些是热核反应堆中最常用的中子慢化剂。显然,水是最有效的慢化剂。

**例题3.10**　两个球体的弹性碰撞。

假设有以下弹性碰撞:一个质量为 $m$ 的球体,以远低于光速的速度 $v$ 运动。动能 $T_0 = \frac{1}{2}mv^2$,与静止的质量为 $M$ 的球体相撞。请计算出碰撞后两个球体的动能 $T_1 = \frac{1}{2}mv_1^2$ 和 $T_2 = \frac{1}{2}Mv_2^2$ 分别为多少?($v_1$ 和 $v_2$ 分别指两个球体的速度,两个球体是相互独立的系统。)

解:两个球的运动发生在一个平面上。如图3.8所示,我们设:

质量为 $m$ 的球在碰撞前后的线性动量为 $p_0$ 和 $p_1$；
$p_2$ 和 $T_2$ 为质量为 $M$ 的球的对应量；
$\vartheta$ 和 $\varphi$ 分别表示球 $m$ 和 $M$ 的偏转角度；

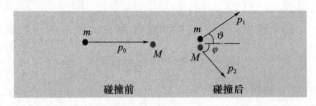

图 3.8　例题 3.10 图 1

由于球 $m$ 的速度 $v$ 远低于光的速度 $c$，我们可以忽略相对论修正，写成：

$$\begin{cases} T_0 = \dfrac{p_0^2}{2m} \\[4pt] T_1 = \dfrac{p_1^2}{2m} \\[4pt] T_2 = \dfrac{p_2^2}{2M} \end{cases} \quad (a)$$

根据能量守恒和线性动量守恒（前提假设，两个球组成一个孤立系统）有：

$$T_0 = T_1 + T_2 \quad (b)$$

$$p_1^2 = p_0^2 + p_2^2 - 2p_0 p_2 \cos\varphi \quad (c)$$

等式（c）的向量形式如图 3.9 所示：

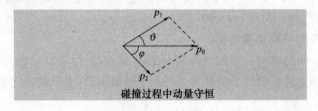

碰撞过程中动量守恒

图 3.9　例题 3.10 图 2

垂直于包含这三个向量的平面的动量显然为零。

利用动能与动量的关系（a），可以将最后一个方程改写为

$$mT_1 = mT_0 + MT_2 - 2\sqrt{mT_0 MT_2}\cos\varphi \quad (d)$$

消去 $T_1$，由式（b）得

$$m(T_0 - T_2) = mT_0 + MT_2 - 2\sqrt{mT_0 MT_2}\cos\varphi \quad (e)$$

简化为

$$T_2(m + M) = 2\sqrt{mMT_0 T_2}\cos\varphi \quad (f)$$

两边平方，除以 $(m+M)^2 T_0 T_2$，得到：

$$\frac{T_2}{T_0} = \frac{4mM}{(m+M)^2}\cos^2\varphi \quad (g)$$

$T_2$ 随 $T_A$ 变化，得到式（3.13）。

由关系式(b)很容易得到：

$$\frac{T_1}{T_0} = 1 - \frac{4mM}{(m+M)^2}\cos^2\varphi \tag{h}$$

$T_1$ 随 $T_n$ 变化,得到式(3.14)。

由上可知,$\varphi = 0$(迎面碰撞)时,传递给质量为 $M$ 的球的能量分数最大,等于：

$$\frac{T_2}{T_0} = \frac{4mM}{(m+M)^2} \tag{i}$$

很容易看出,当两个球质量相等,$m = M$,且 $T_2 = T_0$ 时,这个表达式值最大。在碰撞中,最初的球将它所有的能量转移到靶球上,而后自身停止。在这种情况下,角 $\vartheta$ 和角 $\varphi$ 是互补的($\vartheta + \varphi = 90°$)(等式(b)),$v_0^2 = v_1^2 + v_2^2$ 并且有：

$$\frac{T_2}{T_0} = \cos^2\varphi = \sin^2\theta$$

$$\frac{T_1}{T_0} = \sin^2\varphi = \cos^2\theta$$

顺便说一下,我们注意到,从上两图可以看出：$p_0^2 = p_1^2 + p_2^2 + 2p_1p_2\cos(\theta + \varphi)$,通过等式(a),这可以写成

$$2mT_0 = 2mT_1 + 2MT_2 + 2\sqrt{2mT_0 2MT_2}\cos(\theta + \varphi)$$

用等式(b)消去 $T_0$,除以 $T_2$,得到：

$$m - M = 2\sqrt{2mM\frac{T_1}{T_2}}\cos(\theta + \varphi)$$

由上式可知,$\Theta = (\theta + \varphi)$ 为两个球碰撞后速度之间的夹角,则 $M < m$、$M = m$、$M > m$ 分别对应于为 $\Theta < 90°$、$\Theta = 90°$ 和 $\Theta > 90°$。

**例题3.11** 碰撞中的平均能量传递。

当一个质量为 $m$ 的球与一个质量为 $M$ 的静止球碰撞,后者以 $\varphi$ 的角度反冲,$\varphi$ 总是小于 $\pi/2$。由式(3.16),请证明经质量数为 $A$ 的原子核散射后,中子的动能平均变化比例为

$$\left\langle \frac{T_n}{T_0} \right\rangle = \frac{1 + A^2}{(1 + A)^2}$$

证明：式(3.16)在角 $\varphi$ 处于 $[0, \pi/2]$ 区间内的平均值为

$$\left\langle \frac{T_n}{T_0} \right\rangle = \frac{1}{\pi/2 - 0} = \int_0^{\pi/2}\left[1 - \frac{4A}{(1+A)^2}\cos^2\varphi\right]\mathrm{d}\varphi$$

根据著名的三角公式,我们知道：$\cos^2\varphi = \frac{1 + \cos 2\varphi}{2}$。

那么前一个积分转化为

$$\left\langle \frac{T_n}{T_0} \right\rangle = \frac{2}{\pi}\int_0^{\pi/2}\left[1 - \frac{4A}{(1+A)^2}\frac{1 + \cos 2\varphi}{2}\right]\mathrm{d}\varphi = \frac{2}{\pi}\left[\frac{\pi}{2} - \frac{\pi}{4}\frac{4A}{(1+A)^2}\right] = 1 - \frac{2A}{(1+A)^2}$$

也即题中给出的关系：

$$\left\langle \frac{T_n}{T_0} \right\rangle = \frac{1 + A^2}{(1 + A)^2}$$

对于氢核($A = 1$)散射,$\langle T_n \rangle = T_0/2$,即平均而言,中子在每次碰撞中失去一半的能

量,因此,少数碰撞就足以迅速降低其能量。相反,对于 $A\gg1$ 的重核而言, $\langle T_n\rangle\cong T_0$,也就是说,中子必须经过多次碰撞才能明显失去能量。

仅仅通过使用上述公式 $n$ 次,我们就会发现,要将裂变中子能量从 $E_{\text{fission}}\sim2\text{MeV}$ 降低到热平衡 $E_{\text{th}}\sim0.025\text{eV}$,所需要的平均碰撞次数,对于轻水、重水和石墨,分别约为 26、31 和 119 次。这些数字与前文给出的数字之间略有差异是由于多次碰撞将产生 $1/E$ 的中子能量分布,而重复应用上述公式是假定所有中子能量为平均分布。

**例题 3.12** $\alpha$ 粒子的弹性碰撞。

一个速度为 $v=1.0\times10^7\text{m/s}$ 的 $\alpha$ 粒子与下列静止粒子发生弹性碰撞:(a)电子,(b)质子,(c)氦原子核,(d)碳原子核,(e)铀-238 原子核。请计算相应情况下被击中的粒子的可能最大速度 $V$,以及被转移的 $\alpha$ 粒子原始能量的百分比 $f$。

解:我们令 $\alpha$ 粒子在碰撞前的动能为 $T_\alpha=\frac{1}{2}mv^2$,碰撞后的靶标粒子动能为 $T_A=\frac{1}{2}MV^2$。迎面碰撞($\varphi=0$)时,靶标粒子的最大可能速度由式(3.13)给出:

$$f=\frac{T_A}{T_0}=\frac{MV^2}{mv^2}=\frac{4mM}{(m+M)^2}$$

得

$$V^2=v^2\frac{m}{M}\frac{4mM}{(m+M)^2}=\frac{4m^2v^2}{(m+M)^2}$$

得

$$V=\frac{2mv}{m+M}$$

将各种目标粒子的质量的相关值代入得到:

(a) 与电子($M\approx5.0\times10^{-4}\text{u}$)碰撞。$V_e=2\times10^7\text{m/s}$; $f_e=0.05\%$。
(b) 与质子($M\approx1.0\text{u}$)碰撞。$V_p=1.6\times10^7\text{m/s}$; $f_p=64\%$。
(c) 与 $^4\text{He}$ 核($M=4.0\text{u}$)碰撞。$V_\alpha=1.0\times10^7\text{m/s}$; $f_\alpha=100\%$。
(d) 与 $^{12}\text{C}$ 核($M=12.0\text{u}$)碰撞。$V_C=5.0\times10^6\text{m/s}$; $f_C=75\%$。
(e) 与 $^{238}\text{U}$ 核($M\approx238.0\text{u}$)碰撞。$V_U=3.3\times10^5\text{m/s}$; $f_U=6.5\%$。

## 3.8 热核反应堆

核反应堆是一种通过中子诱发某些重元素的裂变来实现能量可控释放的系统。通过对燃料和其他反应堆材料的适当控制,一个稳定的、自持的链式反应得以进行。在这种链式反应中,平均而言,每次裂变释放的中子中只有一个会继续引发下一步裂变。

现有核反应堆的类型各不一样。但它们的共同之处在于,都产生热能,热能可以直接被利用,或进一步转化为机械能,最终,在绝大多数情况下,转化为电能。大多数现有的反应堆使用热中子诱发裂变,因此它们被称为热中子反应堆。下面我们将主要参考这类标准反应堆进行讲解。

大多数类型的热反应堆都有几个共同的组成部分:燃料、慢化剂、控制棒和冷却剂。它们一起构成了反应堆核心,在那里发生裂变反应并产生热能。

### 3.8.1 核燃料

核燃料通常为包含易裂变元素(如$^{233}$U、$^{235}$U、$^{239}$Pu和$^{241}$Pu)的固体,裂变反应及后续大部分裂变能转化为热能的过程都在这里发生。

铀是大多数在运反应堆的基本燃料。$^{235}$U是自然界中唯一一种可以由任意能量的中子诱发裂变的同位素(特别是在$T_n \to 0\text{MeV}$时),但它只占从矿石中提取的天然铀的0.720%,其余的基本上是同位素$^{238}$U(99.275%)。一般来说,这样低的百分比不足以维持链式反应。因此,作为燃料,通常需要将$^{235}$U的质量比例提升至3%到5%(即浓缩铀),以$UO_2$氧化球圆片(半径约1cm)的形式装在数米长的圆柱形金属杆(即燃料棒)内。数个燃料棒再通过合适的机械结构组装在一起,形成一个燃料组件(见图4.9)。

许多反应堆还使用混合氧化物(MOX)燃料——二氧化铀和二氧化钚的混合物,其中二氧化钚主要来自乏燃料的商业回收。还有一种可能的反应堆燃料是钍,这也是一种很好的燃料,在吸收中子和嬗变后产生可裂变的$^{233}$U。另外,还有用于熔盐反应堆的铀盐以及其他形式的铀,比如铀氮化物或铀碳化物。

### 3.8.2 中子慢化剂

慢化剂是指用来降低裂变过程释放的中子速度,从而引发更多裂变的物质。如3.7节所述,慢化剂必须含有较轻的原子(中子在与轻核碰撞时能更有效地失去能量),且对快中子和慢中子的吸收截面也必须足够小。普通水($H_2O$)(也叫轻水)有两个氢原子核,本质上与中子质量相同。因此,如3.7节所述,它是中子慢化的理想介质,事实上也通常用于浓缩铀型反应堆。但轻水表现出的中子吸收效应不可忽略,将减少可用裂变中子的数量。而对于天然铀型反应堆,由于石墨和重水(氘水)中子吸收副作用较小,是更合适的慢化剂。

利用快中子实现裂变的快中子反应堆不需要减慢裂变中子速度,因此也就不需要慢化剂(详见3.11节和4.4节)。

### 3.8.3 中子吸收剂

两个连续裂变反应之间的中子增殖速度可通过将吸收剂(如硼、镉、铪和钆)与慢化剂混合来控制,慢化剂在不发生裂变的情况下吸收中子。吸收剂的引入量越大,中子的增殖越小,链式反应的发展越慢。

吸收剂通常装填在数米长的圆柱管中,称为控制棒。吸收剂的实际用量,即反应的发展速度,可通过机械操作调节浸没在慢化剂中的控制棒的长度来控制。

### 3.8.4 冷却剂

冷却剂是一种在堆芯中循环的流体,用来限制其温度,在动力反应堆中,可将堆芯的热能转移到驱动涡轮机发电的蒸汽上。冷却剂可以是水、重水、液态钠、氦气、二氧化碳、液态铅或液态铅铋共晶混合物等。在轻水或重水反应堆中,慢化剂也同时起到冷却剂的作用。

反应堆的核心由反射层包裹,反射层通常由水、石墨或铍等材料组成,它可以反射射向外部的大部分中子,从而减少中子通过堆芯外壁逸出。

通常,有一个坚固的圆顶形钢结构包罩着反应堆堆芯和慢化剂/冷却剂。其设计是为了保护反应堆不受外界入侵,并在发生事故时避免放射性物质扩散,比如冷却不足导致堆芯熔化。该结构被进一步嵌入一个生物屏蔽罩中(通常是一米厚的钢筋混凝土结构),以保护外部工人免受堆芯辐射伤害,特别是反应堆在运期间。

图 3.10 显示了一个反应堆核心的简化视图,这有助于将发生在反应堆中两个连续裂变之间的一系列过程可视化。将反应堆的核心比作一个水池,燃料棒和控制棒都浸在里面。从一个快中子(图中最左侧中子)开始,我们可以看到这个快中子如何诱导一个$^{235}$U原子核发生裂变,并产生两个碎片和三个快中子。裂变碎片与周围燃料棒内的原子碰撞,减速并在几千分之一毫米内停止。在这个过程中,它们将动能转化为热能,就像汽车突然刹车时,使土壤和轮胎升温一样。其结果是燃料棒的升温,其热量随后被冷却剂带走。

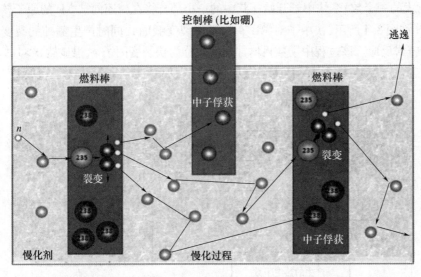

图 3.10　反应堆核心发生的过程示意图

注:燃料棒为绿色矩形,控制棒为浸没在慢化剂(浅蓝色)中的灰色矩形。数字 235 和 238 的球体代表同位素$^{235}$U 和$^{238}$U 的原子核,深蓝色边代表裂变碎片,紫色和灰色边则分别为慢化剂和吸收剂原子核。较小的白色圆圈代表中子。箭头表示中子路径,在与慢化剂发生碰撞后,其运动方向将会改变。

在第一次裂变中产生的三个快中子从燃料棒中逃逸出来,当它们向外运动时,将与慢化剂的原子碰撞,并在这个过程中失去能量。它们的速度会下降,并使其在另一条燃料路径上分裂另一个易裂变核的概率上升(图中中间发射的中子就是一例。在裂变过程中,又将释放出两个中子)。在行进途中,中子也可能遇到控制棒并被吸收,不再进一步引发裂变。它们还可能被燃料棒中的$^{238}$U 核俘获,形成一个比铀重的放射性核,其半衰期很长,甚至长达数千年(所谓的次锕系元素,详见方程式(3.10)和式(3.11)中镎–钚的生产)。中子被反应堆的结构材料俘获,甚至从堆芯中逃逸出来也是可能的。如上所述,为了最大限度地减少中子从堆芯的逃逸,如前所述,需要使用反射材料(图中未显示)包裹堆芯,通过弹性散射将中子反射回堆芯。

冷却剂则流经燃料棒之间的空间,冷却燃料棒,并提升自身温度,从而带走裂变过程中产生的热量。

## 3.9 热核反应堆物理学

从中子产生到最终被易裂变核吸收的这一系列过程通常被称为中子的一代,而这个过程发生所需的时间被称为中子代时间。自然地,每个中子都有不同的生命历程。在一个典型的核反应堆系统中,每秒钟大约有 40000 代中子[14]。对于这些代时间,人们通常以所有中子的适当平均值来描述系统的行为。

对中子在反应堆中的传输进行详细研究十分复杂,也远远超出了本书的范围。在这里,我们将通过非常简单地近似的方式举例说明临界质量的概念是如何产生的。

图 3.11 展示了在一个代时间内,中子在热堆中发生的一系列不同过程。从第 $i$ 代裂变产生的 $N_i$(非常大的一个数)个快中子开始。其中的一小部分将在减速前被 $^{238}$U 的原子核俘获,并引发裂变(如图 3.4 所示,快中子对 $^{238}$U 有一定的裂变截面),同时产生额外的裂变中子,并共同维持链式反应。该过程中子数目增加的系数称为快裂变因子 $\varepsilon$,很显然 $\varepsilon > 1$。

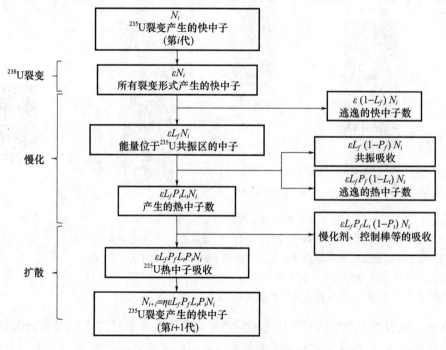

图 3.11 热中子堆中子生命周期示意图

由此产生的 $\varepsilon N_i$ 个快中子将在慢化剂中扩散,并有规律地减速为热中子。在减速过程中,部分中子将由于从反应堆逃逸或被 $^{238}$U 辐射共振吸收(如图 3.4 所示,$^{238}$U 在共振区有明显的俘获反应截面)而消失。$L_f$ 为未从反应堆逃逸的快中子比例,那么,逃逸消失的快中子数为 $\varepsilon(1-L_f)N_i$。$P_f$ 为未被共振吸收的快中子比例,则被共振吸收的中子数为 $\varepsilon L_f(1-P_f)N_i$,而到达热能区成为热中子的比例为 $\varepsilon L_f P_f N_i$。

这些热中子仍有一部分 $(1-L_t)$ 会穿过反应堆壁逃逸,未逃逸的热中子 $L_t$ 中还有一部分 $(1-P_t)$ 将被慢化剂或其他结构材料吸收($P_t$ 为未被反应堆材料吸收的热中子比例)。最终剩下的 $\varepsilon L_f P_f L_t P_t N_i$ 热中子,进一步诱发 $^{235}$U 裂变。

如果 $\eta$ 是燃料（在裂变和其他反应中）每吸收一个热中子所释放的平均中子数，那么在一个代时间循环结束时，将有 $N_{i+1} = \eta \varepsilon L_f P_f L_t P_t N_i$ 个快中子进入新的循环。$\eta$ 称为裂变因子，它小于每次裂变产生的平均中子数 $v$，因为并非所有被铀核吸收的中子都会引发裂变。二者关系为

$$\eta = v \frac{\sigma_f}{\sigma_f + \sigma_r} \tag{3.17}$$

式中，$\sigma_f$ 为裂变截面，$\sigma_r$ 为所有过程对热中子的吸收截面，不包括裂变（主要为辐射俘获反应 $(n,\gamma)$）。

由上可知，在一个循环中，中子数量增长的系数为

$$k_{\text{eff}} = \eta \varepsilon L_f P_f L_t P_t \tag{3.18}$$

该参数称为有效倍增系数。实际上是任何一代的热中子数 $N_{i+1}$ 与上一代的热中子数 $N_i$ 的比。

$k_{\text{eff}} = 1$ 是有限大反应堆系统的临界条件，$k_{\text{eff}} < 1$ 和 $k_{\text{eff}} > 1$ 则分别对应于次临界和超临界状态。

式(3.18)包含两个因子，$L_f$ 和 $L_t$，它们反映了中子通过反应堆壁逃逸的情况。显然，它们取决于反应堆的几何形状和大小，包括围绕燃料元件的反射器的类型和大小等。而其他四个因素只取决于燃料的组成和性质、慢化剂和其他材料。为了简便，通常一并考虑所有这些因素，并引入参数 $k_\infty$，即无限增殖因子：

$$k_\infty = \eta \varepsilon P_f P_t \tag{3.19}$$

式(3.18)和式(3.19)分别称作"六因子公式"和"四因子公式"。

显然，$k_\infty > k_{\text{eff}}$，当 $k_{\text{eff}} = L_f L_t k_\infty$ 时，$L_f$ 和 $L_t$ 都小于 1。为了达到临界态，必须使用 $k_\infty$ 大于 1 的材料来补偿中子的损失。

等式(3.19)右侧的四个因子中，只有 $\eta$ 可以大于 1。两个因子 $P_f$ 和 $P_t$ 总是小于 1，$\varepsilon \cong 1$。然而，在最有利的情况下，$\eta$ 也不会比 1 大多少。它取决于燃料本身，是中子能量的函数。如图 3.12 所示，给出了裂变核 $^{233}$U、$^{235}$U、$^{239}$Pu 和 $^{241}$Pu 的相应情况。

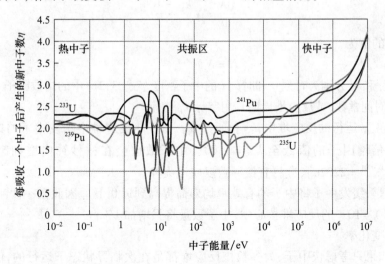

图 3.12　不同裂变核中每吸收一个中子产生的新中子数 $\eta$ 随中子能量的变化

从上面可以看出，一旦燃料的组成（或者 $\eta$ 值）确定，就必须选择合适的慢化剂，包括它的数量和几何形状，以及反应堆的其他组件，以使 $P_fP_t$ 尽可能高。特别要避免使用对热中子具有高吸收截面的材料，否则将显著降低 $P_t$ 因子。

一旦反应堆的组成和几何结构固定，使其 $k_\infty > 1$，此时，$L_f$ 和 $L_t$ 的值将取决于反应堆的尺寸（构造相似但大小不同）：大的反应堆更不容易发生逃逸泄漏，因为泄漏比例大致取决于表面积（$m^2$）与体积（$m^3$）的比率，因此与 m 成反比。为了避免 $L_f$ 和 $L_t$ 因子太低，在设计中还必须引入包围反应堆核心的反射器。

随着反应堆尺寸的增大，$L_f$ 和 $L_t$ 因子也将不断增大，并趋近于 1，直至达到临界尺寸，此时 $L_fL_t = 1/k$，由式（3.18）可知，$k_{eff} = 1$。比临界尺寸小的反应堆无法运行。k 越小，临界尺寸越大，当 $k = 1$ 时，临界尺寸是无穷大。这意味着在选择材料时必须注意，以使 k 尽可能大，从而使反应堆临界尺寸更小，建造成本效益更高。

## 3.10 反应堆控制与中子缓发

核反应堆的行为受控于系统中中子在空间、时间、能量上的分布。在临界反应堆中，反应堆每一代中子数与上一代中子数相等，并且提供的能量是稳定的。无论功率大小，只有在燃料、慢化剂和吸收剂质量（即控制棒浸入部分的质量）之间的比例处于一个确定的合适值时，才能达到这种效果。

要降低（增加）输出功率，只需使反应堆达到次临界（超临界）状态，即轻轻地将控制棒插入（撤出）慢化剂中，以增加（减少）中子的吸收，将它们放置于达到所需功率后的临界位置。因此，控制棒也被用来维持反应堆长期处于临界状态。

实现链式反应的控制主要有赖于裂变产生的一小部分缓发中子。没有它们，链式反应临界平衡的任何变化都将导致中子数瞬时地、不可控地上升或下降。

我们在 3.9 节中已经看到，平均每一代中子的数目增加 $k_{eff}$ 倍。假设中子平均代时间为 $\tau$，维持链式反应只需一个中子，则反应堆内的中子密度增长速度为

$$\frac{dN}{dt} = N\frac{k_{eff} - 1}{\tau} \tag{3.20}$$

该方程的解为

$$N = N_0 e^{(k_{eff} - 1)t/\tau} \tag{3.21}$$

式中，$N_0$ 和 N 分别为时刻 0 和时刻 t 的中子密度。式（3.21）中的指数因子 $\tau/(k_{eff} - 1)$ 称为反应堆时间常数（或反应堆周期），用字母 $T_R$ 表示。

在一个正常运行的反应堆中，$k_{eff}$ 接近于 1。由于热反应堆中瞬发中子的典型寿命为 $10^{-4}$ s，即使倍增因子的值低至 $k_{eff} = 1.001$，中子数也会在一秒钟内增加超过 2 万倍 [$e^{(1.001-1) \times 1/0.0001} = 22026$]，这将直接导致反应堆失控。

幸运的是，缓发中子将中子的有效平均寿命提高到近 0.1s。因此在一秒钟内，在一个具有 $(k_{eff} - 1) = 10^{-3}$ 的反应堆核心中，中子数量将只增加 1% [$e^{(1.001-1) \times 1/0.1} = 1.01$]，这是一个可控的变化率。

因此，如果只考虑快中子，大多数核反应堆都是在次临界状态下运行的，但如果同时考虑缓发中子，则可以达到临界状态：仅凭快中子是无法维持链式反应的，但缓发中子弥

补了这种不足。这种状态称为缓发临界状态。

这对反应堆的控制有着至关重要的影响：当一小部分控制棒插入或抽出，反应堆堆芯的功率将由于瞬发次临界倍增作用而迅速变化，然后逐渐地，呈指数增长或衰减至缓发临界反应。此外，若要增加反应堆功率，只需抽出足够长的控制棒即可。

控制棒也被用来长期维持反应堆处于临界状态。随着燃耗的升高（一定数量燃料产生的电量，详见3.12节），燃料棒中的裂变物质减少，裂变产物累积，从而有效中子倍增系数减少。若需要连续运行，通常需继续装入燃料，使 $k_{eff} > 1$，而后插入控制棒并调整 $k_{eff} = 1$。当裂变物质的数量减少，裂变产物积累时，可以去除一些控制棒。这将在3.12节进行更详细的讲解。

正常运行条件下，反应堆处于或接近于临界状态，即 $k_{eff}$ 接近等于1。由于 $k_{eff}$ 值通常非常接近于1，故引入一个新的更实用的物理量：反应性，用符号 $\rho$ 表示，定义为

$$\rho = \frac{k_{eff} - 1}{k_{eff}} \tag{3.22}$$

对于临界反应堆，$\rho = 0$。实际上，由于 $k_{eff}$ 非常接近于1，$\rho$ 可以很好地近似于：

$$\rho = k_{eff} - 1 = dk_{eff} \tag{3.23}$$

例如，由倍增因子 $k_{eff} = 1.003$ 可得 $dk_{eff} = 0.003$。

与 $k_{eff}$ 一样，反应性 $\rho$ 也是一个在中子传输理论中具有明确数学定义，但在实践中无法直接测量的量。作为 $k_{eff}$ 的衍生物理量，$\rho$ 同样取决于许多因素，如燃料成分、堆芯几何形状等。反应性对堆芯温度的依赖，源于裂变截面（即一个中子引发裂变反应的概率）由中子-核系统的相对动能决定，而这种相对动能取决于介质的温度。显然，当中子处于热能区时，对温度变化更加敏感，尤其是在超热状态下，中子能量位于共振峰上，还是稍微偏离共振峰，差别将十分明显。而当动能很高时，比如超过100keV，它对温度就不那么敏感了。从图3.4中可以很容易地看出，在热能区，堆芯温度的增加对应于动能的增加，会导致裂变截面的减小，这反过来又会导致 $k_{eff}$ 降低（相当于反应性降低）。这称为燃料的核组成具有温度负反馈或负温度系数。

显然，对于反应堆物理而言，诸多系数都可以引起反应堆状态的变化，具有相应的正（或负）反馈。因此，反应堆状态的任何变化，原则上都会对反应性造成影响，在设计反应堆时，需要谨慎评估和模拟这种影响，以保证反应堆功率自发增加时能够产生整体负反馈（详见5.4节）。

## 3.11 快中子反应堆

除热中子反应堆外，还有另一种主要依靠快中子维持裂变链式反应的模式。在快中子反应堆中，中子不需要慢化，但该模式对于铀燃料来说效率较低。

多种燃料或燃料组合都可以通过快中子实现反应自持。例如，可使用高浓缩铀（超过20%的$^{235}$U），在这种浓度下，尽管快中子裂变截面较小，但裂变也足以维持链式反应。更有效的燃料是易裂变钚或铀钚混合燃料，使用混合燃料时，$^{238}$U 将产生更多的钚。

在铀反应堆中，部分中子被铀-238吸收，产生钚-239和钚-241。即反应堆将一些 $^{238}$U"转化"为了 $^{239}$Pu 和 $^{241}$Pu。它们是易裂变核，可以像 $^{235}$U 一样进行裂变并释放热能。

式(3.10)和式(3.11)表示了 $^{238}$U 转化为 $^{239}$Pu 的反应。

易裂变目标核(通过可育核转化)与燃烧(通过裂变和其他反应)的燃料核的比率称为转化比,通常用字母 $C$ 表示。

$$C = \frac{\text{产生的可裂变核}}{\text{消耗的可裂变核}} \tag{3.24}$$

仔细对比一下。假设在一个反应堆里最初有 $w$ 个天然铀原子,如果不转化,可燃烧的 $^{235}$U 最大量为 $0.007w$(假设天然铀中 $^{235}$U 含量为 $0.7\%$)。

而对于一个转化率为 $C$ 的反应堆,在燃烧完所有的铀-235 后,将产生 $0.007wC$ 的钚。然后,继续运行这种反应堆:燃烧产生钚,并将剩余的铀-238 作为可转化物质。加上以上数量钚($0.007wC$)的燃烧,通过转化会产生 $0.007wC^2$ 的钚,然后再燃烧,以此类推。在 $n$ 个阶段之后,产生能量的可裂变物质的总量将是:

$$0.007w(1 + C + C^2 + C^3 + \cdots + C^n) = 0.007w\frac{1 - C^{n+1}}{1 - C} \tag{3.25}$$

当转化比 $C < 1$,且 $n$ 很大时,可近似为

$$0.007w\frac{1}{1 - C} \tag{3.26}$$

这是可燃烧裂变材料的最大量,是不经转化可燃烧量的 $1/(1 - C)$ 倍。

由式(3.26)不难看出,一个小小的转化因子即可大幅提高能量输出。例如,对于一个重水慢化反应堆,转化率 $C = 0.8$,可获得的能量将增加五倍。也就是说,如果一个反应堆运行时能够将最初的和在运行中产生的所有裂变物质均消耗掉,假设 $C = 0.8$,那么可以获得比只燃烧初始浓度 $^{235}$U 多 5 倍的发电量。然而,这种燃料回收不能简单通过将用过的燃料再次放入反应堆来实现。这是因为燃料中裂变产物,具有较高的中子吸收截面,会减少可用中子数量,不利于反应堆运行。因此,只有当用过的燃料被再加工以分离去除裂变产物后,才能实现上述燃料循环过程,该过程叫作乏燃料的后处理。能产生易裂变材料,但比其消耗的量要少的核反应堆称为转化反应堆。

有趣的是 $C > 1$ 的情况,即反应堆通过转换产生的易裂变核比燃烧的还要多。这种情况下,在随后的阶段中产生的裂变物质的数量不断增加,直至所有可用的可裂变物质燃烧完。这种转换过程称为增殖,具有非常重要的经济意义,因为可以实现天然铀的完全燃烧,并产生比传统过程多 $1/0.007 = 140$ 倍的能量。产生比消耗量还多的裂变材料的反应堆被称为增殖反应堆。

式(3.24)中的转化比可近似为

$$C = \eta - P - k \tag{3.27}$$

$\eta$ 是燃料中每吸收一个中子所释放的平均中子数(见图 3.10),$P$ 是由于从反应堆逃逸或被反应堆的各种其他材料吸收而损失的中子数,$k$ 是维持链式反应的易裂变材料吸收的中子数。

在临界条件 $k = 1$ 时,关系式(3.27)可写为

$$C = \eta - P - 1 \tag{3.28}$$

由这个方程可知,要获得一个好的转化率($C > 1$),显然需要降低损耗 $P$,增大反应堆尺寸,并避免使用中子吸收材料。$\eta > 2 + P$ 也是必要的,这里 $P$ 要尽可能小。从图 3.10 可以看出,$^{239}$Pu 由于具有较高的 $\eta$ 值,在高能时具有最高的转换比。铀-233 比铀-235 要好

得多,即使在热核反应堆中,其 $C$ 也可以比1大得多。表3.4给出了在热中子和快中子反应堆中,三种裂变同位素的中子能谱平均值对应的 $\eta$ 值。从表中可以清楚地看出,尽管对于 $^{239}$Pu 或 $^{235}$U 来说,在热能区 $\eta$ 略大于2,但由于伴随吸收和逃逸造成的中子损失,实际上很难用这些裂变燃料实现热增殖。此外,表中还显示, $^{233}$U 可以作为燃料用于热增殖反应堆,且对于快堆而言, $^{239}$Pu 是比 $^{235}$U 更好的燃料。

表3.4 能谱平均 $\eta$ [14]

| 中子能谱 | Pu-239 | U-235 | U-233 |
|---|---|---|---|
| 轻水堆(LWR) | 2.04 | 2.06 | 2.26 |
| 氧化物燃料快堆 | 2.45 | 2.1 | 2.1 |

钚含量净变化为负的快堆称为快中子燃烧反应堆,而钚含量增加的快堆称为快中子增殖反应堆(FBR)。

目前建造的常规快中子反应堆通常是快中子增殖反应堆,即由于转换比大于1,增殖过程中 $^{239}$Pu 数量净增加。它们的特点是堆芯周围有一贫铀( $^{235}$U 含量低于天然的0.72%)增殖层,大部分的 $^{239}$Pu 都在此处生产。然后,增殖层可以被再处理(就像堆芯中的燃料元素一样),回收钚用于堆芯,或进一步用于快中子反应堆。

与初始量相比,裂变材料的生产速度通常用专业术语"倍增时间"来量化描述,用 DT 表示。它是生产与反应堆系统初始装载量相等的裂变物质所需的运行时间。倍增时间常被作为参数之一用来比较不同增殖反应堆设计、快堆燃料和诸多增殖反应堆的燃料循环系统。显然,要使裂变材料产生得更快,就需要 DT 更短。

倍增时间 DT 定义为

$$\mathrm{DT} = \frac{\text{起始可裂变质量}}{\text{净裂变质量产率}} \tag{3.29}$$

不同情况下倍增时间的意义不同,可以分别只考虑反应堆、系统(即反应堆及其支持设施)或同时将外部燃料循环(即燃料和能源生产的整体循环)也纳入考虑。最简单的 DT 是反应堆倍增时间,记为 RDT,其中假设净增殖的裂变材料不断被移除并储存,直到净增量等于初始量。一个增殖反应堆的 RDT 是指其生产超过其自身初始易裂变燃料量所需的时间。因此,这实际上是使其初始裂变燃料负荷加倍所需的时间。这并未考虑反应堆外部的燃料循环。其定义为

$$\mathrm{RDT} = \frac{M_0}{M_g} \tag{3.30}$$

其中 $M_0$ 是初始裂变材料存量(kg), $M_g$ (kg/a)是每年生产的过剩裂变材料存量。根据基础核心物理性质,RDT 可以通过以下公式[15]估计:

$$\mathrm{RDT} \cong \frac{2.7 M_0}{G(1+\alpha) P f'} \tag{3.31}$$

其中 $G = (C-1)$ 是增殖增益, $P$ 是反应堆热功率(MW), $\alpha$ 为俘获/裂变比, $f$ 是反应堆在额定功率下运行的时间比例(负荷因子)。为了获得低 RDT,需要较高的功率密度 $P/M_0$ 和较大的增殖增益。值得注意的是,RDT 是倍增的最小时间,并未考虑制造、后处理过程和核衰变造成的裂变燃料损失。

## 3.12 燃料燃耗

一定质量的核燃料在裂变过程中释放的总能量称为燃料燃耗。它的单位是兆瓦日(MWd)[①]。单位质量燃料裂变释放的能量称为燃料的比燃耗,通常以兆瓦日每千克燃料中最初含有的重金属(指锕系元素,如钍、铀、钚等)表示,缩写为 MWd/kgHM,其中 HM 代表重金属。实际通常使用的单位是兆瓦日每吨(MWd/tHM)。

在发电辐照过程中,燃料的成分和物理特性将不断发生变化,这对燃料循环有重要影响。燃料从反应堆卸出后,出于安全和经济角度的考虑,需要尽可能准确地对其进行表征。主要是验证燃料包壳的完整性,确定可裂变物质含量和燃料燃耗,后者是燃料循环效率的一个重要指标。

关于燃耗,通常分为低燃耗(<30GWd/t)和高燃耗(>60GWd/t)燃料,分别对应于在反应堆中停留较短和较长时间。这只是一种大致分类,因为这还取决于燃料技术的进步。事实上,当乏燃料从反应堆卸出时,估算的最大燃耗值通常偏大。

燃耗是一个重要参数,人们可以通过改变它来改变反应堆的产能,而无需重新设计新的反应堆。但是,增加燃耗也就意味着延长燃料在堆芯存留的时间,引起一系列复杂的实际后果,所以在做出相应决定前必须进行仔细分析。

反应堆中燃料燃烧时发生的核反应主要产生两类新的放射性元素:

(a)俘获一个或多个中子而没有分裂,形成比裂变核重的变形元素(超铀元素)。这些元素属于锕系元素(Np、Pu、Am、Cm 和其他元素)。

(b)裂变产物,比初始原子核轻得多。有些元素是气态的,它们及其衰变产物构成核废物的重要组成部分。

随着燃耗的上升,这两类物质将在燃料棒中积累,这往往会降低中子有效增殖因子,从而阻碍链式反应的进行。因此,根据不同的堆芯管理方法(详见 4.7 节和参考文献[16]),堆芯燃料通常每 3 年卸载一次并替换为新的燃料。而后,根据所采用的燃料循环策略,采用不同方法对从反应堆卸载出的燃料进行处理处置(详见第 4 章)。

从反应堆中卸载的使用后的燃料成为放射性废物,即所谓的乏燃料(SNF)。

### 3.12.1 嬗变

随着燃料在反应堆中被辐照,燃料中可裂变材料的数量将发生显著变化。这种变化被称为嬗变,即通过一个或多个核反应将一种放射性核素转化为另一种。对这些变化进行分析将有助于更好地利用核电站中每个燃料组件。

由于(a)中子通量与空间、能量和时间有关;(b)中子俘获截面与能量有关;(c)不同的原子在堆芯中分布不均,核素实际转化为其他核素的相关计算是很复杂的。

在热中子轻水反应堆(LWRs)中,最重要的裂变材料是铀-235 和几种钚的同位素。$^{235}$U 不会新产生,但会由于中子吸收(包括裂变和俘获)而消耗。由于大多数裂变

---

① 1 兆瓦日相当于 1 兆瓦( $=10^6$J/s)功率保持一天( $=86400$s)的能量,因此 1 兆瓦日 $=8.64\times10^{10}$J。另一个类似的单位是吉瓦日(GWd),相当于 1 吉瓦(1GW)的功率保持一天,等于 $8.64\times10^{13}$J。

是$^{235}$U裂变(一些是$^{239}$Pu裂变和$^{238}$U裂变),所以一个输出功率恒定的反应堆对应于近乎恒定的$^{235}$U消耗率。这意味着,随着堆芯$^{235}$U原子数量的减少,必须增加中子通量,才能保持恒定的输出功率。

图3.11显示了易裂变$^{235}$U和可裂变$^{238}$U的消耗情况,而新的易裂变$^{239}$Pu和$^{241}$Pu(以及一些裂变产物和其他锕系元素)通过可裂变$^{238}$U和$^{240}$Pu的辐射俘获反应产生。这是一个典型的压水堆(PWR)堆芯。不同的反应堆有不同的曲线。这张图展示了几种同位素随着燃耗(GWd/tU)升高产生或消耗(kg/tU)的情况。这张图显示了$^{235}$U的损耗与燃耗之间的关系并非完全线性。由于易裂变钚同位素(奇质量数同位素)在发电中起着越来越重要的作用,$^{235}$U消耗速率在燃耗较高时逐渐下降。

### 3.12.2　钚同位素生产

各种钚同位素的形成比铀-235的形成要复杂得多,因为同时存在这种同位素的产生和消耗。新形成的钚的一部分(1/3~1/2)将在反应堆中发生裂变,并有助于提升能源生产。剩下部分最终会和核废料一起卸出反应堆。

钚-239是铀-238通过中子俘获反应和随后的两次$\beta$衰变(见式(3.10)和式(3.11))形成的,并通过中子俘获而消耗。由于钚-239的半衰期很长(24110a),与燃烧和进一步的嬗变相比,其放射性衰变可忽略不计。

图3.13显示了钚-239是如何在初始燃料辐照过程中迅速积累,然后在高燃耗时趋于稳定,并达到一个平衡值(约5kg/tU)的。从图3.11中$^{238}$U曲线的稳定斜率可以看出,钚-239产生速率在整个辐照周期内相对稳定。钚-239的消耗速率与堆芯中该同位素的数量成正比。因此,最初的产生速率远超消耗速率,但随着燃耗的继续,消耗速率增加,直到刚好与生产速率平衡。

钚的其他同位素是由连续的中子俘获反应形成的。钚-239俘获中子得到钚-240,钚-240俘获中子可得到钚-241等。乏燃料组件中各同位素的实际数量组成与乏燃料组件的辐照历史有关。

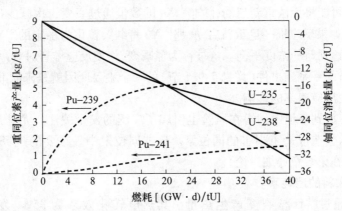

图3.13　PWR装置中$^{235}$U和$^{238}$U的消耗以及新的可裂变$^{239}$Pu和$^{241}$Pu的产量随燃耗的变化

### 3.12.3　裂片元素

如3.4节所述,裂变反应将产生一个比较宽的同位素谱,其质量数集中在$A=95$(较轻的碎片)和 $A=138$(较重的碎片)附近的两个区间(见图 3.3)。这些裂变碎片大部分是放射性的,经过一系列的衰变后形成稳定的最终产物。

裂变碎片及其衰变产物由于具有很大的吸收截面,很容易吸收中子,所以对反应堆的控制和运行十分重要。裂变产物的积累是决定反应堆燃料元件何时必须从反应堆中卸出并更换的因素之一。$^{135}$Xe 和 $^{149}$Sm 就是两种在反应堆装置运行中起着重要作用的裂变产物。

让我们以 $^{135}$Xe 为例详细分析一下。$A=135$ 衰变链关系如图 3.14 所示。同位素 $^{135}$Xe 要么直接由裂变形成,产率为 0.6%,要么由其他直接裂变产物 $^{135}$Te 和 $^{135}$I 衰变而成,它们是非常常见的裂变产物(裂变产率分别为 3.5% 和 2.5%)。

碘-135 吸收中子的概率很小,所以它在控制反应速率方面的作用可以忽略不计。它以 6.6h 的半衰期衰变为氙-135,氙-135 又以 9.1h 的半衰期衰变为 $^{135}$Cs。氙-135 有非常大的中子吸收截面,在反应堆条件下大约有 300 万 barn。相比之下,铀裂变截面只有 400~600 barn。

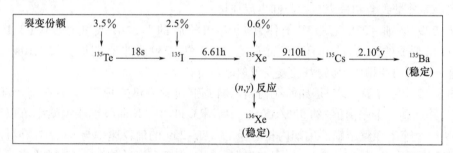

图 3.14 裂变反应中 $^{135}$Xe 的生成

在中子通量恒定的核反应堆正常运行过程中,$^{135}$Xe 的大辐射截面不断地将其转化为 $^{136}$Xe,从而使 $^{135}$Xe 的量较小,与 $^{135}$I 的量保持平衡。然而,在中子通量大幅降低后,$^{135}$I 的衰变产生 $^{135}$Xe 比后者转化为 $^{136}$Xe 要快,此时 $^{135}$Xe 的量增加但反应性下降。反应堆关停一段时间后,可能将无法重新启动,除非 $^{135}$Xe 的数量通过衰变再次减少(这种效应被称为氙中毒)。但如果反应堆一旦重新启动,那 $^{135}$Xe 将继续转化为稳定的 $^{136}$Xe,反应活性将迅速增加,直到达到新的浓度平衡。这被称为氙瞬变,将使反应堆暂时难以控制。导致切尔诺贝利核灾难的一系列事件(详见 5.9.5 节)的一个主要原因就是未能准确预料氙中毒对核反应堆裂变反应速率的影响。

裂变碎片释放到环境中的潜在风险也引起了广泛的安全关注。尤其是那些高活度,一旦吸入或摄入会造成严重损害的同位素。这些同位素中最重要的是 $^{90}$Sr、$^{137}$Cs 和几种碘的同位素(将在第 6 章详细讨论)。

**例题 3.13  核燃料的消耗率。**

某核电站通过 $^{235}$U 核裂变产生热量。其热电转化效率为 35%,发电量为 $P_{el}=$ 1000MW(e)。(a)请计算 $^{235}$U 的消耗率,以核/秒计,已知 1g $^{235}$U 的裂变会释放出 $8.19\times10^{10}$J 能量(详见习题 3.3);(b)如果反应堆中最初有 2000kg $^{235}$U,请估算必须更换燃料的大致时间。

解:(a)在 35% 的效率下,发电厂的热功率为

$$P_{\text{th}} = \frac{P_{\text{el}}}{0.35} = \frac{1000}{0.35} = 2857\text{MW}$$

假设 1g 铀-235 的裂变释放出大约 $8.19 \times 10^{10}$ J 的动能,则每秒的铀消耗量为

$$R = \frac{2.857 \times 10^9}{8.19 \times 10^{10}} \approx 0.035\text{g/s}$$

(b) 初始 2000kg 铀的完全消耗时间 $T$ 为

$$T = \frac{2000000}{0.035} = 5.7 \times 10^7 \text{s} = 1.8\text{a}$$

**例题 3.14** 发电功率、效率和燃料消耗。

一个含有 $M = 150$t 天然铀的热反应堆,且其中子通量 $\Phi = 10^{13}\text{cm}^{-2}\text{s}^{-1}$。已知 $^{235}$U 的裂变和俘获截面分别为 $\sigma_f = 579$b 和 $\sigma_c = 101$b,请计算反应堆功率、效率(单位质量的功率)和燃料消耗。假设每次裂变释放的能量为 $E = 200\text{MeV}(= 3.2 \times 10^{-11}\text{J})$。

解:天然铀(质量数约 238)中 $^{235}$U 核的百分率为 0.72%,则质量 $M$ 中 $^{235}$U 核的个数 $N(^{235}\text{U})$ 为

$$N(^{235}\text{U}) = \frac{1.5 \times 10^5 \times 0.0072 \times 6.022 \times 10^{23}}{0.238} = 2.73 \times 10^{27} \text{个原子核}$$

因此,反应堆功率为

$$P = N(^{235}\text{U})\Phi\sigma_f E = 2.73 \times 10^{27} \times 10^{13} \times 5.79 \times 10^{-24} \times 3.2 \times 10^{-11} = 505.8\text{MW}$$

效率为

$$\frac{P}{M} = \frac{5.06 \times 10^8 \text{W}}{150\text{t}} = 3.37\text{MW/t}$$

$^{235}$U 的消耗是由于裂变和俘获过程。$^{235}$U 的总吸收截面为

$$\sigma_a = \sigma_f + \sigma_c = 579 + 101 = 680\text{b}$$

$^{235}$U 每秒燃烧的数量为

$$N(^{235}\text{U})\sigma_a \Phi = 2.37 \times 10^{27} \times 680 \times 10^{-24} \times 10^{13} = 1.86 \times 10^{19}/\text{s}$$

在一年内 ($\sim 3.15 \times 10^7$s),大约有 $5.9 \times 10^{26}$ 个核子被燃烧,约是 $^{235}$U 初始载荷的 20%。

**例题 3.15** 燃料增殖。

对于一个转换比 $C = 1.3$ 的快中子增殖反应堆,假如要积累额外的 1500kg 裂变材料,请计算需燃烧的纯钚燃料的数量。

解:由式(3.24)的转换因子定义可得

$$C = \frac{\text{产生的可裂变核}}{\text{消耗的可裂变核}} \cong \frac{\text{产生的可裂变核质量}}{\text{消耗的可裂变核质量}}$$

然后,设裂变核消耗的质量为 $M$,则

$$C = \frac{M + 1500}{M} = 1.3$$

由此可得 $M = 5000$kg。因此,要生产 1500kg 的可裂变物质,必须燃烧 5000kg 的钚。

**习题**

**3-1** 将 200 个相同钉子钉入一块 $2\text{m}^2$ 的软木板构成一个木靶。钉头比较坚硬,可以散射射向木靶的子弹(假设其大小可忽略不计),而那些击中木质区域的子弹则不会发

生偏转。假如有 $10^5$ 颗子弹均匀分布地射击在木靶上,只有 500 颗发生了偏转,请计算钉头的有效面积。

[答案:$5.0 \times 10^{-5} \text{m}^2$]

**3-2** 在一个散射实验中,一个每 $\text{cm}^2$ 含有 $1.3 \times 10^{19}$ 个原子核的钙箔被一束 10nA 的 $\alpha$ 粒子轰击,并每秒发射出 $9.5 \times 10^4$ 个质子。请计算反应 $^{48}\text{Ca}(\alpha,p)^{51}\text{Sc}$ 的总截面。

[答案:$1.169 \times 10^{-25} \text{cm}^2$]。

**3-3** 请计算一个中子在与下列物体正面碰撞时损失的能量:(a)氢原子核;(b)氮-14 原子核;(c)铅-206 原子核。

[答案:(a)100%;(b)25%;(c)1.9%]

**3-4** 一束强度为 $I = 5 \times 10^7/\text{s}$ 的质子轰击一个厚度为 $0.1\text{g/cm}^2$ 的铊-210 靶。请计算反应中每秒产生的中子数量:$p + {}^{210}\text{Tl} \rightarrow {}^{210}\text{Pb} + n$,已知该过程的截面为 $\sigma = 5.0 \times 10^{-6} \text{b}$。

[答案:$0.7 \text{s}^{-1}$]。

**3-5** 动能为 0.29eV、强度为 $10^5 \text{s}^{-1}$ 的中子束轰击厚度为 $0.1 \text{kg/m}^2$ 的 $^{235}\text{U}$ 箔。请计算每秒在箔中发生的裂变反应的数量,已知裂变截面在给定中子能量下为 200b。

[答案:512 次]

**3-6** 一束动能为 0.1eV 的中子轰击一个 1cm 宽的天然铀立方体。中子通量为 $10^{12} \text{s}^{-1} \text{cm}^{-2}$,铀的密度为 $18.9 \text{g/cm}^3$。已知 $^{235}\text{U}$ 在该能量下的裂变截面为 250b,请估计立方体中由于 $^{235}\text{U}$ 裂变(自然丰度 0.72%)而产生的热功率。

[答案:2.75W]

**3-7** 请写出以下裂变反应中产生的核 $^A X$:

$$n + {}^{235}\text{U} \rightarrow {}^{138}\text{Xe}_{54} + {}^A X + 2n$$

[答案:$^{96}\text{Sr}_{38}$]

**3-8** 请估算裂变反应式(3.7):$n + {}^{235}\text{U}_{92} \rightarrow {}^{137}\text{I}_{53} + {}^{96}\text{Y}_{39} + 3n$ 释放的能量,已知 $^{235}\text{U}$、$^{137}\text{I}_{53}$ 和 $^{96}\text{Y}_{39}$ 的原子核质量分别为 235.043923u、136.917871u 和 95.915891u。

[答案:179.6MeV]

**3-9** 请估算裂变反应:$n + {}^{235}\text{U}_{92} \rightarrow {}^{141}\text{Ba}_{56} + {}^{92}\text{Kr}_{36} + 3n$ 释放的能量,已知 $^{235}\text{U}$、$^{141}\text{Ba}_{56}$ 和 $^{92}\text{Kr}_{36}$ 的原子质量分别为 235.043923u、140.914411u 和 91.926156u。假设所有的裂变都是通过该反应进行的,请计算 $1\text{kg}^{235}\text{U}$ 的总裂变能。

[答案:173.3MeV,约 $7.10 \times 10^{13}$ J]

**3-10** 在某核反应堆中,每秒钟发生 $3 \times 10^{19}$ 次裂变。请估算该反应堆的热功率输出,假设每次裂变释放的平均能量为 200MeV。

[答案:960MW]

**3-11** 一个以铀-235 为燃料的核反应堆,可产生 4.6GW 的热功率。假设每个 $^{235}\text{U}$ 核裂变平均释放 200MeV 的能量,请估计该反应堆的核燃料燃烧速率。

[答案:$5.6 \times 10^{-5} \text{kg/s} = 0.056 \text{g/s}$]

**3-12** 假设平均每个 $^{235}\text{U}$ 原子核裂变释放 200MeV 能量,请计算一艘平均功率为 30MW 的核动力潜艇每月燃烧的燃料量。

[答案:948g]

**3-13** 燃烧1kg碳会释放出约$3\times10^7$J的热能。请估算燃烧多少千克的碳才能产生与1kg $^{235}$U裂变释放相同的能量(假设每次裂变释放的平均能量为200MeV)。

[答案：$2.73\times10^6$kg]

**3-14** 一座能产生1.0GW(e)电力输出的核电站，其热电转化效率为33%。假设每个$^{235}$U核的裂变平均释放200MeV的能量，请计算每天燃烧的$^{235}$U的质量。

[答案：3.16kg/d]

**3-15** 一个核反应堆在1000h的运行中消耗了20.4kg的铀-235。假设平均每次裂变释放的能量为200MeV，请计算该反应堆的产能功率。

[答案：465MW]

**3-16** 一座发电量为800MW(e)的核电站，其热电转化效率为33%，该电厂的负荷率为75%。假设每个$^{235}$U核裂变平均释放200MeV的能量，请计算每年燃烧的$^{235}$U的质量。

[答案：700kg/a]

**3-17** 一座压水式反应堆的冷却水在216℃时进入堆芯，在287℃时流出。该水处于压力之下，不会转化为蒸汽。堆芯产生$5\times10^9$W的热功率，请估算通过反应堆堆芯的水的质量。已知在特定温度范围内，水的比热为4420J/(kg℃)。

[答案：$\sim1.6\times10^4$kg/s]

**3-18** 一个$^{23}$Na钠靶被$10^{-5}$A的能量为14MeV的恒定氘核粒子流轰击。氘核经历了削裂反应$d+{}^{23}\text{Na}\rightarrow p+{}^{24}\text{Na}$，形成钠的同位素$^{24}$Na，它具有放射性并经$\beta$-衰变(半衰期$\sigma_{1/2}=14.8$h)成为$^{24}$Mg。已知该反应产率(即$^{24}$Na同位素的活度产生率)为$4.07\times10^9$Bq/h。请计算：

(a)在这些轰击条件下可产生的同位素$^{24}$Na的最大活度；
(b)连续轰击8h内产生的$^{24}$Na的活度；
(c)在(b)中连续轰击8h后$^{24}$Na的活度。

[答案：(a)$8.69\times10^{10}$Bq；(b)$2.72\times10^{10}$Bq；(c)$1.87\times10^{10}$Bq]

**参考文献**

[1] J. Chadwick, Possible existence of a neutron, Nature, vol. 129, p. 312, and the existence of a neutron, in Proceedings of the Royal Society A, vol. 136, p. 692(1932)

[2] E. Segrè, Spontaneous fission. Phys. Rev. 86, 21(1952)

[3] N. E. Holden, D. C. Hoffman, 2000 IUPAC, Pure and Applied Chemistry, vol. 72, No 8(2000), pp. 1525-1562

[4] J. K. Shultis, R. E. Faw, Fundamentals of Nuclear Science and Engineering(CRC Press, 2008), pp 141(table 6.2). ISBN 1-4200-5135-0

[5] https://www.oecd-nea.org/janis/

[6] O. Hahn, F. Strassmann, On the detection and characteristics of the alkaline earth metals formed by irradiation of uranium with neutrons. Die Naturwissenschaften 27, 11(1939)

[7] L. Meitner, R. O. Frisch, Disintegration of uranium by neutrons: a new type of nuclear reaction. Nature 143, 239(1939)

[8] http://wwwndc.jaea.go.jp/cgi-bin/FPYfig? xpar = a&zlog = unset&typ = g2&part = a

[9] Java-based Nuclear Data Information System, http://www.oecd-ne.org/janis/

[10] E. Fermi, Fermi's Own Story. The first reactor(United States Atomic Energy Commission, Division of Technical Information, Oak Ridge, 1942), pp. 22-26. Report OCLC 22115

[11] C. Allardice, E. R. Trapnell, The First Pile, United States Atomic Energy Commission Report TID 292(1946)
[12] http://www.oecd-nea.org/janisweb/tree/N/BROND-2.2/DE/U/U235/MT18
[13] J. L. Basdevant, J. Rich, M. Spiro, Fundamentals in Nuclear Physics (Springer, Berlin, 2005), p. 301. ISBN 0-387-01672-4
[14] J. A. Angelo, Nuclear Technology (Greenwood Publishing Group, 2004), p. 516. ISBN 1-57356-336-6
[15] A. E. Waltar, A. B. Reynolds, Fast breeder reactors (Pergamon Press, New York, 1981). ISBN 978-0-08-025983-3
[16] S. Glasstone, A. Sesonske, Nuclear Reactor Engineering (Springer), ISBN 978-1-4613-5866-4

# 第二部分 核裂变能

第4章 核反应堆
第5章 核安全与保障
第6章 放射性废物管理

# 第 4 章　核反应堆

本章主要介绍现有以及未来的核电站相关知识。在根据反应堆用途、核燃料类型、慢化剂类型和运行模式对核反应堆进行分类后，我们简要描述了每一类反应堆的典型特点，并提供了全球在运和在建反应堆数据，总结了其主要常规设计特点。本章还对核燃料循环过程进行了讨论，包括对世界核燃料储量和需求的分析。

## 4.1　核反应堆分类

核反应堆是依据反应堆用途、核燃料类型、运行模式（是否使用慢化剂以及所使用的传热剂类型）以及燃料、慢化剂、冷却剂的配置情况等来进行分类的。

根据用途，核反应堆可细分为动力反应堆或研究反应堆。动力堆主要用于核电站发电，其他用途还包括推进大型船舶和潜艇、加热、海水或咸水淡化、将增殖材料转化为裂变材料等。这类反应堆通常具有非常大的热功率，最高可达几吉瓦。研究堆则在许多国家的大学和研究中心运行，其中包括一些并未运行核电反应堆的国家。这些反应堆产生的中子有多种用途，包括生产用于医疗诊断和治疗的放射性同位素，测试材料和进行基础研究。这类反应堆的功率一般不大，从几千瓦到几兆瓦不等。

按照运行模式，反应堆分为快中子反应堆、中能中子反应堆和热中子反应堆，这取决于引发裂变的中子速度。在快堆中，中子几乎在裂变产生时就被利用，所以大多数裂变反应发生在快中子（>100keV）的作用下。在热堆中，中子被减速至热能区，大多数裂变都是由低能中子（热中子）引发。而在中能堆中，中子则被减速到中等能量（0.5eV 到数千 eV）。

至于堆芯中核燃料和慢化剂（如果有）及冷却剂（若与慢化剂不同）的配置，若两种物质均匀分散混合在一起，则称为均匀反应堆，若这两种物质以模块形式分开配置，则称为非均匀反应堆。

## 4.2　核电站

从 20 世纪 50 年代初期开始，核电已经逐步发展到能够为世界提供 15% 的电力。核能领域在反应堆寿命、功率和安全记录方面都有了显著进步，但也并非没有挑战。经济、防止核武器扩散、核废料和核安全是影响全世界核能使用和发展的四个主要问题。

核能发电的基本原理对大多数类型的反应堆都是相同的。燃料原子核不断裂变所释放的能量被转化为流体（水、气体、液体、金属或熔盐）中的热能，并被用来产生蒸汽。蒸汽则被用来驱动涡轮机发电，就像燃烧化石燃料的热电厂一样。图 4.1 展示了典型的基于压水堆的核电站基本组成,与火电厂结构相似,不同的是,产生驱动蒸汽涡轮机的蒸汽的热量来源于核反应堆芯,而非燃煤锅炉。

与火电厂一样,核电站的反应堆也不能达到100%的热电转化效率。所以,核反应堆的功率输出有两种方式表达:

——热功率兆瓦或MW(th),这是核电站的名义热能输出功率(MW)。它取决于核反应堆本身的设计,并与它能产生的蒸汽的数量和质量有关;

——电功率兆瓦或MW(e),这是一个发电厂的电力输出能力,以兆瓦为单位。它等于总热功率乘以发电站的效率。

显然,对于发电站而言,MW(th)和MW(e)额定值越接近,热电转化效率就越高。一般来说,核电站的电输出是热输出的三分之一。尽管一些核反应堆(例如快中子反应堆或气冷反应堆)的效率可以达到40%,但大部分常见核电站均为30%~33%。相比之下,现代燃煤、石油或燃气发电厂的热电转化效率则高达40%。

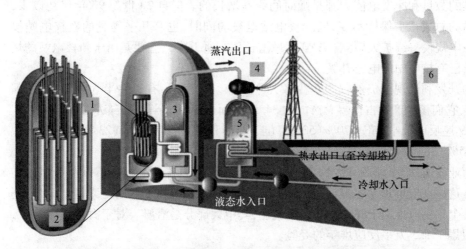

图4.1 热核反应堆(压水反应堆)的基本组成[1]

1. 反应堆:燃料棒(浅蓝色)加热加压水,控制棒(灰色)吸收中子以控制或停止裂变过程。2. 冷却剂和慢化剂:燃料棒和控制棒周围的水(一次回路)起冷却剂和慢化剂的作用。3. 蒸汽发生器:经反应堆加热的水通过数千条管道将热能传递到水的二次回路,产生高压蒸汽。4. 汽轮发电机组:蒸汽驱动涡轮,涡轮旋转使发电机发电,同火力发电厂一样。5. 冷凝器:除去热量,将蒸汽转化为水,水被泵回蒸汽发生器。6. 冷却塔:将流经冷凝器循环的冷却水中的热量去除,使其返回水源时接近环境温度。一些电站需要冷却塔来释放多余的热能,因为根据热力学定律,这些热能不能转化为机械能。值得注意的是,冷却塔排放的水蒸气并无污染。

截至2015年10月31日,全球共有30个国家,439个核电反应堆在运(即已接入电网),装机净容量(即可用名义功率)约为380GW(e)[2-3]。同时,有69座核电站在建,装机容量超过65GW(e)。

表4.1列出了截至2015年10月,在运和/或在建核反应堆的国家。表格中还给出了2014年各核电站的相关功率和所供电力。日本总计43座核反应堆仍被认为是在运行或可运行。事实上,由于2011年3月11日的福岛第一核电站事故(详见5.9节),日本自2013年9月起一度暂停了核电站发电,许多仍可运行的机组可能再也不会发电了。在写这本书的时候,两个反应堆(仙台1号和仙台2号)已经分别在2015年9月和11月重新

启动并恢复商业运行[4]。接下来几个月预计还会有更多核电机组重启。

如前所述,截至 2015 年 10 月,全球核电名义发电功率为 380.065GW(e)。然而,对于实际电力生产,必须考虑到反应堆的临时关闭及所谓负荷因子(表示核电站的有效运行时间)。事实上,如果我们看看 2014 年的总产量,全球核电站的发电量为 2410TW·h。如果用一年总名义发电功率(不包括日本,380065 − 40290 = 339775MW(e))乘以 8760 小时,可得 2976TW·h。因此,实际产生的电力大约是这个标称容量的 81%,这意味着该年的负荷因子已相当高了①。这一年,有 13 个国家依靠核能提供了其至少四分之一的电力。核电发电量最大的五个国家依次为:美国、法国、俄罗斯、韩国和中国,它们的核能发电量占全球总量的三分之二以上,仅美国和法国这两个国家就占了全球核能发电量的一半。

截至 2014 年底,核电发电量占全球总发电量的 11%,这个比例至今仍然保持不变[5]。如图 4.2 所示,自 20 世纪 50 年代第一批商业反应堆开始出现以来,直到 1985 年,在运反应堆的数量和净发电能力都是随时间线性增长的。但自 20 世纪 90 年代初以来,在运核电站的总数几乎保持不变,老的核电站退役的同时,也有几乎等量的新核电站投产。全球核电规模持续扩大(尽管 1990 年后增长率有所下降),主要是由于新核电站的规模增加以及已有核电站的电力升级。

核能的开发利用现今仍然仅限于少数几个国家。这里面,有近一半为欧盟(EU)国家,2014 年,它们核电产能占世界总产能的 34.5%,而这其中一半又来自法国[5]。

在建 69 座反应堆中,超过 70%(50 座)位于亚洲和东欧,其中一半(23 座)位于中国,其中超过 55%(38)位于中国、俄罗斯和印度这三个国家。

除了商业核电站,全球还有大约 240 座研究反应堆分布在 56 个国家,以及更多的在建反应堆。这些反应堆用途各异,包括教育、研究及生产医用和工业同位素等。此外,还有大约 180 个核反应堆用于驱动 140 多艘舰船,其中大部分是潜艇。对于海洋反应堆[6],人们已经积累了 1.3 万多反应堆年的经验。

尽管自 20 世纪 50 年代以来,各种各样的核电站堆型已经在实验基础上进行了一定尝试,但基本上所有现有核电站均基于以下 6 种不同堆型:

——压水堆(PWR);
——沸水堆(BWR);
——加压重水堆(PHWR);
——轻水冷却石墨慢化堆(LWGR);
——气冷堆(GCR);
——液态金属快增殖堆(LMFBR)。

这些反应堆大多是轻水堆(277PWR + 15LWGR 和 80BWR 机组)。其他的则为加压重水堆(49 个 PHWR 反应堆,大部分是 CANDU 堆型②)、气冷堆(15 个 GCR,均在英国)和 2 个液态金属冷却快中子增殖反应堆。

---

① 显然,81% 是全球平均负荷因子。例如,2015 年美国的 99 座核电站反应堆负荷因子达到了创纪录的 91.9%,超过了其 2007 年达到的 91.8%。

② CANDU 反应堆(CANadian Deuterium Uranium)为加拿大开发的用于发电的压水堆。该缩写意指其所用的慢化剂和燃料分别为氧化氘(重水)和(天然)铀。

历史上,制造商或电力公司对特定电站设计的选择大都受到诸多因素影响,例如可用材料(燃料和其他)、可用技术以及设计者或用户经验。

例如,在美国,第一个商业发电站是压水堆和沸水堆,很大程度上是因为它们与二战后不久发展起来的海军推进反应堆相似。铀浓缩能力和生产能力也影响着设计选择。加拿大利用天然铀和更小的压力容器,开发了 PHWR 技术。快中子增殖反应堆的设计则能进一步提高铀和钍资源的能源潜力,减少高放废物负担。这些反应堆的燃料通常来自于轻水堆或其他堆型的乏燃料后处理流程。

表 4.2 列出了常见堆型的典型特征。

表 4.1 截至 2015 年 10 月 31 日,在运和在建的核电站[3]

| 国家/地区 | 在运 机组数 | 在运 产能/MW(e) | 在建 机组数 | 在建 产能/MW(e) | 2014 年核电产能 产能/MW(e) | 2014 年核电产能 电力供应百分比 |
|---|---|---|---|---|---|---|
| 美国 | 99 | 98708 | 5 | 5633 | 798.6 | 19.5 |
| 法国 | 58 | 63130 | 1 | 1630 | 418.0 | 76.9 |
| 日本 | 43 | 40290 | 2 | 2650 | 0.0 | 0.0 |
| 俄罗斯 | 34 | 24654 | 9 | 7371 | 169.1 | 18.6 |
| 中国 | 29 | 25025 | 23 | 22738 | 123.8 | 2.4 |
| 韩国 | 24 | 21677 | 4 | 5420 | 149.1 | 30.4 |
| 印度 | 21 | 5308 | 6 | 3907 | 33.2 | 3.5 |
| 加拿大 | 19 | 13500 | | | 98.6 | 16.8 |
| 英国 | 16 | 9373 | | | 57.9 | 17.2 |
| 乌克兰 | 15 | 13107 | 2 | 1900 | 83.1 | 49.4 |
| 瑞典 | 10 | 9651 | | | 62.3 | 41.5 |
| 德国 | 8 | 10799 | | | 91.8 | 15.8 |
| 比利时 | 7 | 5921 | | | 32.1 | 47.5 |
| 西班牙 | 7 | 7121 | | | 54.9 | 20.4 |
| 捷克 | 6 | 3904 | | | 28.6 | 35.8 |
| 中国台湾 | 6 | 5032 | 2 | 2600 | 48.8 | 18.9 |
| 瑞士 | 5 | 3333 | | | 26.5 | 37.9 |
| 芬兰 | 4 | 2752 | 1 | 1600 | 22.6 | 34.7 |
| 匈牙利 | 4 | 1889 | | | 14.8 | 53.6 |
| 斯洛伐克 | 4 | 1814 | 2 | 880 | 14.4 | 56.8 |
| 阿根廷 | 3 | 1627 | 1 | 25 | 5.3 | 4.1 |
| 巴基斯坦 | 3 | 690 | 2 | 630 | 4.6 | 4.3 |
| 巴西 | 2 | 1884 | 1 | 1245 | 14.5 | 2.9 |
| 保加利亚 | 2 | 1926 | | | 15.0 | 31.8 |

(续)

| 国家/地区 | 在运 | | 在建 | | 2014年核电产能 | |
|---|---|---|---|---|---|---|
| | 机组数 | 产能/MW(e) | 机组数 | 产能/MW(e) | 产能/MW(e) | 电力供应百分比 |
| 墨西哥 | 2 | 1330 | | | 9.3 | 5.6 |
| 罗马尼亚 | 2 | 1300 | | | 10.8 | 18.5 |
| 南非 | 2 | 1860 | | | 14.8 | 6.2 |
| 阿美尼亚 | 1 | 375 | | | 2.3 | 30.7 |
| 伊朗 | 1 | 915 | | | 3.7 | 1.5 |
| 荷兰 | 1 | 482 | | | 3.9 | 4.0 |
| 斯洛文尼亚 | 1 | 688 | | | 6.1 | 37.3 |
| 白俄罗斯 | | | 2 | 2218 | | |
| 阿拉酋 | | | 4 | 5380 | | |

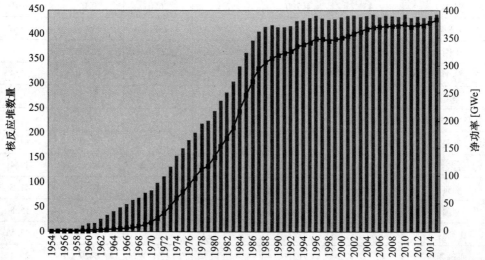

图4.2 1954—2015年全球净核电容量(红色曲线,右侧纵坐标)和运行反应堆数(直方图,左侧纵坐标)[5]

表4.2 不同种类在运核电站典型特征

| 堆型/特征 | PWR加压轻水慢化冷却堆 | BWR沸水(轻)慢化冷却堆 | PHWR加压重水慢化冷却堆 | LWGR轻水冷却-石墨慢化堆 | GCR气冷-石墨慢化堆 | (LM)FBR快中子增殖堆 |
|---|---|---|---|---|---|---|
| 燃料材料 | LEU[a] MOX[b] | LEU MOX | 天然铀 | LEU 和钍 | 天然铀 | 钚与天然或浓缩铀的混合物 |
| 易裂变材料的产生 | 转化 | 转化 | 转化 | 转化 | 转化 | 增殖 |

（续）

| 堆型/特征 | PWR 加压轻水慢化冷却堆 | BWR 沸水（轻）慢化冷却堆 | PHWR 加压重水慢化冷却堆 | LWGR 轻水冷却－石墨慢化堆 | GCR 气冷－石墨慢化堆 | (LM)FBR 快中子增殖堆 |
|---|---|---|---|---|---|---|
| 慢化剂材料 | 轻水 | 轻水 | 重水 | 石墨 | 石墨 | 无 |
| 中子能量 | 热中子 | 热中子 | 热中子 | 热中子 | 热中子 | 快中子 |
| 冷却剂 | 轻水 | 轻水 | 重水 | 轻水 | 二氧化碳 | 液态金属 |
| 在运机组数 | 278 | 80 | 49 | 15 | 15 | 2 |
| 主要国家 | 美国、法国、日本、俄罗斯、中国 | 美国、日本、瑞典 | 加拿大 | 俄罗斯 | 英国 | 俄罗斯 |

表 4.3 给出了不同核反应堆的常用缩写。

表 4.3 不同类型核反应堆缩写

| 缩写 | 反应核名称(英文) | 反应堆名称(中文) |
|---|---|---|
| ABWR | Advanced Boiling Water Reactor | 先进沸水堆 |
| ACR | Advanced CANDU Reactor | 先进 CANDU 堆 |
| AGR | Advanced Gas-cooled Reactor | 先进气冷堆 |
| AP600 | Advanced Passive-600 Pressurised Water Reactor | 600MW 先进非能动压水堆 |
| AP1000 | Advanced Passive-1000 Pressurised Water Reactor | 1000MW 先进非能动压水堆 |
| APWR | Advanced Pressurised water Reactor | 先进压水堆 |
| BWR | Boiling Water Reactor | 沸水堆 |
| CANDU | CANadian Deuterium Uranium reactor/Canadian type of PHWR | 加拿大重水－铀反应堆 |
| EPR | Evolutionary Pressurised Reactor | 欧洲先进压水堆 |
| ESBWR | Economic Simplified Boiling Water Reactor | 经济简化型沸水堆 |
| FBR | Fast Breeder Reactor | 快中子增殖堆 |
| GCR | Gas-Cooled Reactor | 气冷堆 |
| GFR | Gas Fast Reactor | 气冷快堆 |
| HTGR | High Temperature Gas Reactor | 高温气冷堆 |
| HTR | High Temperature Reactor | 高温堆 |
| HWR | Heavy-Water Reactor | 重水堆 |
| IRIS | International Reactor Innovative and Secure | 国际革新安全反应堆 |
| LFR | Lead-Cooled Fast Reactor | 铅冷快堆 |
| LMFBR | Liquid-Metal Fast-breeder Reactor | 液态金属快中子增殖堆 |
| LWGR | Light-Water Graphite Reactor | 轻水石墨堆 |
| LWR | Light-Water Reactor | 轻水堆 |
| MSBR | Molten Salt Breeder Reactor | 熔盐增殖堆 |

(续)

| 缩写 | 反应核名称(英文) | 反应堆名称(中文) |
|---|---|---|
| PBMR | Pebble Bed Modular Reactor | 球床模块堆 |
| PBR | Pebble Bed Reactor | 球床堆 |
| PHWR | Pressurised Heavy – Water Reactor | 加压重水堆 |
| PWR | Pressurised Water Reactor | 压水堆 |
| RBMK | Reaktor Bolszoj Moszcznosti Kanalnyj/RussianType of LWGR | 俄罗斯轻水石墨堆 |
| SCWR | Super – Critical Water Reactor | 超临界水堆 |
| SFR | Sodium Fast Reactor | 钠冷快堆 |
| VHTR | Very High – Temperature Reactor | 超高温堆 |
| VVER | Vodo – Vodjanoi Energetičesky Reaktor/RussianType of PWR | 俄罗斯压水堆 |

## 4.3 不同发电技术比较

比较各种不同方式连续产生 1000MW 电功率(相当于一个大型发电站)的相关数据会很有意思。对于风能和太阳能等间歇性能源,意指 1000MW(e) 的平均功率。

表 4.4 中的参数比较主要考虑了不同发电方式每年的燃料消耗、生命周期内温室气体排放量(GHG)和土地使用情况,后者指整个产能链中人类活动所必要的总土地面积。

表 4.4 不同发电方式每年燃料需求、温室气体排放和土地使用情况

| 电站 | 所需燃料[7] | 温室气体排放<br>(等效 $gCO_2/(kW \cdot h)$)[8] | 土地占用面积<br>($km^2$)[7,9] |
|---|---|---|---|
| 燃煤电站 | $3 \times 10^9$ kg 燃煤/年 | 1001 | 3 |
| 燃油电站 | $3 \times 10^9$ L 燃油/年 | 840 | 3 |
| 燃气电站 | $3 \times 10^9$ $m^3$ 燃气/年 | 469 | |
| 核电站 | $1 \times 10^8$ kg 铀矿石/年,或<br>$1 \times 10^5$ kg 天然铀/年,或<br>$1.5 \times 10^4$ kg 浓缩铀/年,或<br>$0.7 \times 10^3$ kg 铀-235/年 | 16 | 1.5 |
| 风力发电站 | 1300 台转子直径为 90m 的涡轮机 | 12 | 50~150 |
| 太阳能发电站<br>(转化效率15%) | 60$km^2$ 的太阳能电池面积 | 46 | 20~50 |

注:以连续以 1000MV 功率发电为例,对于有热电转化过程的,假定净效率为 1/3。核燃料原料采用低品位铀矿(0.1%U)。

以基于化石燃料的技术为例,设施运行期间的燃料燃烧会排放绝大多数温室气体。相反,就核能和可再生能源技术而言,单纯的能源生产机制不会造成温室气体排放,而大多数温室气体排放主要发生在辅助活动期间(例如电站建设)。因此,为了进行有效的比

较,我们必须使用所谓的生命周期排放,包括与电站制造、建设、安装和退役①(如果有)有关的排放,以及与燃料生产相关的排放。换句话说,对于核电站,生命周期温室气体排放包括其整个生命周期相关的所有活动排放量,比如电站建设、燃料的开采与加工、电站的日常运行、乏燃料和其他废物副产品处理处置以及退役等过程。表4.4所示的温室气体排放数据是政府间气候变化专门委员会(Intergovernmental Panel on Climate Change, IPCC)②2011年对相关文献进行总结后得出的中值[8]。

从表中可以看出,由于能量密度较高,核能发电对燃料的需求量相对较低。而且,核电站的温室气体排放是所有发电方式中最低的,在生命周期上可与风力、太阳能以及其他表中未列出的可再生能源相媲美(水力发电和生物质发电的温室气体排放分别为4和18等效$gCO_2/(kW·h)$)。天然气、石油和煤炭发电的生命周期温室气体排放量分别是核能的29倍、52倍和62倍。

许多独立研究对核能和可再生能源技术的生命周期排放量进行了评估。不同研究中得出的数据略有差异,主要是因为部分前提假设和输入参数值不同。但所有研究均表明,核能生命周期的排放量与风能和水力发电等可再生发电形式相当,且远低于化石能源发电。核燃料的高能量密度也反映在核电站基础设施土地占用量上。对于一个1000MW(e)的核电站来说,大约需要150公顷的土地,这是同样功率的燃煤或燃油发电厂的两倍(由于现场燃料的储存),但可再生能源的要求更高:对于同样的电力产能,水力发电(一个大型水坝)需要数平方千米土地,太阳能电池板则需要几十平方千米,风电场需要几十到100多平方千米,生物燃料种植园甚至需要数千平方千米。

我们再看看燃料运输相关数据,对于一个核电站,每年只需一卡车核燃料;对于一个燃油发电站,每周需要一油轮燃油;而对一个燃煤发电站,则每天都需要一火车燃煤(详见例题6.4);天然气发电站则严重依赖于燃气管道供应。

## 4.4 核反应堆技术与种类

如3.8节所示,热中子反应堆通常包括燃料元件、慢化剂、反射器、屏蔽器、中子吸收器、冷却剂和结构材料。在一个典型的核反应堆中,燃料并非一个整体,而是几百根垂直的燃料棒,每根大约4m长,并分组成捆,称为燃料组件。数百个燃料组件包含数千个燃料小颗粒(通常形式为陶瓷氧化物),构成了反应堆的核心。对于一个输出功率为1000MW(e)的反应堆,堆芯大约含有75t的铀。

包含中子吸收材料的控制棒系统可以在燃料棒之间上下移动。当控制棒完全插入堆芯时,会吸收大量中子,从而导致反应堆关闭。要启动反应堆,则需操作人员逐渐将控制棒向上移动。在紧急情况下,它们会自动下落。

在装载了新燃料的新反应堆中,需要一个中子源来启动中子链反应。这通常是铍与钋、镭或其他辐射源的混合材料。衰变产生的α粒子通过将铍转化为碳-12,释放出铍的

---

① 退役是指将核电站或其他核设施拆除,直至无需再对其采取辐射防护措施的过程。
② 政府间气候变化专门委员会(IPCC)是由联合国环境规划署(UNEP)和世界气象组织(WMO)于1988年成立的评估气候变化的国际机构,旨在从科学的角度为世界提供一个明确的气候变化对环境和社会经济潜在影响的评估。

一个中子。如果用一些乏燃料重新启动反应堆则可能不需要这样做,因为当控制棒撤走时,堆芯中子辐照产生的较重核素可以通过自发裂变发射足够的中子,从而使燃料达到临界状态。

反应堆堆芯位于一个钢制压力容器内:轻水反应堆(LWR)中该压力通常在7(BWR)到15.5MPa(PWR)之间,这样,即使操作温度超过320℃,仍能够保证水呈液态。蒸汽既可在堆芯上方形成(BWR),也可在另一个单独结构(蒸汽发生器)中形成(PWR)。

反射器安置在堆芯周围,将泄漏的中子反射回堆芯。通常,反射器材料与慢化剂相同。

屏蔽装置则安置在反射器的外围,以更好地吸收堆芯剩余辐射,避免压力容器周围的区域受到中子和$\gamma$辐射。

所有核反应堆的基本运行过程如下:核裂变产生的裂变产物的动能与介质(燃料)相互作用,转换成热能释放到流经堆芯的冷却剂(通常是水)一级回路。在最常见的堆型(PWR)中,一级冷却剂进入一个蒸汽发生器,与二级回路中流动的水进行热交换。在给定的温度和压力下,二级回路中的水变成蒸汽,由此产生的蒸汽驱动涡轮机发电。然后蒸汽被冷凝,冷却剂则将回流。

控制棒用于反应堆的启动和关闭,也用于控制功率输出。随着燃料的燃烧,燃料中裂变物质逐渐减少,而裂变产物(也是中子吸收剂)则不断积累。这将降低中子的有效倍增系数。为了保证反应堆的连续运行,需向堆芯装入新燃料以使有效倍增系数大于1($k_{eff} > 1$);然后通过插入控制棒将后者调整到$k_{eff} = 1$。随着燃料燃烧,当裂变材料减少,裂变产物积累时,为了保持$k_{eff} = 1$,将撤出部分控制棒。因此,控制棒不仅用于启动和关闭,还用于维持反应堆长期处于临界状态。

### 4.4.1 轻水堆(LWR)

轻水反应堆(通常简称为轻水堆)是应用最广泛的核反应堆型(约占目前装机容量的85%)。这些反应堆使用低浓缩铀或经后处理得来的铀-钚混合物作为燃料,以天然水(通常称为轻水,而非重水)作为冷却剂。水还具有慢化和反射的功能。

轻水反应堆包括沸水反应堆(BWR)和压水堆(PWR),沸水反应堆中水由于直接接受来自堆芯的热量,在堆芯中沸腾;在压水堆运行过程中,由于一级回路的压力非常高(约15.5MPa),水将保持液态。

### 4.4.2 压水堆(PWR)

压水堆(PWR)是最常见的堆型,约占全球现有核电装机容量的67%。压水堆的最初设计目的是为潜艇提供能量。该堆型的主要特征如图4.1所示。在压水堆中,流经堆芯起到慢化剂和冷却剂作用的水并不流向涡轮机,而是被包含在一个加压的主回路中。密封反应堆堆芯的容器处于高压(约15.5MPa,即约150大气压)状态下,以防止容器内的水沸腾(温度超过320℃),保证反应堆运行时水总是处于液态。离开反应堆容器的高压、高温热水被送到蒸汽发生器,在那里,它与单独的二级回路中的循环水进行热交换。然后,流经蒸汽发生器的一级水被重新泵回堆芯,重复这个热交换过程。二级回路中的水在蒸汽发生器中被转化为蒸汽,产生的蒸汽被送到涡轮机。蒸汽将能量转移到涡轮后,被进一步冷凝、冷却,而后被泵回蒸汽发生器。涡轮机中冷凝水的冷却(比如从100℃降到30℃左右)则通过冷却塔实现。压水堆设计的显著优势在于,堆芯中的放射性核素泄漏不会将任何放射性污染物转移到涡轮和冷凝器。事实上,只有一级回路中的水在流经堆芯时才会具有放射性。为了提高系统的安全性,一级回路被限制在反应堆安全壳建筑(通常为钢筋混凝土结构)内。这样一来,一级回路泄漏的放射性水也将被限制在安全壳内。放射性要扩散到安全壳建筑之外,除非一级回路和建筑本身同时发生泄漏,这基本上是不可能的。

### 4.4.3 沸水堆(BWR)

沸水堆(BWR)是第二常见的堆型,约占核能发电装机容量的18%。图4.3展示了沸水堆的基本特征。除了只有一个低压(7MPa,约70个大气压)水回路(将在堆芯290℃条件下沸腾)外,与压水式反应堆的设计有许多相似之处。由于没有单独的蒸汽发生器系统,BWR只有两个独立的供水系统。反应堆的设计使得运行中将有12%~15%的水作为蒸汽存于堆芯顶部。由于蒸汽密度比液态水低,对中子的慢化效果较差,从而降低了堆芯裂变的整体效率。蒸汽和水的混合物经过两个水分分离阶段后,液态水被除去,蒸汽则进入蒸汽管道并驱动涡轮机。一旦涡轮机转动,剩下的蒸汽就在冷凝器冷却剂系统中冷却。这是一个封闭的水系统,蒸汽中的热能通过传热被冷水吸收,两种体系中的水不能混合。一旦通过冷凝器系统,水就会被回收到反应堆中,重复这个过程。

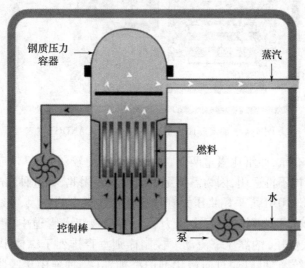

图4.3 沸水反应堆(BWR)示意图[10]

注:在该反应堆中,水循环同时作为慢化剂、堆芯冷却剂和涡轮机蒸汽来源。

在BWR设计中,一部分水回路在安全壳建筑外。因此,该部分的泄漏可能会导致放射性水的扩散,无法像PWR那样严格限制在安全壳建筑内,也即意味着周围环境可能受到的潜在放射性污染需要引起足够重视。但另一方面,反应堆容器上部蒸汽具有温度负反馈效应:蒸汽密度低于液态水,对中子的慢化效果更差。在堆芯过热的情况下,将产生更多的蒸汽,结果是中子慢化减缓,诱发裂变概率降低。这种负反馈效应是该堆型设计的安全特性之一。

### 4.4.4　加压重水堆(PHWR)

另一种使用天然铀而非浓缩铀的热反应堆是重水堆(HWR)。天然铀只含 0.72% 的可裂变同位素,而在其他反应堆中使用的浓缩铀含量为 3%~4%。因此,为了保持相当的有效倍增系数,需要提高中子的利用率。重水可以达到这个目的,重水的氘原子核的中子俘获截面比轻水中氢原子核低,相对于轻水,慢化过程中中子损失更少。

这类反应堆的重要代表是加拿大建造的 CANDU 反应堆。最近,印度也开发了重水堆型,印度在其核项目的第一阶段选择 PHWRs,主要是出于经济和技术方面的考量。

CANDU 堆示意图如图 4.4 所示。采用天然氧化铀作为燃料可以省去浓缩过程的成本,但需要更有效的慢化剂,所以省去燃料浓缩过程所带来的经济效益又被重水生产成本大大抵消。

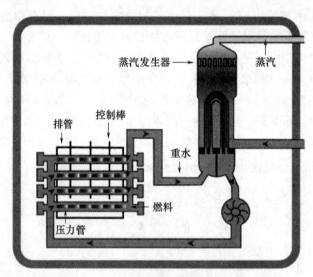

图 4.4　重水反应堆原理图(PHWR/CANDU)[10]

由于重水中含有氘,而氘比氢重两倍,因此慢化能力较弱(见 3.7 节)。因此,沸水堆或压水堆的几何结构不再适用,因为需要更多的重水。因此,在这种情况下不能采用压力容器设计,这也是 CANDU 堆采用将压力管浸没在重水罐中的原因。该装置被称为"排管式堆容器",容纳着水平排列的数百个压力管。燃料被装入管道中,重水在高达 290℃、10MPa(约 100 个大气压)的高压下流动。控制棒则垂直排列于罐体中。除了控制棒,还有一个二次停堆系统,它可以通过向慢化剂中添加钆(一种强中子吸收剂)进行干预,高压使水无法沸腾。离开堆芯的水的温度并不很高:在蒸汽发生器中,在 4.7MPa(约 47 个大气压)的压力下,产生的蒸汽只有 260℃。这就是该堆型发电效率低的原因,只有 28% 左右,是商业核电站中最低的。

PHWR 的优点之一是无需关闭反应堆就可以进行燃料替换。单个压力管可以与冷却回路单独分离,允许在反应堆仍在运行时进行换料。此外,没有大型压力容器也意味着反应堆系统的建造成本更低。反应堆工程师们还提出了一种新的重水堆设计方案,即所谓的高级 CANDU 反应堆(ACR),这种反应堆的燃料基于轻度浓缩铀,并采用轻水冷却堆芯。

## 4.4.5 轻水石墨慢化堆(LWGR)

轻水石墨慢化堆(LWGR)最著名的代表是RBMK(俄文Russian Reaktor Bolšoj Mŏščnosti Kanalny的缩写),意指高功率通道反应堆。这也是1986年切尔诺贝利事故中的反应堆型(详见5.9节)。LWGR是一种沸水反应堆,使用轻水进行冷却,石墨作为慢化剂(这种组合在世界上任何其他动力反应堆中都没有发现)。这是一个旨在为生产钚而设计的系统,所以与大多数其他动力反应堆的设计显著不同,主要在苏联用于钚和电力生产。

如图4.5所示,该设计以压力管和单回路为基础,蒸汽直接在反应堆中产生,在鼓状分离器中分离。燃料元件为位于压力管内的竖管,压力管安置在垂直的石墨块中,石墨总质量非常高。在鼓状分离器出口,平均温度和压力为280℃和6.38MPa(约64个大气压),净发电效率约31%。RBMK反应堆的优点是,可以使用低浓铀作为燃料(铀-235浓度为2.6%~2.8%的二氧化铀),而且可以在运行过程中更换燃料管(每天最多更换5次)。然而,如果冷却水损失(冷却剂损失事故,缩写LOCA),石墨温度显著升高,中子倍增系数也将增加。这两个因素都将降低RBMK反应堆安全性,切尔诺贝利事故(详见5.9节)就很好地说明了这一点,此外,其控制棒的设计也被证明不充分。另一方面,通常认为引发这一灾难的一系列故障主要是违反安全操作规程引发的。切尔诺贝利事故后,为了解决这些问题,在该堆型设计上进行了一些重大调整,因此,世界上只有十多个该型反应堆仍在商业运行。

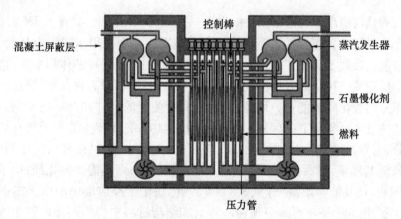

图4.5 轻水石墨慢化沸水反应堆示意图(LWGR/RBMK)[10]

## 4.4.6 气冷堆(GCR)

气冷反应堆(GCR)是使用石墨作为中子慢化剂,二氧化碳气体作为主要冷却剂的核反应堆。燃料为氧化铀颗粒,浓缩度为2.5%~3.5%,装在不锈钢管中。二氧化碳在堆芯中循环,温度高达650℃,然后被送到堆芯外(仍在钢筋混凝土压力容器内)的蒸汽发生器管道。除穿过慢化剂的控制棒外,该堆型还有一个通过向冷却剂注入氮气的次级关停系统。

图4.6为高级气冷反应堆(AGR)示意图。这是英国第二代气冷反应堆,其设计的热

效率(发电量与产热量之比)约为41%,比现代压水反应堆的典型热效率34%要高。这是因为其冷却剂出口温度较高,约640℃,只有通过气体冷却才更易实现,而压水堆的出口温度只有约320℃。然而,要获得相同的功率输出,气冷堆堆芯必须比轻水堆更大,且燃料卸出时燃耗深度也更低,即燃料的使用效率较低,这也抵消了其在热效率上的优势。

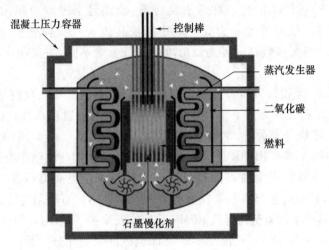

图4.6 高级气冷反应堆(AGR)[10]

## 4.4.7 快中子堆(FNR)

上述所有热反应堆都有两个主要缺点。一是燃料利用率低,只有1.3%的铀元素(包括$^{235}$U和$^{238}$U)被燃烧,二是(除GCR外)由于在一次回路中使用水作为冷却剂,导致涡轮机回路中的蒸汽参数不理想。此外,慢化剂介质的存在还使得堆芯体积增大,功率密度降低。快中子反应堆(FNR)的设计不同于热中子反应堆:它们没有慢化剂,裂变反应产生的快中子无需专门慢化降低能量。因此,两种堆型中使用的组件和材料也不同。表4.5总结了热堆和快堆主要特征上的区别。在热堆和快堆中,裂变产生的中子具有如图3.6所示的能量分布,平均能量为2MeV。如第3章所述,热堆中,燃料被嵌入慢化剂中,以有效慢化中子降低其能量,提高中子裂变截面。而在快堆中,则不需要慢化剂,中子能量保持在"快"范围内,使其能够增殖(详见3.11节)。但快中子反应堆中的中子能谱还是比裂变能谱软一些,因为中子不可避免地在冷却剂和结构材料中将受到弹性和非弹性散射的慢化。快中子反应堆的另一个特点是,由于快中子裂变截面比热中子小得多,燃料中可裂变同位素的富集程度也将更高。

表4.5 热堆与快堆典型特征对比

| 特征 | 反应堆堆型 | |
|---|---|---|
| | 热堆 | 快堆 |
| 中子平均能量 | 低(0.0253eV) | 高(100~200keV) |
| 燃料 | 二氧化铀 $UO_2$<br>混合氧化物($PuO_2 - UO_2$) | 混合氧化物($PuO_2 - UO_2$) |
| 燃料浓缩度/% | 低(0.7~5 $^{235}$U) | 高(15~20 $^{239}$Pu) |

(续)

| 特征 | 反应堆堆型 | |
|---|---|---|
| | 热堆 | 快堆 |
| 增殖转化系数 $C$ | 低 | 高 |
| 堆芯体积 | 大 | 小 |
| 能量密度/(kW/L) | 10 | 400 |
| 冷却剂 | 轻水/重水 | 液态金属 |
| 热效率 | 28~34 | 40 |
| 燃料燃耗/((GW·d)/t) | 7~40 | >100 |
| 高放废物(详见第6章) | 产生 | 部分燃烧 |
| 中子通量率/($cm^{-2}s^{-1}$) | $10^{14}$ | $5\times10^{15}$ |
| 最大中子通量/($cm^{-2}$) | $10^{22}$ | $2\times10^{23}$ |

由于没有慢化剂,且燃料的浓缩度较高(快中子反应截面低),快堆堆芯体积更小,功率密度更高。因此,快堆需要具有较高传热性能的冷却剂。在许多设计中,FNR采用液态金属(钠、铅或铅铋共晶混合物)而非水作为冷却剂,因此被称为液态金属快中子增殖反应堆(LMFBR)。

反应堆正常运行时,除了铀核裂变产生裂变产物外,中子俘获反应还可产生长寿命的钚(来自 $^{238}$U)和次锕系元素(较重的超铀元素,如镎、镅、锔等)。一方面,钚的生产是增殖反应堆目的之一——生产更多的裂变燃料。另一方面,长寿命锕系元素也意味着放射性废物,即放射性有毒物质,其放射性要经过很长一段时间(几百年或几千年)才能显著降低(详见第6章)。由于所有次锕系元素都可以被快中子诱导裂变,快堆中较硬的中子能谱的优点是,能够更有效地焚烧这些不需要的元素,从而降低放射性废物的负担(相对于热堆而言)(详见下文)。

典型的(钠冷)快堆的主要组成部分有:
——合适的可通过核裂变过程释放能量的核燃料;
——将热能转移到中间热交换器的冷却剂;
——将热交换器的热能转移到蒸汽发生器的二次冷却剂;
——蒸汽发生器:将水加热形成蒸汽,驱动发电机的涡轮旋转发电。

高功率密度(高浓缩燃料可达几百 $MW/m^3$)和适当的冷却剂,可在17.7MPa(约177个大气压)的压力下获得487℃的蒸汽,这使得FBR反应堆的转化效率可达40%。大多数拟建快堆均采用钠作为冷却剂,这是一种具有极低中子慢化性能(快堆要求)的流体,且具有良好的导热性。然而,钠在辐照下容易被活化,使一级回路中的流体具有放射性。钠在空气中易燃(液态钠燃点约为125℃),与水接触也会发生剧烈反应并产生氢,所以具有爆炸风险。放射性和化学反应活性这两个因素,要求采用三级回路。还有一个问题是钠的熔点为98℃:为避免其凝固,即使在反应堆关闭的情况下(如维护期间),也需对其持续加热。

快堆大多采用钚作为基本燃料,有时也使用高浓缩铀(20%~30%)作为启动燃料。燃料在FBR可以是陶瓷形式也可以是金属形式。陶瓷燃料可分为氧化物、碳化物和氮化物。最广泛采用的还是氧化物燃料,由于其物理和化学特性,氧化物燃料的燃耗要高于金属燃料。

由于中子通量(即中子通过量的积分)和温度均较高,在快堆中通常采用不锈钢作为结构材料。根据反应堆中泵和热交换器的排布,快堆堆芯可采用回路型或池型(详见图4.7)。在回路型反应堆中,主冷却剂通过反应堆容器外的主热交换器循环。在池型反应堆中,主热交换器和泵浸在反应堆容器中。每种布局都有各自的优缺点。池型反应堆的一个主要优点是其钠容量大,短时间内还可作为热沉积介质。

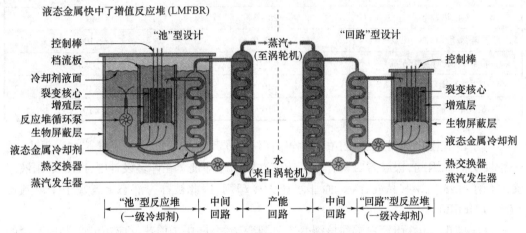

图4.7　两种液态金属快中子增殖反应堆(LMFBR)示意图[12]

注:在该堆型中,裂变反应产生热能驱动涡轮机,同时也为反应堆增殖钚燃料。

快堆的显著优势在于能更好地利用铀燃料,实际使用时估计能提高60倍。此外,由于快中子增殖反应堆能够产生新的燃料,乏燃料经后处理回收可用的钚,进一步节省了燃料成本。在热堆中,燃料中只有少量的$^{235}$U作为易裂变材料,而大量的$^{238}$U则未被利用,并作为核废料处理,而在快堆中,$^{238}$U则可以作为可育材料使用。实际上,有些国家对乏燃料进行后处理加工,提取钚,并将其与铀-238一起用于生产热堆MOX燃料(详见第6章)。但这种做法并不普遍,且热堆特性使其并不适合增殖(详见第3章),因此只能一定程度上提高燃料经济性。在快中子增殖反应堆中,大量的$^{238}$U可以转化为可裂变的$^{239}$Pu,从而使快中子反应堆能更好地利用燃料。同样,另一种丰富的可育材料$^{232}$Th 原则上也可以转化为易裂变的$^{233}$U,其反应如式(3.12)所示。采用这些燃料的快堆可以为人类提供数千年的能源。

此外,在快堆中,在高中子能量条件下,当俘获裂变比下降时,锕系元素裂变反应概率将高于俘获反应概率。一个长寿命锕系元素裂变通常产生两个短寿命的裂变产物,而俘获反应则会产生更重的长寿命锕系元素。因此,俘获/裂变比低的快堆可以更好地燃烧长寿命锕系元素,从而减小长期储存放射性废物的问题(详见6.6节)。

## 4.5　核电站分代

自20世纪50年代民用核能首次实现商业运行以来,核反应堆技术一直在不断发展。

这项技术的发展大致可分为若干大类,或者说划分为几代,下一代相对于上一代都具有重大的技术进步(性能、成本或安全性等方面)。

目前在运的大多数核电站都是在20世纪60年代末和70年代设计的,它们的设计方案至今未商业化开放。许多最早期的反应堆,即20世纪50年代开始商业运行的第一代反应堆,其发电功率通常为50MW甚至更小,主要是各类动力堆(气冷/石墨慢化堆,或水冷/慢化原型堆)。

目前在运的轻水加压堆和沸水堆中,有不少二代反应堆,功率通常在800MW(e)到1500MW(e)之间。较新的反应堆设计在功率(尺寸)上逐渐增加,以达到规模经济优势,获得更强的竞争力。目前在运核电站大部分是设计使用年限为30~40年的第二代核电站。在运反应堆中,约有四分之三运行时间已超过20年,四分之一超过了30年(图4.8)。然而,基于核电站运行经验和对材料在高温和中子辐照下的行为研究,并考虑到对系统、结构和组件的巨大投资,可对反应堆寿命进行适当延长。部分国家已经有计划将其核电站运行寿命延长至最初许可寿命的20年以上。当然,根据国际安全公约和原则,需定期对旧核电站开展安全检查,以确保其运行安全(详见第5章)。

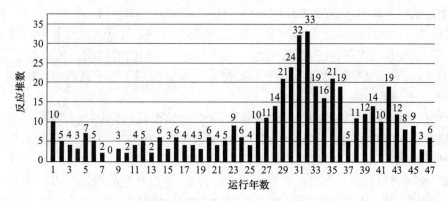

图4.8 在运动力堆年龄分布(截至2016年1月)[3]

注:反应堆总数(441)高于表4.1数据(439)是因为2015年最后两个月有两个新机组投入运营。

第三代反应堆的设计是在现有轻水反应堆技术的基础上发展而来,但性能有所改善,设计寿命亦有所延长,并能够更好地应对某些极端事件,比如堆芯损坏(详见第5章)。前几个第三代(和第三代+)先进反应堆是在20世纪90年代开发的,在安全性和经济性方面都有一些十分重要的改进设计,第三代反应堆已经建成多个,主要是在东亚。其中一些反应堆在2011年福岛第一核电站事故发生前已经在日本运行(详见5.9节),其他则在中国、法国、芬兰、俄罗斯、美国和其他国家处于建设中。一个典型的例子是欧洲压水堆(EPR),也被称为改进动力反应堆,其中四个反应堆目前正在建设中,分别在法国、芬兰和中国(2个)。

目前,核能研究领域正在开发一系列创新型反应堆设计,即所谓的第四代,有望2040年实现商业运行。第四代技术发展路线图(见下文)概述了历代核能系统。基于早期的设计,今天的反应堆技术还考虑了以下设计特点:

——60年寿命;

——简化在运或停机期间的维护;

——施工简单,施工时间短;
——在设计的最初阶段考虑安全性和可靠性;
——现代数控技术与人机交互界面;
——以风险评估为指导进行安全系统设计;
——通过减少旋转部件的数量以简化设计;
——增加对被动安全系统的依赖(例如,依靠重力、自然对流而非在出现故障时才采取主动控制或操作干预来避免事故);
——增加重大事故防范设备;
——具备预授权的完整和标准化设计。

一些国际合作旨在探讨核能长期安全发展和可靠的新型核能系统,两个典型代表是:第四代反应堆国际论坛(GIF)[13]和国际原子能机构的创新型核反应堆和燃料循环国际项目(INPRO)[14],它们可以帮助成员国评价新的技术进展,并评估核能能否成为其可选项及其未来能源结构的一部分。

通过广泛的专家论证,从一系列可能设计中选出了六个最具前途的核反应堆设计概念,分别是钠快堆(SFR)、超高温反应堆(VHTR)、铅快堆(LFR)、气冷快堆(GFR)、超临界水冷反应堆(SCWR)和熔盐反应堆(MSR)。这六种设计概念被认为是最具潜力的第四代核反应堆,主要具备以下特征:可持续性①,经济性,高安全性,有效防止核武器扩散②(详见5.11节)。对于某些设计,还要求能够产生高品味热能用于工业过程(化学工业、氢气生产或燃料合成等)中。

第四代核电站研究涉及广泛的学科领域,包括燃料循环(详见4.6节)以及反应堆组件等,比如旨在能够燃烧从乏燃料中回收的次锕系元素的快堆。当下,次锕系元素只是作为放射性废物的一部分从乏燃料中分离出来,并成为放射性废物大部分热量和辐射的长期来源。在对燃料和反应堆进行适当的改进设计后,可以将后处理回收得到的次锕系元素在堆芯燃烧,转化为放射性更低、寿命更短的放射性核素(这将在6.6节中详细讨论)。这不仅仅减少了放射性废物数量,而且将次锕系元素与钚一起回收利用也大大减少了核武器扩散风险,因为这可以防止从乏燃料中提取纯的武器级钚。否则,这将使核燃料循环成为非法获取原子武器核材料的潜在途径(详见5.10节)。

## 4.6 核燃料循环

核燃料循环包含了反应堆通过核燃料发电所涉及的各种工业过程。该循环从核燃料开采开始,一直到核废物处置结束。

当今核燃料最常见的原材料是铀,它必须经过一系列步骤才能生产出高效的发电燃料。使用过的燃料也需要处理,以便再次使用和/或进行处置。核燃料循环包括前端和后

---

① 可持续性是指人类社会通过减少人类对环境的影响而持续地维持自身发展的能力,即达到维持全球整体可持续的水平。可持续发展的一个重要方面是自然资源的利用,正如本章所述,可持续的核裂变确实应该更好地被利用。

② 核武器扩散指的是越来越多的国家,特别是那些没有加入《不扩散核武器条约》的国家生产核武器(5.11节),这将增加核武器失控的可能性。

端,前端即核燃料的制备和燃烧发电;后端即乏核燃料的安全管理,包括再处理、再利用和处置。

如果不对乏燃料进行后处理,则称为开式或一次通过核燃料循环;如果对用过的燃料进行后处理和部分回收利用,则称为封闭核燃料循环(见4.7节)。

### 4.6.1 铀矿开采

铀是天然存在于地壳中的一种常见的具有轻微放射性的金属,它存在于大多数岩石、土壤、许多河流和海水中($0.003 \times 10^{-6}$)。铀的含量大约是金的500倍,和锡一样常见。铀矿有三种开采方式:露天开采、地下开采和直接从矿石中浸出(原位浸出)。铀矿最大生产国是哈萨克斯坦、加拿大和澳大利亚。矿石中铀浓度从0.03%到20%不等。

### 4.6.2 铀矿冶炼

铀矿冶炼是对开采出来的铀矿石进行破碎和化学处理以分离铀的过程。该过程可以得到所谓的黄饼,一种氧化铀的黄色粉末($U_3O_8$)。在黄饼中,铀的浓度被提高到80%以上。

冶炼一般在铀矿附近进行。冶炼后,黄饼浓缩液将被转运至铀转化设施。

### 4.6.3 铀转化

天然铀主要由两种同位素组成,$^{238}U$约占99.275%,$^{235}U$约占0.720%。核反应堆裂变释热主要来源于$^{235}U$。大多数核电站采用铀-235浓缩燃料(通常浓缩到3%~5%)。铀浓缩以气态形式进行,所以黄饼在转化设施中被转化为六氟化铀($UF_6$)气体。$UF_6$气体再被装入大钢瓶中并在瓶中固化,钢瓶则通过坚固的金属容器转运送到铀浓缩工厂。

### 4.6.4 铀浓缩

铀浓缩是指将铀-235同位素浓度提高到高于天然铀水平的物理过程。虽然许多铀浓缩工艺在实验室中取得成功,但只有气体扩散法和离心法达到了商用规模。两种工艺均使用$UF_6$气体作为原料。这里面的氟均为同位素$^{19}F$,所以$^{235}UF_6$和$^{238}UF_6$之间的分子量差异仅来源于铀同位素重量间的微小差异。含有$^{235}U$原子的六氟化铀分子比其他分子轻1%左右,这种质量差异正是分离过程的基础。

将铀引入高速旋转的气缸(离心机)中,离心力将较重的同位素推到气缸壁上,从而实现铀-235同位素富集。该方法基于超高转速(5万至7万 r/min)的大型旋转气缸。由于旋转的作用,较重的$^{238}UF_6$向外边缘聚集,较轻的$^{235}UF_6$集中在中心附近。再在轴向引入温度梯度,可以将$^{235}UF_6$和$^{238}UF_6$分别推向气缸的两端,实现不同同位素收集。

气体扩散(即气体通过针孔进入真空的速度)是一种较老的铀浓缩技术。在这个过程中,$UF_6$气体被抽过一系列多孔膜或隔膜,使得含有$^{235}U$的分子比含有较重同位素$^{238}U$的分子更容易通过。因此,通过膜的气体含有更多的$^{235}U$。相反,未通过的气体中$^{235}U$含量略低(也称为$^{235}U$贫化)。因此,通过收集通过膜的部分气体,可以获得富集的$UF_6$

(而贫化的 $UF_6$ 被去除)。由于 $^{235}U$ 和 $^{238}U$ 之间的重量差别很小,为了使最终产品显著富集 $^{235}U(3\%~4\%)$,这个过程必须连续重复(称为级联)上千次。

其他富集技术也有一定研究和发展,例如利用激光对分子进行选择性激发或电离,以便根据其原子状态对其进行区分。然而,这些技术都还没有得到广泛的商业应用。

当考虑核燃料的生产成本时,我们会发现铀浓缩几乎占到燃料成本的50%,对生产的电力价格影响约为5%。此外,当衡量整个核燃料循环中碳排放时,必须考虑铀浓缩过程中的能耗,在过去,这部分能耗甚至是大头。但就现代离心设施而言,假设生产一定数量核燃料所需的能量来自燃煤电厂,浓缩过程相关的碳排放量仅占燃煤电厂生产相应核燃料产生的等量能源排放量的0.1%。

### 4.6.5 燃料元件制备

六氟化铀($UF_6$)形式的浓缩铀不能直接用于反应堆,因为其无法承受高温或高压。因此,需要将其转化为氧化铀($UO_2$),经压缩制成燃料芯块($UO_2$),并在1400℃以上的温度下烧结提高其密度和稳定性。芯块呈圆柱形,通常直径8~15mm,高10~15mm。燃料芯块被装在长金属管(通常长达4m)中组成燃料棒。金属管材质取决于反应堆的设计。过去使用的是不锈钢,但现在大多数反应堆使用的是锆合金,这种合金耐腐蚀性强且中子吸收能力低。

多个燃料棒组成一个核燃料组件(也称为燃料束),用于组成动力反应堆堆芯。图4.9简要地展示了燃料芯块是如何组成燃料棒,以及这些燃料棒又是如何组合在一起形成燃料组件的。

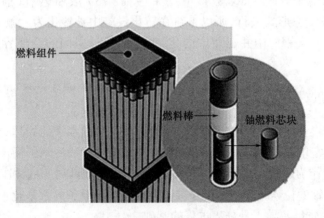

图4.9 燃料组件示意图[15]

燃料组件的具体设计和排布因反应堆类型而异。燃料棒的直径和长度、燃料组件中的燃料棒的数量、控制棒通道、中子源、测试燃料棒以及检测设备都不相同。举个例子,一个1100MW(e)功率的压水堆可能包含近200个组件,总共大约50000根燃料棒和近2000万个燃料芯块。一个沸水堆则包含370~800个燃料组件,大约46000根燃料棒。通常,装载到反应堆堆芯中的燃料会使用几年的时间,取决于特定反应堆类型的运行周期。通常,大约每年一次,会用新的燃料(25%~30%)部分替换使用过的燃料。当进行燃料更换时,将通过移动燃料组件来重新排布未卸载部分,以优化堆芯性能。

### 4.6.6 发电

燃料装载入核反应堆后,受控裂变就可以发生了。裂变是指燃料原子核分裂,裂变释放的热能加热冷却流体(通常是水)并产生高压蒸汽。蒸汽带动与发电机相连的涡轮机发电。

### 4.6.7 乏燃料储存

从反应堆中卸载的乏燃料组件温度非常高,且具有放射性。因此,乏燃料被储存在水下,这样既能冷却又能屏蔽辐射。几年后,乏燃料将被转移到临时储存设施。这种设施可以是湿式储存,即乏燃料储存在水池中,也可以是干式储存,即乏燃料储存在桶中。随着时间推移,热量和放射性逐步降低。经过40年的储存后,放射性将下降为从反应堆中刚取出时的1/1000左右。更多细节详见4.7节和第6章。

### 4.6.8 乏燃料后处理

乏燃料含有铀(约96%)、钚(约1%)和高水平(即高活度或长寿命)放射性废物(约3%)(详见4.7节)。铀(易裂变的$^{235}$U占比小于1%)和钚可通过回收利用制造新的燃料。部分国家对可用的铀和钚进行化学后处理,将它们与不可用废物分开。从再处理中回收的铀可以返回到转化厂,转化为六氟化铀,然后进行铀-235再浓缩。回收的钚与铀混合,可用于制备混合氧化物 $PuO_2 - UO_2$(MOX)核燃料。更多细节详见4.7节和第6章。

### 4.6.9 乏燃料与高放废物处置

乏燃料或高放射性废物可以安全地处置在地下深处,如花岗岩等稳定的岩层中,从而消除对人类和环境的风险。第一个最终处置设施预计将在2023—2025年投入使用(详见6.4节)。废物将被包装在稳定容器中,并深埋在地质体中,这些地质体是依据有利的稳定性和地球化学因素(包括有限的水流)而选择的。这些地质体需在数亿年的时间里保持稳定,远超废物危害监管的时间尺度。

**例题 4.1 氧化铀中的$^{235}$U 含量。**

请计算100kg天然氧化铀 $U_3O_8$ 中有多少 kg $^{235}$U。

解:氧化铀分子由3个U原子和8个O原子组成。因为U原子和O原子的摩尔质量是238g和16g(忽略$^{238}$U和$^{235}$U质量差,因为后者在天然铀中占比非常小),可得铀的质量百分比为

$$\frac{3M(\mathrm{U})}{M(\mathrm{U_3O_8})} = \frac{3 \times 238}{3 \times 238 + 8 \times 16} = 0.85$$

因此,在100kg氧化铀中,有85kg铀。而在这85kg中,只有0.7%是$^{235}$U。故$^{235}$U的质量分数为 $0.0072 \times 0.85 = 0.61$,即在100kg $U_3O_8$ 中有 0.61kg $^{235}$U。

**例题 4.2 医学实验室离心机。**

实验室离心机是一种用于高速旋转装在离心管中的液体样品的设备。它的工作原理是沉降原理,即利用向心加速度来分离分散在液体中的密度不同的物质。假如某离心机

转子旋转一个 4cm 长的离心管,转速为 $f=25000\text{r/min}$。离心管顶部距离转子的中心轴 5.0cm,底部距离中心轴 9.0cm。请估算在管子中心处粒子的加速度,并将其与重力加速度 $g=9.82\text{m/s}^2$ 进行比较。

解:一个粒子在半径为 $R$ 的圆内运动,每转一圈的距离为 $2\pi R$,

故其转速为 $v = 2\pi Rf = 2 \times 3.14 \times 0.07 \times \dfrac{25000}{60} = 183.17\text{m/s}$;

那么粒子的加速度为 $a = \dfrac{v^2}{R} = \dfrac{183.17^2}{0.07} = 5.59 \times 10^5 \text{m/s}^2$;

这个加速度与 $g$ 的比值是 $\dfrac{a}{g} = \dfrac{5.59 \times 10^5}{9.82} = 56925g$;

因此,在 7.0cm 处,粒子上的离心力约为 57000 倍重力。
在用于分离 $^{235}$U 和 $^{238}$U 的离心机中,离心力约比重力大 $10^4 \sim 10^5$ 倍。

**例题 4.3 气体扩散中的格雷厄姆定律。**

气体扩散遵循格雷厄姆定律,即气体的流出率与其分子质量的平方根成反比。请通过能量均分定律对单原子理想气体推导出这个关系式。

解:能量均分定律表明,在绝对温度 $T$ 下处于平衡状态的粒子系统,每个自由度的平均能量为 $\dfrac{1}{2}kT$,其中 $k$ 为玻尔兹曼常数。一个单原子理想气体的原子有三个自由度(原子的三个空间坐标),因此,它的平均总动能为

$$\frac{1}{2}Mv^2 = \frac{3}{2}kT$$

$M$ 为气体的分子质量。从该方程,我们可得

$$v = \sqrt{\frac{3kT}{M}}$$

这表明气体的扩散速率与其分子质量的平方根成反比。因此,如果一种气体的分子量是另一种气体的四倍,其通过多孔塞扩散的速度将是后者的一半。越重的气体扩散速度越慢。

**例题 4.4 六氟化铀的扩散速度。**

六氟化铀是唯一的挥发性足以用于气体扩散过程的铀化合物。请问 $^{235}$UF$_6$ 的扩散速度比 $^{238}$UF$_6$ 快多少($^{235}$U、$^{238}$U 和 $^{18}$F 的分子质量分别为 235.043930u、238.050788u 和 18.998403u)。

解:从格雷厄姆定律可知,对于给定温度 $T$,$^{235}$UF$_6$ 和 $^{238}$UF$_6$ 分子的平均扩散速度与其分子质量 $M_1$ 和 $M_2$ 平方根成反比:

$$\frac{1}{2}M_1v_1^2 = \frac{1}{2}M_2v_2^2 = \frac{3}{2}kT; \text{得} \left\langle \frac{v_1^2}{v_2^2} \right\rangle = \frac{M_2}{M_1};$$

$M_1$ 和 $M_2$ 分别为

$$M_1 = 235.043930 + 6 \times 18.998403 = 349.034348\text{g/mol}$$
$$M_2 = 238.050788 + 6 \times 18.998403 = 352.041206\text{g/mol}$$

那么,这两种气体的速度 $v_1$ 和 $v_2$ 之比为

$$\frac{v_1}{v_2} = \sqrt{\frac{M_2}{M_1}} = \sqrt{\frac{352.041206}{349.034348}} = 1.004298$$

即$^{235}$UF$_6$扩散速度约是$^{238}$UF$_6$的1.0043倍。由于$^{235}$UF$_6$和$^{238}$UF$_6$的速度几乎相等,所以一次扩散对分离的影响很小。必须将1000多个扩散装置按顺序级联在一起,上一级的输出作为下一级的输入,才能获得所需的浓缩水平。

**例题4.5** 未知气体鉴别。

一种未知气体的扩散速度是二氧化碳(分子量为43.99)的1.66倍。请鉴别该未知气体。

**解**:利用格雷厄姆定律,可确定未知气体的摩尔质量。设$r_1$和$r_2$分别为二氧化碳和未知气体的扩散速度,$M_1$和$M_2$为相应摩尔质量,则有

$$\frac{r_1}{r_2} = \sqrt{\frac{M_2}{M_1}}$$

$$M_2 = M_1 \left(\frac{r_1}{r_2}\right)^2 = \frac{43.99}{1.66^2} = 15.96 \text{g/mol}$$

推知未知气体为甲烷,甲烷的分子质量为16.031g/mol。

## 4.7 核燃料循环方式:开式 VS 闭式

图4.10显示了在轻水反应堆生产周期始(末)装入(卸出)的燃料(乏燃料)的典型同位素组成。这些数值会因新燃料的浓缩程度而略有变化,它们显示了$^{235}$U和$^{238}$U以及其他同位素含量的变化。为了方便起见,我们在此假设1kg新燃料中含有的$^{238}$U和$^{235}$U的比例分别为96.7%和3.3%(事实上,在一个典型的1000MW(e)反应堆中,堆芯中含有大约75t这种低浓缩铀)。反应堆运行期间部分(2.04%)$^{235}$U核素将发生裂变,部分(0.46%)将通过中子俘获转化为非裂变的$^{236}$U,其余部分(0.8%)则不发生任何转变。大约1%的不可裂变$^{238}$U同位素通过中子俘获转化为可裂变和不可裂变的钚同位素。形成的钚的一部分也会在这个过程中裂变,因此有利于能源生产;钚的另一部分则被转化为次锕系元素。其余的$^{238}$U(94.3%)保持不变。总的来说,辐照后的燃料含有约96%的材料可以作为燃料重复使用,包括未经转化过程的铀($^{238}$U的94.3%和$^{235}$U的0.8%)和新生产的钚(0.89%)。

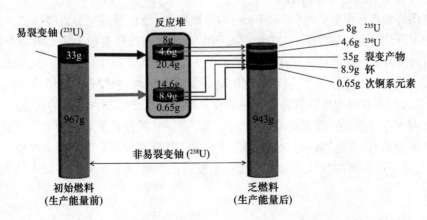

图4.10 轻水堆(LWR)新装载和卸载后(发电三年后)的铀燃料的典型同位素组成[16]

考虑到乏燃料的最后组成,有两种不同的处理方案:开式循环和闭式循环(见图4.11)。

在开式循环(又称为一次通过循环)的情况下,铀在反应堆中燃烧一次,乏燃料被储存在地质处置库中。该方法铀的利用率不足2.5%,且涉及对大量乏燃料的安全储存(详见第6章)。这两个问题都可以通过回收乏燃料来减轻。在闭式循环中,从反应堆卸出的燃料经化学处理,回收铀和钚用以制造新燃料。此时,处置高放材料的问题就只涉及不可回收利用的材料(约3%),即所谓的高放废物,这里面主要是裂变产物和次锕系元素(详见6.6节)。

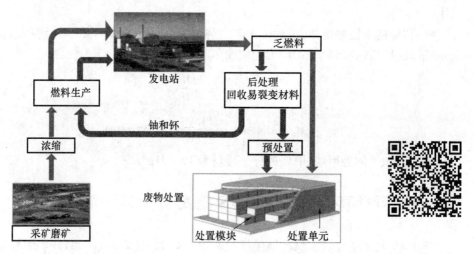

图4.11 核燃料循环两种模式示意图:开式循环(红色箭头)和闭式循环(绿色箭头)

## 4.8 全球核燃料储量

### 4.8.1 铀资源

铀是地壳中相对常见的金属元素,几乎和锡或锌一样常见,是大多数岩石甚至海洋的组分。根据地质特征和生产成本,可将铀资源按照一定方案进行分类,并将不同国家的资源估计数据整合为统一的全球数据。

已查明资源包括可靠资源(简称RAR)和推断资源(指已经过充分直接探测,可开展预可行性和可行性研究的铀矿床)。对于可靠资源,其品位和吨位有很大概率符合采矿标准。而推断资源没有如此高的概率,所以在作出采矿决定之前通常需要开展进一步的直接探测。

待查明资源是指根据对已发现矿床的地质知识和区域地质概况研究,推测可能存在的资源,分为预测资源和推测资源。预测资源是预计存在于已知铀资源的区域,通常有一些直接证据支撑。推测资源是指那些位于可能存在铀矿的地质区域的资源。无论是预测资源还是推测资源,均还需进行大量勘探,才能确认其存在并确定其等级和吨位。

显然,可获得的铀的数量还取决于其开采成本。国际原子能机构(IAEA)[①]和核能署

---

① 国际原子能机构(IAEA)是由联合国于1957年成立的自治的政府间组织。它的任务是促进安全、可靠、和平地利用核技术,并禁止将核技术用于任何军事目的。

(NEA)①是相关问题最权威的两个信息来源,它们每年都会发布一份名为《IAEA-NEA 红皮书"铀:资源、生产和需求"》的文件。根据《2014 年红皮书》[17],截至 2013 年 1 月 1 日,已查明资源(可靠和推断)中,开采成本低于 130 美元/kgU 总量为 5902900t(tU),开采成本低于 260 美元/kgU 总量达 7635200tU。按照 2012 年的铀需求水平(61980tU/a),已查明资源似乎足以满足全球核电 120 多年的供应。

此外,IAEA/NEA 还确定了 119100tU 未纳入国家资源总量报告的铀资源。截至 2013 年 1 月 1 日,未发现的资源总量(包括预测和推测)为 7697700tU。同时,海水是另一个潜在的体量更大的铀资源,海水中铀浓度约为 $0.003 \times 10^{-6}$ [15]。据估计,这种形式的铀的储量约为 40 亿吨,但这种形式的铀更难提取,成本也更高。图 4.12 显示了全球已查明的铀储量[17]的分布情况。可以看到,澳大利亚拥有世界上相当一部分的铀(约 29%),哈萨克斯坦 12%,俄罗斯 9%,加拿大 8%,尼日尔 7%。世界上铀资源最多的 5 个国家占全世界铀资源的 65%,总产量的 75% 以上。与石油资源不同的是,铀资源及其生产在地理上的广泛分布保证了其相对稳定的供应。

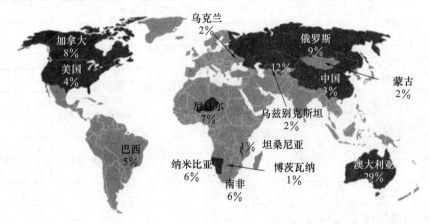

图 4.12　截至 2013 年 1 月 1 日全球已查明铀资源情况[17]

核武器也是核燃料的重要来源。事实上,武器中铀-235 浓度通常超过 90%(远高于反应堆燃料)。还有一些核武器则含有钚-239,这是 MOX 燃料的组成成分。根据与美国签订的具体裁军条约(始于 1987 年),苏联同意将其核武库削减约 80%,并提供武器级铀用于生产普通核燃料。在 1999 年至 2013 年之间,苏联共有 500 吨军用浓缩铀已经通过稀释铀-235 生产了超过 14000 吨标准浓缩铀作为民用燃料,数量足以供应全球反应堆运行 2.5 年[18]。

### 4.8.2　钍资源

目前,铀是唯一天然来源的核裂变燃料。但只要有专门设计的反应堆,钍也可以成为一种替代燃料。作为天然元素,钍在地壳[19]中的含量是铅的一半,是铀的 3 倍。基本上 100% 的钍是同位素 $^{232}$Th,α 衰变半衰期为 140 亿年(超过地球年龄的三倍)。

---

① 核能署(NEA)是经济合作与发展组织(OECD)的一个专门机构。目的是帮助其成员维护和开发出于和平目的、安全、环境友好和经济的核能所需的科学、技术和法律基础。

钍经中子轰击可转化为铀-233(见式(3.12)),这是一种可维持链式反应的易裂变同位素,在转化过程中产生的废物量是相对有限的。由于起始同位素的质量数 $A=232$,而大多数铀的质量数为238,钍基燃料产生的钚比铀基燃料少,非常重要的是,其同位素组成不适于制造核弹。此外,其他较重、寿命较长的锕系元素如镅和锔的生产也受到限制。由于上述诸多原因,多年来人们一直积极尝试钍基燃料的开发,即所谓的钍燃料循环,随着基于测试钍基燃料可行性的新型反应堆的设计开发,这方面研究又重新流行起来。然而,燃料循环技术方面的限制使得采用钍基燃料循环并无经济优势,并需要大量投资以促进其必要的研发。目前,中国和印度投入了大量精力致力于研究这种方案的可能性,并获得了美国的一些支持。

截至2013年1月,已查明的钍资源(可靠和推断)总量为6355300t,相关开采成本为80美元/kgTh或以下。如表4.6所示,它们在地理上分布相当广泛,出现在所有大陆上,排在前11位的国家约占总资源的68%。

表4.6 世界已查明钍资源[20]

| 国家 | 钍资源 | |
| --- | --- | --- |
|  | 数量/kt | 占比/% |
| 印度 | 846 | 13.3 |
| 巴西 | 632 | 9.9 |
| 澳大利亚 | 595 | 9.4 |
| 美国 | 595 | 9.4 |
| 埃及 | 380 | 6.0 |
| 土耳其 | 374 | 5.9 |
| 委内瑞拉 | 300 | 4.7 |
| 加拿大 | 172 | 2.7 |
| 俄罗斯 | 155 | 2.4 |
| 南非 | 148 | 2.3 |
| 中国 | 100 | 1.6 |
| 挪威 | 87 | 1.4 |
| 格陵兰岛 | 86 | 1.4 |
| 芬兰 | 60 | 0.9 |
| 瑞典 | 50 | 0.8 |
| 哈萨克斯坦 | 50 | 0.8 |
| 其他 | 1725 | 27.1 |
| 全球总和 | 6355 | 100 |

### 4.8.3 铀需求

在可预见的未来,铀需求预计将继续攀升,从2012年437个在运商业核反应堆所需的约62000tU/a增加到2035年的72000~122000tU/a。同时,考虑到2011年福岛核事故后几个国家的政策变化(详见5.9节),届时世界核电容量预计将从2012年的372GW(e)增长到低需求情景下的约400GW(e)净容量和高需求情景下的约678GW(e)净容量,即分别增加约8%和82%[17,21]。

核电容量预测因地区而异。东亚地区预计增长最大,到2035年,在低前景和高前景可能分别有55GW(e)和125GW(e)的新装机容量,分别代表增加超过2012年底核电容量的65%~150%。欧洲大陆非欧盟成员国的核电容量预计也将大幅增加,到2035年,预计容量将增加20~45GW(e)(分别增加约50%和110%)。预计核电容量将大幅增长的其他区域还包括中东、中亚、南亚及东南亚,预计非洲和中南美洲区域的增长较小。就北美而言,预计到2035年,核能发电量在低情景下将减少近30%,在高情景下将增加20%以上。欧盟的前景与此类似,到2035年,核电容量在低前景下预计将减少45%,在高前景下预计将增加15%[17]。

由于福岛第一核电站事故,这些预测具有很大的不确定性,因为日本尚未确定核电在其未来发电组合中扮演的角色,而中国也没有报告2020年以后核电容量的官方目标[17]。影响未来核容量的关键因素包括预计的基本电力负荷需求、核电站的经济竞争力,以及此类资本密集型项目的筹资安排、其他发电技术的燃料成本、防止核扩散问题、废物管理策略和公众对核能的接受程度等。在福岛第一核电站事故发生后,后者在一些国家成为一个非常重要的因素。出于对化石燃料长期供应安全的考虑,以及核能在很大程度上有利于实现温室气体减排,这些因素可能有助于铀需求增长超过预期。

按照2012年底的消耗量计算,已查明的低成本铀资源约有590万吨,可满足95年的需求,而已查明的(包括低成本和高成本)约1500万吨铀资源储备加上还未被探明的储量大约可供应240年需求。

事实上,可以合理预期,消耗速度和可用资源的增长速度都将随时间发生变化,对这些资源的利用也将更为高效。特别是与目前许多LWRs采用的开式循环相比,采用闭式循环的第四代快反应堆将使铀燃耗效率提高60倍。即使要等到21世纪末才能全面运行,快反应堆也可以增加截至当时剩余的铀资源量(约1000万吨)的60倍,按2012年底的消耗速度计算,这意味着可供应需求将近1万年,这还未考虑海水铀资源以及钍资源。

所以,铀资源还是比较丰富的,可以通过扩大勘探和开采新矿来为核工业提供更多的铀。供应安全的风险可能并非来自资源匮乏或政治不稳定,而是从资源探明到最后生产可能出现的时间延误,尤其是当市场需求快速攀升的时候。

**例题4.6  核燃料的年消耗量。**

假设一个核反应堆每年运行365天,热功率$P = 3400\text{MW}(\text{th})$,请计算其每年将燃烧多少千克$^{235}\text{U}$。

解:一年内(大约$3.15 \times 10^7 \text{s}$),反应堆将产生能量:
$$E = (3.4 \times 10^9 \text{W}) \times (3.15 \times 10^7 \text{s}) = 10.7 \times 10^{16} \text{J}$$

一个$^{235}\text{U}$原子核裂变产生约$200\text{MeV} = 3.2 \times 10^{-11} \text{J}$的能量,为了产生能量$E$,所需$^{235}\text{U}$裂变核数为
$$N = \frac{10.7 \times 10^{16}}{3.2 \times 10^{-11}} = 3.35 \times 10^{27}$$

代入阿伏伽德罗常数$N_A = 6.02 \times 10^{23}$,并假设$^{235}\text{U}$的原子量是235,则所需$^{235}\text{U}$质量为

$$M = N\frac{235}{N_A} = \frac{3.35 \times 10^{27} \times 0.235}{6.02 \times 10^{23}} = 1308\text{kg}$$

**例题 4.7** 发电厂使用的铀的总质量。

请计算一个 1000MW 核电站生命周期内需要多少 $^{235}$U。假设电站的使用寿命是 40 年,热电转化效率为 33%。假定核能转化为热能的效率为 100%,电站以 85% 的负荷因子运行。

解:$1\text{a} = 3.15 \times 10^7 \text{s}$,发电功率 1000MW(e),负荷因子 85%,全年发电量为
$$E_{el} = (10^9 \text{J/s})(3.15 \times 10^7 \text{s}) \times 0.85 \approx 2.68 \times 10^{16} \text{J/年}$$

在 33% 的热 – 电转换效率下,生产这一数量的电能所需的热能 $E_{th}$ 为
$$E_{th} = \frac{E_{el}}{0.33} = \frac{2.68 \times 10^{16}}{0.33} \approx 8.12 \times 10^{16} \text{J/年}$$

那么,在 40 年的使用寿命中,工厂所需的热能为
$$(8.12 \times 10^{16} \text{J}) \times (40\text{a}) \approx 3.25 \times 10^{18} \text{J}$$

在习题 3.3 中,我们计算出 1kg 铀 – 235 的裂变会释放出约 $8.2 \times 10^{13}$J 的能量。那么为了使电厂运转,所需裂变铀的质量为
$$M = \frac{3.25 \times 10^{18}}{8.2 \times 10^{13}} = 3.96 \times 10^4 \text{kg} \approx 40000\text{kg}$$

因此,一个典型的寿命为 40 年的核反应堆需要大约 40t 易裂变铀。

**习题**

**4 – 1** 请估算热中子在以下温度时最可能的速度:(a)20℃;(b)260℃。

[答案:(a)2692m/s;(b)3620m/s]

**4 – 2** 如果等量的氦气(分子质量 $M_1 = 4.003\text{u}$)和氩气(分子质量 $M_2 = 39.948\text{u}$)被放置在一个多孔的容器中,并让其逸出,哪种气体会逸出得更快,快多少?

[答案:氦气的逸出速度为氩气的 3.16 倍]

**4 – 3** 假设希望将一个含有 $H_2$、HD 和 $D_2$ 的氢气样品分离成纯净的成分。各组分相对扩散速率的比是多少?扩散的相对速度是多少?(为简单起见,假设原子质量分别为 2、3 和 4)。

[答案:$H_2$ 的扩散速度比 $D_2$ 快 1.414 倍,比 HD 快 1.225 倍。HD 比 $D_2$ 快 1.155 倍]

**4 – 4** 一家分离厂从天然水中提取重水,效率为 70%。已知氘在天然水中的存在比例为 1:6420,那么需处理多少水才能生产出 1.0L 重水?

[答案:约 9170L]

**4 – 5** 2011 年,美国人均耗电量约为每年 $3.3 \times 10^{11}$J。已知 1kg$^{235}$U 的裂变会释放大约 $8.2 \times 10^{13}$J 的能量。请计算必须燃烧多少千克 $^{235}$U 才能产生该能量。

[答案:0.004kg]

**4 – 6** 一座发电站通过铀的裂变在一年内产生约 40TW·h 的电能(约是 2012 年大伦敦地区的电力消耗)。裂变过程中释放的热能转化为电能的总体效率为 40%。请计算:(a)该电站的反应堆每秒产生多少能量?(b)电站反应堆中每秒因裂变而产生的总质量变化是多少?

[答案:(a)$1.14 \times 10^{10}$W(th);(b)约 $1.3 \times 10^{-7}$kg]

**4-7** 参照习题 4-6 中计算的热能,并假设 $^{235}$U 单个原子核的裂变平均释放约 200MeV 的能量,请估算:(a)每秒钟有多少个 $^{235}$U 的原子核裂变才能产生出相应的热能? (b)这些原子在发生裂变之前的质量是多少?($^{235}$U 的原子质量为 235.04394u)。

[答案:(a)$1.78 \times 10^{20}$ 核/秒;(b)$6.95 \times 10^{-5}$ kg]。

**4-8** 某反应堆的发电功率为 650MW(e),热电效率为 40%(假设每个 $^{235}$U 的裂变释放的能量约为 200MeV)。请估算该反应堆一年所需的 $^{235}$U 燃料初始质量。

[答案:625kg]

**4-9** 一个压水反应堆(PWR),燃烧天然铀(含 0.7% 的 $^{235}$U),电功率为 1.0GW,其热电效率为 0.40。燃料棒在反应堆中停留约 3 年,然后被取出,以便进行后处理。(a)请计算 3 年周期内堆芯所需的 $^{235}$U 质量;(b)请估算 3 年周期内堆芯中所需要的两种铀同位素的总质量。

[答案:(a)约 2884kg;(b)412000kg]

**4-10** 一个热核反应堆的铀总质量为 70t,其中铀-235 浓缩度为 3.5%。它的发电功率 $P = 900$MW(e),热电转化效率为 35%。请计算:(a)每小时裂变的 $^{235}$U 核数量;(b)每天燃烧的浓缩铀的等效质量;(c)假设该厂以恒定的满功率工作,在更换燃料之前可以运行多长时间?(假设当所有的 $^{235}$U 都被消耗掉时才会更换燃料)。

[答案:(a)约 $8.0 \times 10^{19}$($^{235}$U 核)/s;(b)约 77kg;(c)约 2.5a]

## 参考文献

[1] OECD-NEA Nuclear Energy Today, 2nd edn. (2012), ISBN 978-92-64-99204-7. NEA Report No. 6885

[2] IAEA, Nuclear Power Reactors in the World, 2015 Edition. Online http://www-pub.iaea.org/books/IAEABooks/10903/Nuclear-Power-Reactors-in-the-World-2015-Edition.

[3] IAEA Power reactor information system(PRIS), http://www.iaea.org.pris

[4] http://www.world-nuclear.org/Press-and-Events/Briefings/Restart-of-Sendai-1/

[5] IAEA-PRIS, MSC, 2015: The World nuclear Industry Status Report 2015, by M. Schneider, A. Froggatt, J. Hazemann, T. Katsuta. M. V. Ramana, S. Thomas, J. Porritt. Paris, London, July 2015

[6] WNA, Nuclear Power in the World Today, http://www.world-nuclear.org/info/current-andfuture-generationnuclear-power-in-the-world-today/

[7] J. Hermans, Energy Survival Guide(Leiden University Press/BetaText, 2011), p. 165

[8] W. Moomaw, P. Burgherr, G. Heath, M. Lenzen, J. Nyboer, A. Verbruggen, Renewable Energy Sources and Climate Change Mitigation, Special Report of the Intergovernmental Panel On Climate Change(IPCC), p. 19, and Annex II: Methodology (2001), p. 190. ISBN 978-92-9169-131-9. Online: https://www.ipcc.ch/pdf/special-reports/srren/SRREN_FD_SPM_final.pdf.

[9] M. Ricotti, Nuclear Energy: Basics, Present, Future, Lecture Notes of the Course 1 "New strategies for energy generation, Conversion and storage" of the Joint EPS-SIF International School on Energy, Varenna, Lake Como, 30 July-4 Aug (2012). ISSN 2282-4928 and ISBN 978-88-7438-079-4

[10] WNA, Power Reactors—Characteristics. 2010 WNA Pocket Guide, World Nuclear Association, July 2010

[11] http://www.britannica.com/science/sodium

[12] https://upload.wikimedia.org/wikipedia/commons/4/46/LMFBR_schematics2.svg http://creativecommons.org/licenses/by-sa/3.0/

[13] GenIV International Forum, https://www.gen-4.org/gif/jcms/c_9260/Public

[14] INPRO, https://www.iaea.org/inpro/

[15] http://world-nuclear.org/information-library/nuclear-fuel-cycle/uranium-resources/supply-ofuranium.aspx

[16] http://www.stormsmith.nl/i11.html

[17] OECD-NEA&IAEA, "Uranium 2014: Resources, Production and Demand" (The Redbook). Online: https://www.iaea.org/OurWork/ST/NE/NEFW/Technical-Areas/NFC/uraniumproduction-cycle-redbook.html

[18] WNA, http://www.world-nuclear.org/info/nuclear-fuel-cycle/uranium-resources/militarywarheads-as-a-source-of-nuclear-fuel/

[19] http://www.britannica.com/science/thorium

[20] WNA, http://www.world-nuclear.org/info/current-and-future-generation/thorium/

[21] WNA, http://www.world.nuclear.org/info/Nuclear-Fuel_Cycle/Uranium-Resources/Supplyof-Uranium

# 第 5 章　核安全与保障

核安全与保障，不仅仅是保护公众和环境的一种强制性政策，也是公众接受核电的关键所在。本章介绍了核裂变能利用过程中所涉及的安全与保障问题，以及为解决这些问题而设立的管制制度和国际机构。本章还简要介绍了历史上十次最典型的核事故及相应教训，这些教训与技术上的进步一起，共同促进了核设施安全性能的逐步提升。最后一节则介绍了监督和防止核技术滥用的现行安全措施和法规。

## 5.1　核安全法规

核安全的主要目标是确定核设施的适当运行条件，预防事故或减轻事故后果，以保护工人、公众和环境安全，使其免受合法涉核活动造成的意外辐射危害。辐射危害是指暴露于电离辐射对人体健康和环境所造成的风险。换句话说，辐射事故是指工人和/或公众和/或环境受到了超预期的辐射。

由于核燃料中存在大量放射性物质，具有极大的潜在危害，自人类首次利用核能以来，核安全一直是核设施设计、建造和运行以及整个核燃料循环过程中的首要问题。因此，必须严格规范放射性物质的生产、使用等过程，以确保安全。比如，相关法规规定了核设施工作人员和普通公众暴露于辐射的最大限值水平。同时，在相关实践中需采取各种措施以保证受辐照量不超过该限值。

各国对其境内核电站的安全负责。各国政府有责任建立一个独立的"监管机构"，并颁布相关法规，以管理本国涉核活动，包括对乏燃料和放射性废物的管理。这样的"监管机构"属于国家公共机构，负责监督核活动，以确保核安全与保障规范及相关法律法规得到遵守。

要实现核安全，还要求工作人员具备相应资质、工作团队建立有效安全文化、运营和安全问题研究具有必要资金保障以及安全问题得到足够重视等。国家监管机构的工作涵盖了所有这些方面。国家监管机构应遵循良好的监管原则，包括独立性、技术能力、透明性、高效性、明确性和可靠性。对于监管机构而言，很重要的一点是必须保持其独立性，比如不得与受监管实体（如核电站设计、建造或运营公司）有任何关联关系，也不得与受监管对象有任何利益冲突。

国际上已有一些专门组织，旨在帮助各国和平开发核能，促进发展核技术应用相关的安全和监管理念，并推广好的经验做法。这些国际组织中，国际原子能机构（IAEA）和核能署（NEA）尤其具有权威性和独立性。国际原子能机构是 1957 年由联合国成立的自治的政府间组织，截至 2015 年 9 月底，它有 165 个成员国。NEA 是经济合作与发展组织（OECD）于 1958 年成立的专门机构，它汇集了来自北美、欧洲和亚太地区的 31 个国家。上述两个机构之间的合作协议仍处于有效期内。

1992年至1994年间,原子能机构通过专门的专家会议制定了《核安全公约》(以下简称《公约》)。《公约》于1994年获得批准,于1996年生效,并于2015年2月9日修订发布了《维也纳核安全宣言》[1]。《公约》的目标是在全世界实现并维持高标准的核安全。这一目标必须通过在核设施中实施有效措施来实现,以防止发生潜在的放射性危害和放射性事故。作为实现该目标的实际框架,《公约》规定了各国必须承诺达到的具体安全基准。也即意味着,各国都应制定相应国家法规以实现承诺的安全基准,使得由这些基准确定的高水平安全目标,对该国及在其领土上运营的核电公司具有法律约束效力。

原子能机构的一份具体文件[2]详细说明了所有缔约国应遵守的核安全原则和义务。其范围涵盖了从立法和管理框架,到若干技术安全问题(如核设施选址、设计、建造和运行等),以及质量保证和应急准备等诸多方面。

截至2009年9月,《公约》共有79个缔约国,包括了所有运行核电站的国家。这些国家监管机构被委托有责任核查所有安全法规的执行情况。核电站建设许可证必须以国家监管机构对厂址特征的积极评估为前提,同样地,运行许可证也须以各种前期试验的积极结果为前提。此外,在核电站运行期间,当局还应定期开展例行检查。在某些情况下,核电站甚至可以适当停运,直至新的重要改进措施得以实施。国家监管机构还应向公众宣传普及核能和辐射的危害以及在核设施中所采取的安全规定和措施。

## 5.2 安全与辐射防护目标

所有核设施的选址、设计、建造和运行都应符合严格的质量和安全标准,以确保核电站的运行不会对个人或社会健康带来重大风险。因此,反应堆安全主要考虑防止商业核反应堆运行对核电站工人、公众和环境造成的辐射相关危害。这些原则同样适用于其他核设施。

核安全基本目标包含三个方面:①一般核安全目标;②辐射防护目标;③技术安全目标。这些目标要求核设施的设计和运行必须保证所有辐射源处于严格的技术和行政管控之下。具体而言,一般核安全目标要求考虑到可能引发故障和事故的所有因素,以尽量降低发生重大故障和事故的可能性。辐射防护目标要求考虑到所有可能的情况,并采取所有可能的措施,以最大限度地减少核电站工人、公众和环境的辐射暴露。技术安全目标则要求考虑到所有情况并采取措施,以保护工厂设备。

为了实现上述三个安全目标,在核电站设计时需对其进行综合安全分析:旨在确定所有的放射源,评估其对设施工作人员和公众可能带来的辐射剂量,及其对环境的潜在影响。安全分析主要考虑:①正常运行;②预期运行事件;③设计基准事故;④超设计基准事故,包括严重核事故。

预期运行事件包括在电站正常运行期间可能发生的罕见事件。例如,所有冷却泵电源丢失,外部主电网电源丢失等。

设计基准事故(DBA)[3],是一种设想的意外情况,核设施的设计和建造必须保证该类事故不会对核设施的系统、结构和部件造成致命后果,以确保必要安全。这些事故通常包括地震、洪水、恶劣天气等外部事件,以及火灾、反应(或电力)失控激增等内部事件。

比 DBA 更严重的事故被称为超设计基准事故(BDBA),涉及重大堆芯损坏的 BDBA 称为严重事故。

安全分析的目的是设想和评估所有可能情景,包括从反应堆的正常运行到一系列事故。这些事故可能来自于各种内部或外部因素,比如在核电站全寿期中少见但预期发生数次(如恶劣天气)、在核电站全寿期中很少发生但有可能发生(例如地震)的事件。只有基于这些分析,才能保证工程设计承受假定事件和事故的可靠性、论证安全系统和程序的有效性,建立应急响应方案等。

尽管已采取措施将各种辐射实践中的受辐照剂量控制在合理的尽可能低的水平(即 ALARA 原则),并将可能导致辐射源失控的事故可能性降至最低,但事故仍有可能发生。因此,还必须采取一定措施,以减轻辐射后果。这些措施包括:由运营机构制定现场事故管理程序以及工程安全系统,以及由相关部门制定场外干预措施,以便在发生事故时减轻对公众和环境的辐射照射。

工程安全系统包括监督核设施运行和确保三项基本安全功能:①反应堆关闭;②燃料冷却;③发生事故时,为确保将放射性物质限制在反应堆建筑内,所必需的设备和部件。

现场事故管理程序包括记录情况及培训相关人员,使他们能够处理电厂火灾或放射性紧急情况等。场外干预措施则包括必要时与民政当局沟通,以便在对公众或环境造成危害或需要外界帮助(如扑灭重大火灾)时采取适当行动。

## 5.3 纵深防御概念

纵深防御是世界各国为确保核电站安全所遵循的基本设计理念,采用多重安全系统来应对反应堆堆芯[4]的自然特性。纵深防御包括分层部署不同级别的设备和程序,以保证放射性物质与工人、公众或环境之间物理屏障的有效性。保证其能够有效应对在安全分析中所考虑的所有情况:比如在正常运行及预期运行事件中,甚至要求部分屏障在电站发生事故时也必须发挥有效作用。核电站的设计和运行,都实施了纵深防御,旨在针对各种瞬变和事故提供分级保护,包括设备故障、电站内部人为失误以及电站外部因素引起的事件。

纵深防御一般分为 5 个层次,如图 5.1 和表 5.1 所示。若某级防御失效,下级防御将继续发挥效用。

第一级防御的目的是防止运行异常和系统故障。这就要求工厂按照适当的质量要求和工程实践进行合理和保守的设计、建造、维护和运行,例如:

冗余性,即采用多个能够执行相同特定功能(例如堆芯冷却)的系统。换句话说,对于某一所需执行的功能,提供替代的相同或不同的结构、系统和部件。其中任何一个都能执行该功能,不管其他系统的运行状态如何或是否存在故障。

独立性,即系统或组件的功能不受其他系统/组件运行或故障的影响。

多样性,即存在两个或更多的冗余系统或组件来执行相同的功能,其中不同的系统或组件具有不同的属性。这样可以减少由共同原因导致的故障,包括共同原因故障(如一个事件导致多个系统或组件发生故障时)。这些系统或组件在技术、设计、制造、电气连接、软件等方面具有差异。

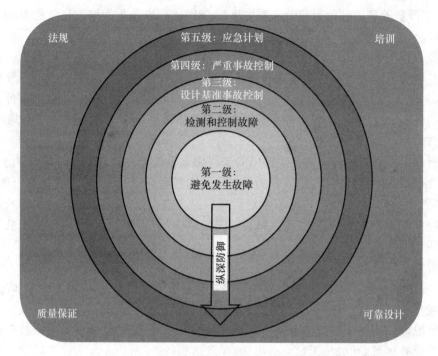

图 5.1 纵深防御概念的原理和要素示意图[4]

注:纵深防御由一系列行动、设备和程序组成,并按级别分类(五级),每个级别防御的主要目的都是防止事故恶化升级,并尽量降低上一个级别事故后果。若某级防御失效,下级防御将继续发挥效用。图中四角显示了实施和改进纵深防御的指导原则。

表 5.1 纵深防御分级

| 纵深防御层级 | 目的 | 主要手段 |
| --- | --- | --- |
| 第一级 | 防止运行异常和系统故障 | 保守的设计与高质量的施工和运行 |
| 第二级 | 对异常运行进行调控并检测故障 | 调控、限制和保护系统及其他监督功能 |
| 第三级 | 将事故控制在设计基准内 | 设计内的安全功能和事故处理程序 |
| 第四级 | 防止电站情况变得严重,包括防止事故的发展和减轻严重事故的后果 | 恰当的封闭、补充措施和事故处理 |
| 第五级 | 减轻放射性物质大量释放的放射性后果 | 现场和非现场应急响应计划 |

如果第一级防御失效,则由第二级防御对异常运行进行调控并检测故障。第二层防御的目的是检测和防止运行状态异常,以防止预期运行事件升级为事故。例如,当某个冷却泵的故障被检测到时,将迅速对其修复,而其他泵(冗余)将继续循环冷却剂以维持堆芯温度处于安全水平。

如果第二级防御失效,第三级则需确保通过激活特定的安全系统来进一步执行安全功能。具体地说,第三级防御假定某些预期运行事件的升级可能无法由上一级防御所控制,而可能发生更严重的事故(虽然概率较低)。这些小概率的事件在电站的最初设计中已有相应预期(前述 DBA)和考虑,并提供了固有安全设施、自动防故障设计以及附加的设备和程序,以控制其后果,并在此类事件发生后将电站恢复到安全状态。

第四级防御的目的是处理可能超过设计基准的严重事故,并确保将放射性泄漏保持在尽可能低的水平。这一级最重要的目标是通过事故处理来防止事故的进一步发展,防止或减轻放射性物质泄漏导致的严重事故。这主要通过适当的反应堆封闭来实现。三里岛事故(详见5.9节)中核燃料熔化是一场严重事故,但由于安全壳建筑完好无损,并未向环境中释放大量的放射性物质。相比之下,在切尔诺贝利事故中(详见5.9节),由于核电站没有像其他第二代或目前的第三代核电站那样具有合适的封闭结构,大量放射性物质被泄漏到环境中。

第五级也是最后一级防御,即场外应急计划,旨在减轻由于反应堆包容建筑大量泄漏放射性物质所造成的辐射后果。这需要一个装备充足的应急控制中心,并制定现场和场外应急响应方案,更普遍地,还需制定实施一系列短期和长期保护行动。

表5.1总结了纵深防御概念每一级防御的目标和实现这些目标的主要手段。

实施纵深防御的一个重要方面是在反应堆设计中规定一系列物理屏障,将放射性物质限制在特定空间。它们的具体设计可能会根据材料的活度和可能导致某些屏障失效的偏离正常运行而有所不同。对大多数反应堆而言,限制放射性产物的屏障通常有:①含有燃料的颗粒材料(称为基质);②燃料包层;③反应堆冷却系统边界;④封闭系统(详见5.4节)。

核电站工人、公众和环境主要通过这些屏障得到保护,这些屏障可用于运行和安全目的(例如在水冷反应堆中,压力容器使冷却流体保持在高压状态,并且在燃料基质和包层失效时提供屏障)或仅用于安全目的(比如安全壳建筑)。纵深防御的概念有利于保护屏障的完整性,抵御可能对其造成损害的内部和外部事件。那些可能突破一层或多层防御的情况需要引起特别注意。

## 5.4 反应堆安全

在核反应堆中,铀基新燃料只具有弱放射性,其含有的两种同位素 $^{235}U$ 和 $^{238}U$ 半衰期很长,而钚基燃料具有中等放射性(MOX燃料,详见4.6节)。此外,其周围的金属包层还能起到保护作用,防止任何有害的放射性物质扩散。然而,正如3.12节所述,核反应堆将产生各种放射性物质:裂变产物(如铯、锶、碘、氙等)、嬗变产生的重元素(镎、钚、镅、锔等)、与燃料棒接触而受到污染的液体,以及因中子俘获而具有放射性的结构材料等。因此,在反应堆的设计、运行和退役时必须尽量小心,以避免部件故障和事故,导致有害的和不受控的放射性物质泄漏到外部环境中。

确保反应堆安全运行是反应堆设计者和运营者最重要的目标之一。为了尽量减少装置内的放射性物质对公众的潜在危害,需制定若干原则和规定,并将其纳入核电站的设计和运行中。总的来说,这些原则总结在了反应堆安全的黄金法则中,可表述为:"任何时候,由反应堆运行造成的对公众和环境的风险都要降到最低:①反应堆功率受控;②堆芯产生的热量及时被去除;③放射性物质被包容限制"。

就各代反应堆而言(详见4.5节),第二代反应堆的商业机组已经包含了一些主动安全组件,主动安全组件指的是它们的功能依赖于外部输入,如驱动、机械运动或电力供应等。第三代和第三代+还将一些新设计纳入了被动安全系统,这些系统可以由自然物理现象(如重力)激活。

### 5.4.1 反应堆的控制

如3.10节所述,许多物理因素可以改变反应堆状态并影响反应性。如果反应性下降,必须通过适当补偿,使其重新恢复到临界水平,以避免反应堆功率的损失。同时,任何反应堆功率失控上升都可能带来风险,通常是某些控制组件失效的意外情况导致的。因此,作为一个主要安全特征,所有的反应堆都被设计成本质上是安全的,即在发生任何非预期堆功率上升时,必须具有相应的负反馈机制以降低功率。该安全特征可以避免堆功率失控上升。

如3.10节所述,电站正常运行期间的反应堆功率控制是通过控制棒实现的,控制棒含有中子吸收材料(如硼或镉),通过调节其插入堆芯的深度实现反应堆功率控制。若要完全关停反应堆,控制棒要完全插入堆芯。此外,所有的反应堆都必须配备一个紧急关闭系统,从而能够在可能导致直接危险的反应堆状态下(比如一些重要部件发生故障)立即停止链反应。这种突然的停止被称为紧急停堆(SCRAM)。历史上,据报道,Enrico Fermi 在芝加哥大学第一个实验反应堆启动时发明了这个表述。该短语的意思是"安全控制杆斧头人",因为绳子上有一根安全杆,在紧急情况下,会有一个负责用斧头砍断绳子、放下安全杆的人。当然,这个缩略词可能还有其他类似的含义。

在压水堆(PWRs)中,关停系统具有"故障安全"特性,其控制棒由反应堆容器顶部的电磁铁紧紧抓住,一旦电力中断,控制棒就会在重力作用下落入堆芯。在沸水反应堆(BWRs)中,控制棒则从下方插入堆芯,因此无法依靠重力而自发下落。在这种情况下,关停系统则是通过液压高压装置推动控制棒进入堆芯。此外,所有反应堆还具备紧急关停的次级程序,例如注入吸收中子的液体(如富硼水),以确保反应堆的长期关停。更先进的反应堆设计还采用了额外的被动停堆系统。在5.9节中,将简要介绍切尔诺贝利事故,该事故中主要是由于反应性控制和控制棒的设计问题,导致了反应堆功率失控上升。

### 5.4.2 堆芯热量的去除

正常运行过程中,由于核裂变和少量的核衰变,堆芯将产生热能。因此,堆芯在所有运行条件下都需要冷却。热能的去除是通过泵送冷却剂来完成的,即通过堆芯循环的合适流体(详见第4章反应堆装置示意图)。通常,要安装两个或更多的冷却回路以实现冗余。即使反应堆处于停堆状态,裂变产物的衰变也会产生一定量的剩余热能(即衰变热)。随着放射性原子核衰变,衰变热将随着时间的推移而减少。当一个反应堆运行一段时间,达到裂变产物产生和衰变之间的平衡时,衰变热几乎可达到反应堆额定热功率的 6.5%。1h 后降至 1.5% 左右,一天后下降到 0.4% 左右,一周后将只有 0.2%。对于一个 3kMW 的热电反应堆,这意味着在关闭时,剩余衰变热大约是 200MW,一天后大约是 12MW,一周后大约是 6MW。后者仍然是相当大的功率,这就是为什么堆芯在关闭后仍需冷却很长一段时间。出于同样的原因,从堆芯取出的乏燃料棒需保存在特殊的水池中冷却一段时间后,再进行进一步处理。对于一个反应堆,冷停堆不仅意味着控制棒完全插入使链反应停止,还要求循环系统内的冷却剂处于大气压状态且温度低于100℃。

冷却系统的冗余使得在一个循环失效的情况下仍可有效去除衰变热。此外,所有水冷反应堆都配备了一个独立于常规冷却回路的应急堆芯冷却系统(ECCS)。即使主冷却剂回路有泄漏,应急堆芯冷却系统也能够去除堆芯热量。

作为一项附加的应急安全功能,冷却系统泵配备了基于柴油发电机和电池组的备用电源,在外部主电网出现故障时提供电力。最后,在一些先进的反应堆中,冷却回路的设计是这样的:衰变热可以通过自然对流被动去除,即通过热核和较冷的热交换器之间流体的自发循环实现。因此,在这些特殊的设计中,即使所有的电源都失效,也能保证堆芯衰变热的去除。

若停堆后堆芯无法冷却,将导致燃料芯块熔化和燃料棒开裂,从而对堆芯造成严重损害。若高温水蒸气与燃料包层中的锆相互作用,还会产生危险的氢气。因此,衰变热的去除是反应堆设计和安全措施实施的一个关键,正如三里岛事故和最近更引人注目的福岛第一核电站事故所强调的(详见5.9节相应的讨论)。

### 5.4.3 放射性的包容

当裂变和俘获过程发生时,堆芯将产生放射性物质,特别是裂变产物。这些放射性产物大部分都留在燃料内部。为了防止它们泄漏到环境中,至少设置了四道连续的屏障(图5.2)。第一道屏障是燃料颗粒基质,裂变产物在该处产生;第二道屏障是包含燃料的包壳;第三道屏障是反应堆冷却系统的密封边界;第四道屏障是安全壳建筑。在一些设计中,后者又包括两层屏障,第一层可以是近似球形的围绕着压力容器的钢质屏障,第二层是围绕着第一层钢壳的钢筋混凝土建筑(然而,混凝土建筑也不能完全保证封闭放射性)。由于这四个障碍是独立的,所以四道屏障同时失效的可能性很小。

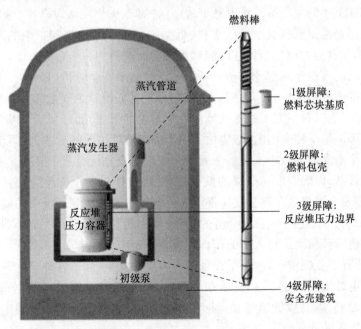

图 5.2 典型的放射性物质屏障[5]

切尔诺贝利事故的辐射影响极高的另一个原因是,该特殊类型的反应堆并没有安全壳建筑(详见5.9节)。

## 5.5 设计、运行、退役中的安全问题

核电站的设计应确保有重要安全意义的系统、结构和部件具有适当的特性、规格和材料组成,以便发挥其安全功能,使核电站在整个设计寿命期间内能够在必要的可靠保证下安全运行,并将预防事故和保护现场人员、公众和环境作为其首要目标。

设计也应确保满足运营方的需求(比如满足所需的能源产量和负荷率,后者是指电站一年中满功率运行的小时数),并对最终运行电站的人员的预见能力给予适当关注。设计方还必须提供充分的文件,以确保电站的安全运行和维护以及后续改造,考虑到运行限制和条件,必须将这些内容纳入电站管理和运行的实践指南中。

运行经验的反馈有助于确保和加强运行中核电站的安全,并防止发生严重事故,特别是利用从事故前兆(即可能通过引发一系列后续事件而导致事故的具体事件)中吸取的教训。运行经验也明晰了不同事件对各级别纵深防御的冲击程度。对运行经验的评估是一个持续的过程,包括检查设计时的假设、施工的质量和电站运行状态。这种评估结果极大地影响着目前这一代核电站的设计以及运行中的核电站所采取的弥补措施①,并将影响未来核电站的设计。

工程系统的持续可用和可靠运行是纵深防御的关键,需定期测试其运行情况。这些系统设计必须确保任何一个安全部件的故障都不会导致相应安全功能的完全丧失。

核电站的设计具有一定程度的保守主义色彩,也就是说,高度重视以往关于材料和系统的可靠性和性能的经验。然而,要正确评估风险,有时也必须秉持一定程度的悲观主义。例如,在2011年的福岛第一核电站事故中(详见5.9节),从对事件的初步分析来看,就是由于没有适当考虑到极其罕见的事件,低估了异常强大的海啸带来的洪水风险。另外,对所使用的材料的物理化学特性的测试也是设计选择的一个重要方面。

安全分析同时依赖于确定论安全分析(DSA)和概率安全分析(PSA)。前者考虑了一系列的设计基准事故(DBA),而不考虑其概率,分析了假设单个安全部件发生最严重故障时,电站的反应。第二种引入了设备故障和人为错误的概率,部分是基于以往核电站运行的真实数据。PSA是一种全面的、结构化的用于确定故障情况的方法,为得出风险的数字估计提供了一个概念性的数学工具。一般认为概率安全分析有三个层次。第一级包括对核电站故障的评估,以确定堆芯受损的概率;第二级包括对安全壳反应的评估,连同第一级的结果,确定安全壳失效和部分反应堆堆芯放射性核素释放到环境中的概率;第三级包括对场外后果的评估,连同第二级分析的结果,得出对公众风险的估计。所有的PSA都将在核电站改造、新设计、运行人员的培训和检查决定中发挥作用。

显然,与所有工业领域一样,为了保证最大限度的安全,除了各种安全分析外,还必须开展有助于核电站安全的各类必要活动。因此,最重要的是促进:①良好的安全文化;②良好的管理原则;③持续的监督和定期的安全分析;④利用从实际经验中吸取的教训;⑤沟通错误和发现的问题。

使用高质量的组件对于可靠的运行也至关重要。因此,核安全的一个重要组成部分

---

① 弥补措施是对现有核电站的改造,其实施要考虑到运行经验的反馈,并改正相应评估过程中指出的缺点。

是质量保证,通过采用特定的设备和部件的规范和标准来实现。质量保证还包括测试和检查,其目的是保证采用成熟的技术。实施质量保证和控制方案的主要责任在于核电站运营商,而国家监管部门则负责监督这一过程。

所有关于安全的评估都包含在被称为"安全分析报告"的具体文件中,这些文件将提交给监管部门进行审查和批准。安全文件的批准是核设施许可的一个重要步骤,即当局首先允许建造,然后允许运营核电站。这些文件随后将成为安全运行设施的参考。

在运行之前,核电站必须首先经历一个调试阶段,这包括热试和冷试。核电站的系统和部件将被投入运行,测试并验证其是否符合设计,是否达到了所需的性能标准。随后,对电站的整体运行进行测试,如有必要,还将采取改进措施。在重大维护操作、更换部件和系统升级之后,也必须进行整体检查。

通常情况下,安全评估会在核电站的整个生命周期内反复进行,同时由运营组织或独立的同行进行自我评估。自我评估和独立的安全同行审查确保了核电站能够继续运行而不出现安全漏洞。此外,国际同行评审由IAEA和世界核运营商协会(WANO)[①]开展,而全球评审则由5.1节中提到的《核安全公约》签署国开展。

安全条例和相关要求也适用于核设施退役,也就是核电站运行寿命的结束退役时。退役意味着一系列程序,首先是将乏燃料从反应堆中卸出,随后是过渡阶段,将燃料元件暂存在特殊的水池中冷却。然后,从反应堆压力容器到蒸汽装置、涡轮机、管道、设施、建筑物等所有电站部件都必须拆除,并根据其放射性水平进行分类(详见第6章)。根据核电站所在国法规,部分材料可视为非放射性材料,作为普通废物处理或无特殊限制回收利用。放射性足够低的材料可以在核工业中继续重新使用。否则,必须对其进行净化、干燥、压实等特殊处理,然后密封在适当的包装容器中(如金属桶或混凝土基质),最后在具备相应许可证的储存库中处置,并在监管下保存。

## 5.6 安全与监管责任

核电站的安全责任由核电站运营组织承担,而颁布行业监管的具体法律,特别是建立独立的监管机构的责任则由政府承担。具体来说,监管机构的任务有:
——提供安全规定和指引;
——核实核电站法规遵守情况以及其设计是否符合安全规定;
——为工厂的选址、建造和运营签发许可证;
——对核电站运营商的安全表现开展审查、监督和评审;
——通过实施必要的纠正措施以落实各项安全法规。

然而,在核设施的整个生命周期内,安全的首要责任在于持有核电站运营许可证的运营商,而其他各方,如核电站设计方、供应商、制造商等,则根据相应合同对其有关安全的专业活动负责。

显然,监管组织必须独立于其他所有相关方,以便所有有关核能的决策过程不受利益

---

① 世界核运营商协会(http://www.wano.info/en-gb)是一个非营利性组织,该组织聚集了世界上所有运营商业核电站的公司和国家,旨在实现尽可能高的核安全标准。

冲突和游说压力的影响。如上所述,通过 IAEA、NEA 以及欧盟委员会等组织开展国际或区域合作,也是促进和支持各级别安全的一个重要方面。

## 5.7 核事故种类与事故处理

正如前几节所讨论的,安全问题是核能生产所有阶段的首要问题。确实,基本安全原则和法规的应用和发展,使得部分商业核电站多年来并未对人类和环境造成危害。但发生过的一些事故(详见 5.9 节)也表明,没有任何分析或方案可以将其概率降低到零。因此,分析事故情况并制定针对事故的行动计划也是非常重要的。

如上所述,设计基准事故是指设施既定设计标准中可能面临的事故条件,该条件下燃料的损害和放射性物质的释放均应被控制在允许范围内。

超设计基准事故指比设计基准事故更严重的事故,可能涉及(也可能不涉及)重大的堆芯退化(比如残余衰变热去除不充分导致的堆芯熔化)。比设计基准事故更严重的、涉及重大堆芯退化的事故又被称为严重事故。更确切地说,严重事故是指在核电站中可能出现的一系列事件,事件原因是安全系统的多重故障导致了严重的堆芯退化,以及诸多或所有用于限制放射性物质的屏障作用丧失。

对核电站超设计基准事故的考量是确保核安全所使用的纵深防御方法的一个重要组成部分。显然,超设计基准事故发生的概率非常低,但这样的事故可能会导致堆芯退化而产生重大后果。

事故处理对于确保第四级有效纵深防御至关重要(详见 5.4 节),它包括在超设计基准事故演变过程中采取的一系列行动。其目的是防止事件升级为严重事故,减轻严重事故的后果,并实现长期的安全稳定。

## 5.8 以往经验与安全记录

全世界商用反应堆运行的累计经验接近 16000 堆年①。诸多国际组织、期刊和会议在其数据库、文件中均报告了从这一重大经验中获得的信息或教训。

比较重要的数据库,一是动力反应堆信息系统(PRIS)[7],该数据库由 IAEA 开发和维护了 40 多年。PRIS 是一个以全球核电站为重点的综合数据库,包含在运、在建或退役的核电站信息。该数据库包括:①反应堆规格数据(状态、位置、运营商、所有者、供应商、里程碑日期)和技术设计特征;②性能数据,包括能源生产和损失数据、停电和运行事件信息。PRIS 官网[7]向公众提供 PRIS 和全球核反应堆统计数据信息。第二个可提供具有安全意义事件信息的数据库是 IAEA/NEA 国际运行经验报告系统(IRS)[8]。IRS 还包含了以往所吸取的教训,有助于减少类似核电站事故的再次发生,但它只对该领域的技术专家开放。还有一个重要数据库是 WANO 综合系统[9],但它只对其成员开放。

---

① 反应堆年指单个反应堆运行一年。堆年数是将世界各地运行的堆数逐年相加得出的。例如,10 个反应堆运行 1 年,积累的经验为 10 个反应堆年。100 个反应堆运行 10 年,累积的经验将是 1000 个反应堆年。若不考虑反应堆之间的差异,可认为相当于 1 个反应堆运行 1000 年。更详细地,我们还可以计算每一类反应堆的反应堆年数,以获得该类反应堆性能的信息。

从安全角度来讲,报告所有重大事件,如人为失误、设备故障、事故及其他等,是监管机构对核电站运营商的一项明确要求。

非计划停堆数是运行安全性能的一个参考指标,指反应堆运行一年(大约7000h)中紧急停堆次数。该数值已经由20世纪90年代早期的1.8明显下降至2003—2004年的约1.0,至2009—2014年的0.6,这说明了核电站运行状况的持续改善(图5.3显示了2003—2014年发生的SCRAM的平均值)。

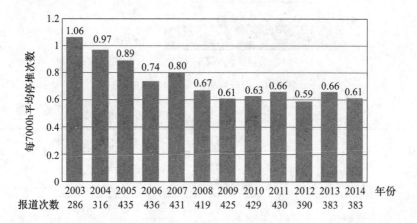

图5.3 SCRAM平均值:2003—2014年之间每运行7000h发生的自动和手动停堆次数[7]

总的来说,通过这些及许多其他指标可以看出,全球核电站的安全状况多年来一直在不断改善。然而,三起发生在商业核电站的严重事故破坏了这一良好的整体图景:1979年美国三里岛核事故、1986年乌克兰切尔诺贝利核事故以及2011年日本福岛第一核电站事故。在后两起事故中,都向环境中释放了大量放射性物质。

核事故和辐射事故的严重程度主要通过数字等级划分,即国际核事件等级表(INES),该等级表由IAEA和NEA在1990年联合召集的国际专家小组制定。最初,该表只用于核电站相关事件分类,但后期对其进行了扩展和调整,使其能够适用于与民用核工业有关的所有设施。最近,为了满足日益增长的需要,使人们了解与放射性物质和辐射源的使用、储存和运输有关事件的重要性,又对其进行了进一步的扩展和调整。实际上,INES的主要目的是促进技术界、媒体和公众就事件的安全意义进行沟通和了解,使公众和核管理部门准确地了解所报告事件的发生原因及其后果。

INES(图5.4和表5.2)使用数字等级来表示与电离辐射源相关事件的重要性。将事件分为7个级别:1~3级代表事件或异常,4~7级代表事故。每增加一个级别,表示事件的严重程度增加约10倍。这些级别考虑了三个方面的影响:①人与环境;②辐射屏障和控制;③纵深防御。无显著安全影响的事件定为0级以下,与辐射或核安全无关的事件不进行评级。

表5.2更详细地介绍了INES和安全标准。该表的第二栏是指放射性和放射性物质的意外泄漏对核设施工人、公众和环境的影响;第三栏是指各类事件对设备状态和核设施局部辐射环境的影响;第四栏是指纵深防御的各种屏障的完整程度;第五栏列出了核设施各级事故的实例。

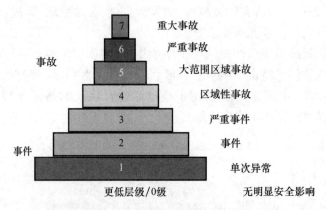

图 5.4 国际核事件等级表(INES)

表 5.2 国际核事件等级表(INES)基本框架

| INES 等级及表述 | 判别标准 | | | 例子 |
|---|---|---|---|---|
| | 人和环境 | 设施内放射性屏障和控制 | 纵深防御 | |
| 7 级<br>重大事故 | 放射性物质大量释放,具有大范围健康和环境影响,要求实施所计划的和长期的应对措施 | | | 切尔诺贝利,乌克兰,1986(燃料熔化并起火)<br>福岛,日本,2011(燃料损坏、放射性释放和人员疏散) |
| 6 级<br>严重事故 | 放射性物质明显释放,可能要求实施计划的应对措施 | | | 克什特姆,俄罗斯,1957(重要的军事后处理工厂) |
| 5 级<br>大范围区域事故 | 放射性物质有限释放,可能要求实施部分所计划的应对措施;<br>辐射造成多人死亡 | 反应堆堆芯受到严重损坏;<br>放射性物质在设施范围内大量释放;<br>公众受到明显照射的概率较高 | | 三里岛,美国,1979(燃料熔化)<br>温斯克尔,英国,1957(军事) |
| 4 级<br>区域性事故 | 放射性物质少量释放,除需要局部采取食物控制外,不太可能要求实施所计划的应对措施;<br>至少有 1 人死于辐射 | 燃料熔化或损坏造成堆芯放射性总量释放超过 0.1%;<br>放射性物质在设施范围内明显释放,公众受到明显照射的概率较高 | | 圣劳伦斯,法国,1969(燃料破裂)以及 1980(石墨过热)<br>东海村,日本,1999(燃料厂中试验堆发生临界事故) |

(续)

| INES 等级及表述 | 判别标准 | | | 例子 |
|---|---|---|---|---|
| | 人和环境 | 设施内放射性屏障和控制 | 纵深防御 | |
| 3级<br>严重事件 | 受照剂量超过工作人员法定年限值的10倍；<br>辐射造成非致命确定性健康效应（如烧伤） | 工作区中的照射剂量率超过1Sv/小时；<br>设计中预期之外的区域内严重污染，公众受到明显照射的概率较低 | 尚未达到"核事故"标准，但安全措施已全部失效 | 班德略斯，西班牙，1989（涡轮机起火）<br>戴维斯－贝斯，美国，2002（严重腐蚀）<br>波克什，匈牙利，2003（燃料损坏） |
| 2级<br>事件 | 一名公众受照剂量超过10mSv；<br>一名工作人员受照剂量超过法定年限值 | 工作区辐射水平超过50mSv/小时；<br>设计中预期外的区域内设施受到明显污染 | 安全措施出现严重失效，但并未导致实质性后果 | |
| 1级<br>单次异常 | 无 | 无 | 公众的过度暴露超过了法定限值。安全组件出现小问题，但纵深防御仍显著有效 | |
| 0级 | 无 | 无 | 无 | |

更详细内容请参见 INES 用户手册[10]，这里只展示了核设施相关部分（原表还描述了与放射源有关的事件）。核事故对人和环境的影响并非一定同时存在（比如在被列为5级事件的三里岛事故中并无人员死亡）。

根据该表，在历史上最严重的三起商业核电站事故中，三里岛事故被评为5级（根据其对核设施造成的影响，认为这是一次较为严重的核事故），而切尔诺贝利和福岛第一核电站事故由于造成了放射性物质的大量泄漏，则被评为7级（重大事故）。有史以来第三严重的核事故发生在俄罗斯的克什特姆军事后处理厂，当时它属于苏联。由于该事故导致了放射性物质的大范围外部泄漏，被评为6级（严重事故）。

## 5.9 核事故

绝对安全是不存在的。尽管采取了各种严格的安全措施和法规，与其他工业活动一样，核电站不可能完全没有风险。风险的潜在来源包括人为失误和影响大于预期的外部事件。事故发生的可能性是一直存在的，且历史上确实也已经发生了一些事故。对这些事故原因进行分析，我们获得了宝贵的经验教训，并促进了核安全逐步改善。下面，我们将按照时间顺序，对历史上十次最典型的核事故进行简要介绍。从这些事故中吸取的教训得到了充分重视，并实质性地促进了世界各地核电站的改进。表5.2第五栏主要列出了 INES 等级4级以上的核事故。本书还将对四起造成场外后果的事故：三里岛、切尔诺贝利和福岛的三起商业核电站事故,以及克什特姆的军事核电站事故进行更详细的讨论。

### 5.9.1 克什特姆核事故(1957),俄罗斯

1957年9月29日,位于俄罗斯叶卡捷琳堡东南150km的马亚克核电站发生了一起严重核污染事故。该设施是苏联核武器和核燃料后处理工厂的钚生产基地。这起事故以其附近城镇克什特姆(Kyshtym)命名(围绕马亚克核电站而建的封闭小城Ozyorsk,出于保密原因没有在地图上标出)。

事故原因是一个液体放射性废物容器的冷却系统发生故障并最终导致了爆炸(爆炸威力为0~100吨TNT当量)。这次爆炸虽未造成人员伤亡,但大约$7.4 \times 10^{17}$Bq的放射性物质被释放到大气中。大部分污染物在事故地点附近沉降下来,但含有$7.4 \times 10^{16}$Bq放射性核素的烟柱作为干沉降物沉积在了核设施东北偏北宽30~50km,长约300km的地区。该地区通常被称为东乌拉尔放射性痕迹区(EURT)。

出于保密原因,核电站最初并未告知受影响地区居民事故情况。一周后(10月6日),当局才开始从受灾地区疏散约1万人,但仍未说明疏散原因。1958年4月,西方媒体含糊地报道了一场灾难性事故在苏联及其邻国领土上造成了放射性沉降,但直到1976年,苏联移民Z. A·梅德韦杰夫才首次披露了有关这场灾难的部分事实[11]。事故发生后,为了减少事故后放射性污染的扩散,被污染的土壤被挖掘出来,集中堆放并用围栏圈禁。苏联政府在1968年通过建立东乌拉尔自然保护区来掩盖EURT地区的情况,禁止任何未经授权的人员进入受影响地区。2002年,Ozyorsk本身的辐射水平被宣称对人类是安全的,但EURT地区仍然受到严重的放射性污染。

该事件被定为INES 6级,是一起需要采取计划应对措施的严重事故。这也是有记录以来第三严重的核事故。

### 5.9.2 温斯克尔核事故(1957),英国

这是位于英格兰西北部Cumberland郡(现属Cumbria郡)的Windscale(现为Sellafield)的一处军事核反应堆和钚生产工厂,由两个归属于英国原子弹项目的气冷反应堆组成。事故发生在1957年10月8日,当时1号反应堆堆芯在例行维护检查中起火,引燃了约11t的铀。工人花了三天时间才将大火扑灭。与此同时,放射性物质通过烟囱发生泄漏并污染了周围地区,甚至欧洲大陆。虽未对该地区人员进行撤离疏散,但牛奶受污染的潜在风险引发人们的担忧。作为预防措施,当局用约一个月的时间稀释并销毁了附近500平方千米农场的牛奶。被污染的Windscale反应堆之后被关闭,直至20世纪80年代末开始退役,退役工作预计至少要到2037年才能完成。Windscale火灾是英国历史上最严重的核事故,被定为INES 5级。

### 5.9.3 三里岛核事故(1979),美国

有关该事故的报道信息主要来源于NEA[12]和WNA[13]的出版资料。

位于美国宾夕法尼亚州哈里斯堡附近的三里岛2号反应堆的部分堆芯熔毁,是美国历史上最严重的核事故,尽管这次事故只发生了少量放射性物质释放。该核电站拥有1号和2号两台机组,于1974年至1978年间建成。2号机组(TMI-2)是一个2568MW(th)

的压水堆(PWR)。事故发生于 1979 年 3 月 28 日,冷却回路一个相对较小的故障,最终导致了反应堆自动停堆。一个阀门的误关闭导致一级冷却回路压力上升,进一步导致安全阀打开。自动停堆后,安全阀本应自动关闭,但由于故障而仍然保持开启状态。由于操作人员错误理解了仪器读数,误以为阀门已经关闭,于是停止了自动高压应急冷却系统,使得堆芯水位下降,燃料组件暴露在外。堆芯过热最终使很大一部分燃料熔化并流入堆芯较低位置和反应堆容器底部。

由于堆芯燃料元件损坏以及阀门打开,挥发性裂变产物(主要是稀有气体、碘和铯的同位素)伴随大量氢气①离开压力容器,并在安全壳内积聚。这些氢气后来经过缓慢燃烧,并未对安全壳结构的稳定性造成损害。大约 5% 的放射性稀有气体和极少量的碘 – 131 以可控方式被释放到安全壳建筑外,也未使人员暴露在高于本底水平的剂量之下。事故未造成工人或公众死亡、受伤或其他不利健康影响。在核物质泄漏期间,当局疏散了核电站方圆 5 英里内的学龄前儿童、孕妇或哺乳期妇女,并要求方圆 10 英里内的居民待在室内。

出于对核电站事故辐射泄漏引发周边地区健康危害问题的担忧,宾夕法尼亚卫生部对事故地点 5 英里内超过 30000 名居民开展了长达 18 年的连续健康监测。该监测于 1997 年年中停止,但没有证据表明该地区出现了异常健康趋势。

由于反应堆堆芯严重受损,设施内放射性物质大量释放,这次事故被国际原子能机构评定为 5 级。事故后调查显示,这是一起由机械故障和操作人员失误造成的事故,这也引起了人们对核安全中人为因素的新关注。比如应急措施、控制系统和仪器仪表都得到了显著改进,操作人员的培训也得到了全面整改。更长远地,还进行了设计上的重要升级,如今,部分第三代反应堆(以及部分第二代反应堆)均采用了堆芯捕集器和氢复合器等系统。堆芯捕集器是位于压力容器下方的一个特殊池子,用于收集和保存熔化的堆芯(堆芯熔融物),防止其穿透压力容器到达容器外。氢气复合器则是一种基于多孔材料的催化剂,可使氢和氧以可控方式反应并生成水。

### 5.9.4 圣劳伦斯核事故(1980),法国

圣劳伦斯核电站位于 Blois 下游 28km,Orléans 上游 30km 的卢瓦尔河上的圣洛朗 – 诺安公社。事故发生时,该处有两个反应堆(A1 和 A2),分别于 1969 年和 1971 年投入使用,并于 1990 年 4 月和 1992 年 6 月退役。

1980 年 3 月 13 日,冷却系统故障导致 A2 反应堆的一个燃料通道融化,但没有放射性物质泄漏到场外。该事故被定为 INES 4 级,是法国最严重的一次核事故。

如今,该核电站有两个在运的加压气冷石墨慢化反应堆,每个反应堆的功率为 1690MW,于 1983 年开始运行。

### 5.9.5 切尔诺贝利核事故(1986),乌克兰

有关该事故的报道信息主要来源于 NEA[12] 和 WNA[14] 的出版资料。

1986 年,位于乌克兰基辅以北 130km、白俄罗斯边境以南 20km 的切尔诺贝利核电站

---

① 高温水蒸气可与燃料包壳中的锆发生化学反应产生氢气,反应如下:$Zr + 2H_2O \rightarrow ZrO_2 + H_2$。

发生了迄今世界上最严重的核事故。电站周围主要是森林,人口密度低(电站半径30km内,总人口11.5~13.5万)。

事故发生时,核电站内共有四座1000MW(e)RBMK反应堆在运,另外两座在建。每个反应堆系统由两个额定功率500MW(e)的反应堆背靠背组成,使用2% $^{235}$U 浓缩二氧化铀燃料、石墨慢化剂和水冷却剂(详见图4.5)。当时建造的RBMK反应堆的诸多特点中,一个重要特点是与中子物理性质和堆芯热行为相关的特定反应性系数,这使得系统在低功率运行时实际上不稳定,必须依靠控制棒确保稳定。该核电站的另一个特点是没有安全壳建筑,安全壳建筑是核反应堆安全黄金法则所要求的防止放射性泄漏的第四道也是最后一道屏障(图5.2)。这主要是因为该反应堆的设计目的是生产武器级钚,因此需要频繁更换燃料,而采用其他民用反应堆型所使用的安全壳是不可行的。设计者和运营者都知道这些特点。

事故发生在1986年4月26日,当时4号反应堆的操作人员在主动切断反应堆自动安全系统后开始一项测试。测试的目的是确定涡轮发电机在蒸汽耗尽后,是否仍能为部分反应堆冷却泵提供动力。这次测试有正当目的,但没有适当计划:工作人员未采取足够的安全预防措施,也没有提醒操作人员电气测试的风险,而且测试是在反应堆低功率情况下进行的,前面讲到,此时系统将处于不稳定状态。此外,控制棒在设计上也有缺陷,当只是部分插入堆芯时,会导致反应性增加,而非降低。这种正向的反应性反馈导致了突然的功率激增,在控制棒完全插入前,功率上升了近百倍,即事故是由反应性突然变化引起的。功率的快速上升引发过热,最终摧毁了燃料,热燃料与冷却通道中的水接触,导致蒸汽爆炸,使堆芯容器破裂。因此,事故迅速突破了防止放射性泄漏的前三道屏障(燃料颗粒基质、燃料包层和反应堆压力边界)。如上文所述,该反应堆没有第四道屏障,即安全壳建筑。高温水蒸气与锆包壳发生反应,产生大量氢气,爆炸摧毁了反应堆建筑。与此同时,石墨慢化剂起火,爆炸将燃烧的石墨碎片抛向四周,进而引发了其他火灾。

燃料元件的解体以及持续数天的石墨大火导致大量固体和气体放射性物质释放,由于没有安全壳建筑,这些物质被抛向外部高空。在随后的几天中,部分放射性同位素到达并沉降在多个欧洲国家,并被当地核仪器检测到。在西欧,最先发现污染的是瑞典的一家核电站,而后污染扩散到了整个北欧(斯堪的纳维亚、荷兰、比利时和英国),以及意大利东北部,并在事故发生10天后到达了地中海地区。

工人和消防员组成的应急分队工作多日,以控制火势和放射性物质扩散,主要通过从直升机上倾倒沙子、黏土、铅和硼的混合物(一种中子吸收材料),最终阻止了火势和放射性同位素的泄漏。毁坏的4号机组后来被封闭在混凝土屏蔽建筑中,在国际合作的帮助下,一个更永久的结构工事将于2017年完工。

切尔诺贝利核电站灾难期间,方圆约30km区域的民众开展了撤离行动(许多是永久撤离)。考虑到放射性物质的大量泄漏和广泛的影响,这次事故被定为INES 7级。

切尔诺贝利灾难是由于RBMK型反应堆的重大设计缺陷(特别是没有密封结构)、违反操作程序和安全意识不足造成的。事故后的调查突出了纵深防御概念的极端重要性。根据事故分析,对现有该类反应堆进行了改造和安全升级。尽管乌克兰和立陶宛境内的RBMK反应堆分别于2000年和2009年永久关闭,俄罗斯联邦仍有11台RBMK机组在运。

该反应堆释放了约60种放射性核素。据NEA的一项研究,以$^{131}$I当量计算,活度总释放量达到了$5.16 \times 10^{18}$Bq,这一数值实际上比INES 7级标准高出150多倍。

事故导致31名电站员工和消防员在几天或几周内死亡(包括28名急性辐射综合症患者),还造成了另外237名员工和消防员的辐射病(后来有134人确诊患有急性辐射综合症)。1986年,约有116000人从反应堆周边地区撤离。1986年后,约有22万人从白俄罗斯、俄罗斯和乌克兰撤离。这三个国家的大片领土被污染,且几乎所有北半球国家都可检测到释放的放射性核素微量沉积。此外,在1987年至2004年期间,有19名高度暴露的人员死亡,但尚不确定其与辐射照射的联系[15]。

此次事故造成约13万人受到大剂量辐照(即超过国际辐射防护委员会制定的国际公认的防护限度-ICRP)。后来,人们对相应的健康影响开展了大规模调查,特别是世界卫生组织对此进行了至少20年的调查[16]。虽然在广大民众中,并未出现急性辐射影响的案例报道,但自事故发生以来,大约有4000例儿童被诊断患甲状腺癌,这一定程度上与摄入损毁反应堆释放的放射性碘有关。白血病或其他类型的癌症尚未发现有增加,但根据保守的概率假设,预计可能会引发一些癌症。

### 5.9.6 班德略斯核事故(1989),西班牙

1989年10月19日,西班牙加泰罗尼亚的班德略斯气冷石墨慢化反应堆发生了发电机因机械故障起火导致的事故。大火持续了近4.5h,严重影响了从涡轮机到冷却系统的四个连接系统中的两个。这场火灾严重损害了核电站的安全性能。

该事件被定为INES 3级。此次安全系统受损导致核电站纵深防御能力下降,但并未发生放射性物质泄漏。

### 5.9.7 东海村核事故(1999),日本

1999年,位于东京东北约120km的东海村的铀后处理设施内的转化试验场发生了日本历史上第一次严重核事故。事故起因是将过多的铀浓缩到了相对较高的水平,造成有限的、不受控制的链式反应,断断续续持续了20h。两名工人死亡,119人暴露在高水平辐射中。该事故被定为INES 3级。IAEA认为,此次事故的原因是人为失误和严重违反安全原则造成的。

### 5.9.8 戴维斯-贝斯核事故(2002),美国

位于美国俄亥俄州渥太华县橡树港东北的戴维斯-贝斯核电站只有一个压水反应堆。2002年3月5日,作为反应堆冷却剂的硼化水从反应堆正上方开裂的控制棒驱动装置中漏出,并腐蚀了超过150mm的碳钢反应堆压力容器盖,面积大约有一个足球大小。虽然腐蚀并未导致事故,但仍被认为是一次严重的核安全事件,被定为INES 3级。

### 5.9.9 波克什核事故(2003),匈牙利

2003年4月10日,位于波克什(匈牙利布达佩斯以南100km)的核电站2号机组发生事故,燃料组件严重受损。正在乏燃料池水位以下特殊容器中进行清理的30多个燃料组件中的大部分被严重损坏,放射性物质被释放到清理容器中。该事件被定为INES 3级。

## 5.9.10 福岛核事故(2011),日本

有关该事故的报道信息主要来源于 NEA[12] 和 WNA[17] 的出版资料。

福岛第一核电站,位于日本本州岛福岛县双叶町,共有 6 台沸水堆机组,总发电功率为 4.7GW(e),于 1971 年首次投入使用。事故发生时,该城市人口估计为 290064 人。2011 年 3 月 11 日,一场大地震(里氏 9 级,日本有记录以来最大的地震,后来被称为东日本大地震)和随之而来的巨大海啸袭击了福岛所在的东北地区①。地震发生时,只有 1~3 号机组在运行,并且自动进行了安全关闭。而 4 号、5 号和 6 号机组因为定期检查而处于关停状态。当时,4 号机组的燃料已经转移到乏燃料池,但 5 号机组和 6 号机组处于冷停堆状态(反应堆冷却后,冷却剂系统处于大气压力状态且温度低于 100℃)。地震导致外部电网停电,电站外部电力中断。按照自动程序设定,应急柴油发电机启动并开始提供备用电力,通过应急冷却系统继续移除堆芯剩余衰变热。但地震发生大约 1h 后,一场海啸袭击了核电站,后来报道称海啸高度超过 14m,严重淹没了核电站的所有区域。核电站几乎所有柴油发电机都被海水淹没而停止了工作(只剩一台勉强维持冷停堆的 5 号和 6 号机组),提供海洋冷却水的泵也随之停运(这是核电站最后一级热能去除,又称为最终散热)。备用电池也在使用数小时后停止供电。因此,保障 1 号、2 号、3 号机组前两层深度防御的所有安全系统(燃料基体和燃料包层的完整性)开始受到影响。因此,尽管地震本身的威力很大,但并未对反应堆造成损害,而海啸的冲击却使核电站丧失了最基本的安全功能之一,即堆芯衰变热的去除以及向散热系统的转移。

在安全系统停止工作一段时间后,反应堆堆芯开始受损。大概在海啸到达几小时后 1 号反应堆的堆芯开始熔化,第二天和第三天 2 号机组和 3 号机组也相继发生堆芯熔化。随着堆芯熔化,水蒸气与包壳中的锆在高温下发生化学反应,产生大量氢气。事故的潜在后果变得愈发明显,当局于是立即下令疏散。事故发生后的第一天,距离核电站 20km 的疏散区就建立起来了。在距离核电站 20~30km 的地区,当剂量率超过 20mSv/a 时,便会下令疏散。该限值后来还被用以确定是否允许撤离人口重返家园。

为了释放反应堆容器内的高压,避免对主要容器造成损坏,通风系统被用于排出容器内的气体。然而,一些氢气聚集在 1~4 号所有机组的反应堆建筑(二级安全壳)内,并最终被点燃发生爆炸,严重损坏了反应堆建筑。由于燃料元件受损严重,大量不同挥发性的放射性同位素不受控地从反应堆堆芯逸出。为了释放压力的通风措施也将这些放射性元素排到室外,只不过是以一种可控的方式;而爆炸则导致了大量放射性核素失控地释放到外界环境中。

以最具代表性的两种放射性同位素 $^{137}$Cs 和 $^{131}$I 为例,根据 2012 年该核电站运营公司

---

① 这次地震是一次罕见而复杂的双震,持续了约 3min。南北延伸 650km 的海底区域水平移动了 10~20m。日本向东移动了数米,当地的海岸线下沉了 0.5m。据日本重建厅[18]统计,截至 2015 年 8 月 10 日,海啸淹没了约 560km² 的区域,造成 15892 人死亡,2573 人失踪,6135 人受伤。沿海港口和城镇遭到严重破坏,100 多万栋建筑被毁或部分倒塌。大多数人死于溺水。总共有超过 47 万人因地震、海啸和核事故撤离家园(约三分之一的撤离与核事故有关)。截至 2015 年 8 月,撤离人数已降至不足 20 万,但其中仍有 7 万人住在临时住所。这场地震使得地球自转轴由于质量重新分配而发生偏移,就像将旋转陀螺弄凹陷了一样。它还使一天的长度缩短了约 1μs。从挪威海湾到南极洲冰原,全世界都感受到了这次地震的影响。两年后,海啸造成的各种残骸仍然继续拍打着北美海滩[19]。

估计,在事故发生后的前 20 天内(即直到 3 月底)的释放量分别约为 $10^{16}$ Bq 和 $5\times10^{17}$ Bq,是切尔诺贝利事故中泄漏的相应核素辐射量的 12% 和 28%。从 2011 年 4 月到 2011 年底,进一步的释放量估计不到上述总量的 1%。考虑到这些数值大约是 INES 7 级标准的 30 倍,福岛第一核电站事故被总体评定为 7 级,与切尔诺贝利核事故相同。

截至撰写本书时,由于疏散及时,事故并未造成人员伤亡或急性辐射综合症。然而,仍有部分工人暴露在了高辐射水平下。假定发病概率与吸收剂量呈线性关系(详见 2.10 节),当地受照人群中癌症发生病例数上升情况也将十分有限①。另一方面,很难将癌症病例的轻微增加与辐射联系起来,但与辐射直接相关的某些疾病除外,例如儿童甲状腺结节和癌症。同时必须指出,福岛第一核电站事故使该地区一定数量的食物和鱼类受到污染,对当地经济也造成重大影响。但时至今日,这种污染似乎已经大大减少:根据相关专门研究,在事故发生后的第一年,来自福岛地区的食品中有 3.3% 污染超标(当局禁止这些产品进入市场)。这一比例在第二年略有上升,但到了 2014 年,已下降至 0.6%。对于整个日本,该值由 0.9% 下降至了 0.2%[20]。

国际上有关收集分析此次事故相关数据、调查了解事故真相及其后果并从中吸取教训的工作仍在进行,并可能还将持续一段时间。2015 年 9 月,IAEA 发布了一份全面报告,以及关于此次事故原因和后果的 5 个技术卷册[21]。该报告是一项广泛合作的成果,来自 42 个 IAEA 成员国和一些国际机构的约 180 名专家参与其中。该报告考虑了人为、组织和技术等诸多因素,旨在更好地评价此次事故并分析事故发生的原因,以便各国政府、监管机构和核电站运营商能够吸取必要的经验教训。

IAEA 和政府在有关本次事故的报告中指出的问题包括:组织缺陷、官僚主义、运营者、监管者和政府之间责任划分不清晰,以及未能有效落实从三里岛和切尔诺贝利事故中吸取的经验教训。

在世界范围内,这次事故直接导致了:

——多家核电站停运。在日本,所有的核电站被关闭以接受检查和许可证重审,而在撰写本书时,只有两个反应堆恢复了运行;在欧盟,则已开展了一系列压力测试,以再次检查核电站承受地震、恶劣天气和洪水等极端事件的能力;在德国,部分反应堆已经被永久关闭,进入退役和拆除程序,并考虑在今后几年内放弃核能。

——部分国家已经为放弃核能制定出了时间表(比利时、德国),或停建新的反应堆

---

① 世界卫生组织 2013 年报告[19]指出,研究结果表明,婴儿时期暴露在辐照下的人患癌的额外风险最大(男性白血病,女性实体癌)。对在事故早期阶段受到放射性碘影响的人群,一生中罹患甲状腺癌的相应风险进行了具体评估。结果显示,在受影响最严重的福岛县地区,患癌风险最高的是曾暴露于辐照的女婴,虽然额外绝对风险较小,但由于甲状腺癌的风险基线低,所以实际相对风险较高,终生风险相对增加 70% 左右(上限)。在事故发生后的头 15 年中,对婴儿时期暴露在辐射下的人群进行风险评估,发现儿童期患甲状腺癌的相对高风险更为明显,因为生命早期甲状腺癌的基线风险非常低。因此,对儿童进行健康监测是十分必要的。在受辐照最严重的地区,受辐照男婴患白血病风险最高,上限略微比基线风险高 5%。对于婴儿时期曾暴露于辐照下的女性,乳腺癌病例也有类似结果。对于所有实体癌,估计最大相对增加值约为 4%。对于福岛核电站工人,报告显示,迄今为止,福岛第一核电站事故还未导致工人受到急性辐射影响。报道中 7 名工人的死亡都不是辐射照射造成的。在大约三分之一的工人中,年轻工人罹患甲状腺癌的风险相对背景值高出约 20%。在不到 1% 的工人中,年轻工人的白血病和甲状腺癌发病率相对于背景值的增加高出约 28%。据估计,对于甲状腺受到非常高剂量辐射的少数救援人员而言,患甲状腺癌的风险很大,尤其是年轻人。

(瑞士),或取消先前政府重启核能的决定(意大利)。

——成立若干审查委员会,以修订操作程序、安全程序、设计基准事故和新型反应堆设计概念,值得一提的是 IAEA 在 2011 年出台了"核安全行动计划"[22]。

这是一场席卷全世界的强烈的政治和社会舆论风波,核能需求的必要性面临着来自公众的巨大压力。

事故分析表明,需要制定相比于 20 世纪 60 年代(即该核电站建设时期①)启用的更谨慎的选址标准。结果还表明,更可靠的备用电源和停堆后冷却的必要性,而且必须为该类型反应堆提供更完善的安全壳通风和其他应急措施。

**例题 5.1** 碘和铯污染。

核事故造成的主要健康危害来自放射性物质的扩散,特别是易挥发的裂变产物,如 $^{131}$I(半衰期约 8 天)和 $^{137}$Cs(半衰期约 30 年)。这些放射性核素具有生物活性,因此,如果通过食物摄入,往往会在人体器官中积累。放射性碘进入人体后在甲状腺积聚,比如切尔诺贝利事故引起甲状腺癌发病率明显上升。Cs-137 的半衰期为 30 年,因此是牧草和农作物潜在的长期污染物。那么可以采取哪些措施来减轻它们的危害呢(参见例题 2.9)?

答:由于 $^{131}$I 的寿命很短,只在最初的两个月里具有明显危害,其放射性在这段时间将降低至原来的约 1/256。为了限制人们对 $^{131}$I 的摄入,可将污染区人员疏散撤离数个星期,并服用含稳定碘的碘化钾药片,使甲状腺饱和,从而阻止其吸收放射性碘。相反,由于铯的半衰期较长,高水平放射性铯可导致受影响土地长期无法生产粮食。对于这种情况,可采取的措施是检查牛奶(主要考虑到儿童是受影响最严重的群体)是否放射性超标,若超标,则立即相应停止生产和销售活动。

**例题 5.2** 切尔诺贝利事故。

在切尔诺贝利事故中,反应堆输出功率在大约 $\Delta t = 4\text{s}$ 时间内从 $P_1 = 0.20P_0$ 激增到 $P_2 = 100P_0$,其中 $P_0 = 3\text{GW}$ 为反应堆额定功率。假设在这段时间内反应性过剩恒定,请计算反应堆的平均周期 $T_R$,以及该时间段内释放的总能量。

解:反应堆功率随中子数增加而增加,采用式(3.21)可得

$$P_2 = P_1 e^{\Delta t/T_R}$$

进一步可得

$$T_R = \frac{\Delta t}{\ln \frac{P_1}{P_2}} = \frac{4}{\ln \frac{100}{0.2}} = 0.64\text{s}$$

该时间段内释放的总能量为

$$E = P_1 \int_0^{\Delta t} e^{t/T_R} dt = P_1 T_R (e^{\frac{\Delta t}{T_R}} - 1) = 0.2 \times 3 \times 10^9 \times 0.64 \times (e^{\frac{4}{0.64}} - 1) = 198.5\text{GJ}$$

## 5.10 相对其他能源的安全性

商业核电站发生的少数和罕见事故表明,核电站是一个复杂系统,容易受到洪水、地

---

① 海啸登陆高度约为 14m,设计基准值为 5.7m。

震和极端天气等自然灾害以及火灾、设备故障、不当维护和人为失误等影响。然而,在与其他能源进行比较时,需要正确看待这些风险,任何形式的能源生产以及其他人类活动,都有其缺点和风险,而且在其他主流方式能源生产实践中也曾发生过大量人员伤亡的严重事故。

在参考文献[23]中,OCED提交了一份由保罗·谢勒研究所(Paul Scherrer Institute)汇编的分析报告,分析了1969年至2000年间能源行业每一起造成5人或5人以上死亡的事故。表5.3总结了调查结果:调查期间,全世界共发生1870起此类严重事故,造成81258人直接死亡。最严重的是1975年的板桥大坝溃坝事件,约有3万人直接死亡,总死亡人数约23万人。在化石能源产电中,燃煤发电是导致死亡的主体,其次是石油、液化石油气(LPG)和天然气。在所研究时间段内,严重的核事故只有切尔诺贝利事故,在事故发生后短期内共造成31名电站工人和应急人员死亡。

表5.3 1969—2000年期间发生在化石、水力和核能领域的严重事故(≥5人死亡)摘要[23]

| 能源途径 | OCED 成员国 | | | 非 OCED 成员国 | | |
|---|---|---|---|---|---|---|
| | 事故/次 | 死亡人数 | 死亡人数(TW·a) | 事故/次 | 死亡人数 | 死亡人数(TW·a) |
| 燃煤 | 75 | 2259 | 157 | 1146 | 22848 | 597 |
| 石油 | 165 | 3713 | 132 | 232 | 16505 | 897 |
| 天然气 | 90 | 1043 | 85 | 45 | 1000 | 111 |
| 液化气 | 59 | 1905 | 1957 | 46 | 2016 | 14,896 |
| 氢能 | 1 | 14 | 3 | 10 | 29924 | 10285 |
| 核能 | 0 | 0 | 0 | 1 | 31 | 48 |
| 总和 | 390 | 8934 | | 1480 | 72324 | |

注:死亡人数按发电量进行归一化(每太瓦年(TW·a)死亡人数)。

对于各种能源生产方式的每单位能源所对应的死亡率,OCED成员国均明显低于非成员国。在化石能源中,液化气的死亡率最高(死亡人数除以太瓦年),其次是燃煤、石油和天然气。OCED成员国的核电站和水电站的死亡率最低,而在非成员国,历史数据表明,大坝溃坝造成的风险要高得多。

就切尔诺贝利核事故而言,直接死亡人数远低于潜在死亡人数,即多年后因接触泄漏的放射性物质而产生的延迟死亡人数。显然,后者更难估计。欧共体、IAEA、WO和UNSCEAR的研究估计,在切尔诺贝利事故发生后的70年内,整个北半球的潜在死亡人数为9000人(基于剂量阈值模型)和33000人(基于无阈值模型)。这相当于非OCED国家每太瓦年死亡人数在1390~5120。但将这种核能风险直接外推到目前的核反应堆群并不合适,因为相比于乌克兰发生切尔诺贝利事故时,现今核电技术和监管框架明显都已变得更为安全和严格。

化石燃料是基荷发电的主要来源,为了使比较更为合理,还应考虑其燃烧对健康的潜在影响。OCED在2008年的一项研究[25]报告中指出,据估计,仅在2000年,由细颗粒物

(≤10μm)引起的室外空气污染就造成了约960000人过早死亡,在世界范围内造成960万年的生命损失。其中约有30%的污染来自能源生产。因此,即使按潜在死亡计算,切尔诺贝利事故所造成的后果与其他能源(主要是化石燃料燃烧)相比也是很小的。总的来说,核电每单位能源生产中由事故导致的死亡人数比化石燃料排放对健康的影响要小得多,但它们却吸引了更多的媒体和公众关注。

与其他工业部门相比,核事故发生的概率要低得多,但与此同时,核事故一旦发生就可能会对人们的生活和健康产生巨大影响。由于这种特殊性,是否使用核裂变能源已成为一个社会和伦理问题,而不仅仅是一个科学问题。

这就是为什么安全措施和安全文化在商业核能生产中具有重要意义。事实上,第三代反应堆的升级、第三代+的新项目以及未来可能取代现有反应堆的第四代反应堆的基本理念都是不断提高安全设计的可靠性和合理性(详见4.5节)。特别强调冗余、独立和多样性等方面,以及采用被动系统,如保证和加强纵深防御,进一步降低严重事故的概率,以保障人员、环境和核电站自身安全。

## 5.11　核安全与保障

核裂变应用引发关注的另一个主要原因是核技术扩散可能导致其被滥用的风险增加。核安全涉及预防、监督以及应对:涉及核材料、其他放射性物质或其相关设施的盗窃、破坏、非法获取、转让或其他恶意行为。关注的重点是故意滥用核材料和其他放射性物质的问题,它主要涉及自外部的对核材料或设施的威胁。另一个重要的方面是防止核武器材料和技术的扩散以及被更多的实体所掌握。

目前,核安全更多地是一项国家责任,这使得国际通行做法的实施和评估更加困难。近年来,随着恐怖主义威胁加剧,核安全重要性越来越大,这促使国际社会做出更大的努力来尽量减少这种威胁。因此,多国已经签署了有关条约,其中值得一提的是《不扩散核武器条约》(NPT)[26]和《全面禁止核试验条约》(CTBT)[27]。这些条约的目的是提供一个国际协议的基础,以防止核武器在全世界进一步扩散。

NPT于1970年生效,并在1995年被无限期延长。该文件对1967年1月1日之前生产和爆炸核装置的国家(即中国、法国、俄罗斯联邦、英国和美国,该条约称它们为"核武器国家")和所有其他国家进行了区分。该条约对核武器国家的要求是,它们不得向任何其他国家提供核武器,也不得协助它们发展核武器。条约对所有其他国家的要求是承诺不发展核武器,只将核技术用于和平目的。此外,该条约要求所有国家进行核裁军。除了印度、以色列和巴基斯坦之外,几乎世界上所有国家都签署了《不扩散核武器条约》,包括朝鲜,但朝鲜在2003年退出了该条约。

IAEA虽不是《不扩散核武器条约》的缔约国,但它在《不扩散核武器条约》下发挥着重要的核查作用。特别是,根据该条约第三条,每个无核武器缔约国都必须与IAEA缔结全面的"安全保障协定",以使其能够核查该国履行不将核材料从和平活动转用于核武器制造的义务的情况。安全保障要求相应国家必须申报可用于武器制造的核材料的库存及其位置,并接受IAEA在其正式宣布的接受保障监督的所有核设施内开展核查,并对可用于武器制造的核材料进行清点。核查主要通过IAEA安装的监测仪器实现,其中一些仪器进行了密封处理,以避免被篡改。IAEA 定期对核设施进行随机但事先通知的实地检查,以核实运营商账目,并确保所有安装的仪器性能正常,未被篡改。自 1997 年以来,若某国批准了一项附加保障议定书,IAEA 核查也可以在突然或质疑的基础上进行。核查所期望达到的结果是,通过核查缔约国政府申报的核材料库存,IAEA 可以宣布其所有核材料都被用于和平目的。

182 个国家与 IAEA 签订了有效的安全保障协定。这些协定中的绝大多数是 IAEA 与《不扩散核武器条约》缔约国中的无核武器国家缔结的协定。2014 年,有超过 1250 个核设施和地点受到保障监督,同时约有 193500 处"重要数量"核材料受到保障监督("重要数量"是指不能排除制造核爆炸装置可能性的核材料的大致数量)。

《全面禁止核试验条约》(CTBT)于 1996 年由联合国大会通过,但尚未生效,其主要目的是禁止所有核爆炸,无论是军事还是民用。该文件规定了进行现场检查的可能性,包含了协商和澄清的规定,以及增加对等信任的措施,所有这些都是为了核查协定中义务履行情况的总体战略的一部分。截至 2015 年 3 月,已有 164 个国家批准了《全面禁止核试验条约》,另有 19 个国家已签署但尚未批准该条约。然而,该条约只有在 1994 年至 1996 年期间参与讨论制定《全面禁止核试验条约》并在当时拥有核电反应堆或研究反应堆的所有 44 个国家批准后才会生效。截至 2015 年,这 44 个国家中只有 36 个国家批准了该条约。中国、埃及、伊朗、以色列和美国已经签署但未批准《全面禁试条约》,而印度、朝鲜和巴基斯坦还未签署该条约。

在过去的几十年里,核武器扩散潜在风险一直是限制核能扩张的一项主要阻力。出于相同原因,早在 20 世纪 70 年代,美国就反对乏燃料后处理,因为这可能会将铀和钚转移用于军事用途。制造原子弹的主要困难之一是获得适当数量和纯度的可裂变材料,这些材料可以是 $^{235}$U 或 $^{239}$Pu。在实践中,人们把用于发电的反应堆级燃料和武器级材料区分开来。反应堆级铀通常将铀-235 浓缩到 3%~4%,而武器级铀需浓缩到 90% 以上。制造武器级铀或钚的技术复杂且成本高昂,并非每个国家都能做到,但只要有足够的时间和投入,也不是完全无法获取。因此,国际合作和监督(上述保障制度)对于管控裂变材料资源及其最终用途至关重要。

几乎所有运行中的核反应堆(特别是增殖反应堆)都会产生不同数量的钚-239,铀-238 吸收一个中子,然后迅速衰变为镎,然后衰变为钚。但该增殖过程十分复杂,若钚-239 在反应堆中停留时间过长,将进一步吸收额外中子,转化为同位素钚-240、钚-241 等。这些同位素也具有较高的自发裂变概率和 $\gamma$ 辐射水平,使得从民用乏燃料中提取的钚难以用于武器。事实上,高自发裂变率将使武器稳定性降低,而高 $\gamma$ 放射性也使得这种钚混合物操作起来更危险。原则上,只有钚-239 同位素浓度达到 93% 以上,才是真正的武器级钚,其生产需要采用经常更换燃料的专用反应堆。

从热中子反应堆定期卸出的乏燃料中提取的钚,钚-239 含量通常为 60%~70%。可通过乏燃料后处理,从裂变产物以及较重的核素镅、锔等中分离出所有钚同位素(详见 3.12 节),将其作为核燃料回收利用。上述这些考虑都比较粗糙,实际上,特定燃料循环中核扩散风险评估是一个十分复杂的过程,取决于诸多因素,如生产技术、新燃料和乏燃料的同位素和化学组成、设施类型等。因此,原子能机构谨慎强调,必须在对核燃料循环上述所有方面进行详细分析的基础上,逐案评估武器扩散风险[28]。

### 核裂变能

**例题 5.3  广岛核弹。**

TNT(三硝基甲苯)爆炸当量是衡量炸弹和其他爆炸物强度的标准。1 吨 TNT 相当于 $4.184 \times 10^9$ J。美国在第二次世界大战最后阶段于 1945 年 8 月 6 日在广岛上空投下的核弹当量约为 15 千吨 TNT。已知该核弹含有 $M = 64$ kg 的 $^{235}$U,请计算实际发生裂变的铀的比例是多少? 假设每次裂变平均释放能量 200 MeV。

解:爆炸所释放的能量为 $E = 15 \times 10^3 \times 4.184 \times 10^9 = 6.28 \times 10^{13}$ J,而单次裂变释放的能量为 $E_0 = 200$ MeV $= 3.2 \times 10^{-11}$ J,阿伏伽德罗数 $N_A = 6.022 \times 10^{23}$,$^{235}$U 的摩尔质量 $M_U = 0.235$ kg/mol,那么发生裂变的 $^{235}$U 的质量为

$$m = \frac{E M_U}{E_0 N_A} = \frac{6.28 \times 10^{13}}{3.2 \times 10^{-11}} \frac{0.235}{6.022 \times 10^{23}} = 0.766 \text{ kg}$$

即炸弹中只有大约 $0.766/64 = 1.2\%$ 的铀发生了裂变。

**例题 5.4  天然放射性。**

一块质量为 100 t 的独立岩石含有 0.1% 重量的 $^{238}$U。如图 2.2 所示,$^{238}$U 是一个衰变系(产生 $^{226}$Ra)的母体(半衰期为 $4.47 \times 10^9$ a),而 $^{226}$Ra 又会经历 α 衰变(半衰期为 $1.60 \times 10^3$ a)产生 $^4$He。请计算岩石中镭核的含量和氦核的产生率(kg/a)。

解:镭的寿命比铀短得多($\tau_{1/2Ra} \ll \tau_{1/2U}$),并且显然,自岩石形成以来已经过去了很长时间,那么从式(2.23)中可以得出长期平衡条件:

$$\frac{N_{Ra}}{N_U} = \frac{\tau_{1/2Ra}}{\tau_{1/2U} - \tau_{1/2Ra}} = \frac{\tau_{1/2Ra}}{\tau_{1/2U}} \quad (\text{考虑到 } \tau_{1/2Ra} \ll \tau_{1/2U})$$

其中 $N_{Ra}$ 和 $N_U$ 分别是镭和铀的核子数。$M_{Ra}$ 和 $M_U$ 分别为镭核和铀核的质量,$P_{Ra} = 226$ 和 $P_U = 238$ 则为它们的原子质量,上述比率也可表达为

$$\frac{N_{Ra}}{N_U} = \frac{M_{Ra} P_U}{M_U P_{Ra}}$$

结合上述两个方程,可以得出:

$$M_{Ra} = M_U \frac{P_{Ra} \tau_{1/2Ra}}{P_U \tau_{1/2U}} = 10^5 \times 0.1 \times 10^{-2} \frac{226}{238} \frac{1600}{4.47 \times 10^9} = 3.4 \times 10^{-5} \text{ kg}$$

氦的产生率等于镭的活度(详见式(2.12)):

$$\frac{dN_{He}}{dt} = \lambda_{Ra} N_{Ra}$$

$M_{Ra}$ 和 $M_{He}$ 表示镭核和氦核的质量(称 $P_{He} = 4$ 为 $^4$He 的原子质量),则有

$$\frac{dM_{He}}{dt} = \lambda_{Ra} M_{Ra} \frac{P_{He}}{P_{Ra}} = M_{Ra} \frac{0.693 P_{He}}{\tau_{1/2Ra} P_{Ra}} = 3.4 \times 10^{-5} \frac{0.693}{1600} \frac{4}{226} = 2.6 \times 10^{-10} \text{ kg/a}$$

**例题 5.5  氡气累积。**

某酒店的会议室大小为 10 m × 10 m × 4 m,墙壁、地板和天花板均由混凝土制成。该会议室在一次会议后几天内未进行通风换气,此时测得 $^{222}$Rn 比活度为 100 Bq/m³。如果源自铀的 α-衰变的氡在房间中扩散的有效厚度为 1.5 cm,且测量时,氡从混凝土到房间的迁移完全。请计算混凝土中 $^{238}$U 的浓度,单位为核/立方米和 g/m³。

解:房间的体积为 $V = 10 \times 10 \times 4 = 400$ m³,那么氡的活度为

$$R_{Rn} = 100 V = 4 \times 10^4 \text{ Bq}$$

氡-222(半衰期约为 3.82 天)比铀-238($4.47\times10^9$ 年)短得多,应用式(2.26)可知两种核素的活度相等:

$$N_{Rn}\lambda_{Rn}=N_U\lambda_U$$

其中 $N_{Rn}$ 和 $N_U$ 分别为 Rn 和 U 的核子数量。由此可知:

$$N_U=N_{Rn}\frac{\lambda_{Rn}}{\lambda_U}=\frac{R_{Rn}}{\lambda_U}=R_{Rn}\frac{\tau_{\frac{1}{2}U}}{0.693}=4\times10^4\times\frac{4.47\times10^9\times3.15\times10^7}{0.693}$$

$$=8.13\times10^{21} \text{核}$$

氡气来源的混凝土体积 $w$ 等于墙、地板和天花板的总面积乘以厚度 1.5cm:

$$w=4\times(10\times4)\times0.015+2\times10\times10\times0.015=(160+200)\times0.015=5.40\text{m}^3$$

则混凝土中 U 核浓度为

$$\frac{N_U}{w}=\frac{8.13\times10^{21}}{5.40}=1.5\times10^{21} \text{核}/\text{m}^3$$

$$\frac{m}{w}=\frac{1.5\times10^{21}}{6.022\times10^{23}}\times238=0.59\text{g}/\text{m}^3$$

**习题**

**5-1** 放射性同位素锶-90(半衰期 28.8a)是核反应堆产生的废物之一。请计算使 $^{90}$Sr 样品放射性变小为下列数值时所需时间(a)原来的 1/1000;(b)原来的 $1/10^6$。

[答案:(a)287a;(b)574a]

**5-2** 在核事故中,主要的健康危害来自放射性物质的扩散,特别是挥发性裂变产物,如 $^{131}$I(半衰期约 8d)、两种铯同位素 $^{134}$Cs(半衰期约 2a)和 $^{137}$Cs(半衰期约 30a)。请计算这些核素的放射性需要多长时间才会变小为下列数值(a)原来的 1/1000;(b)原来的 $1/10^6$。

[答案:(a)$^{131}$I 为 80d,$^{134}$Cs 为 20d,$^{137}$Cs 为 299d;(b)$^{131}$I 为 159d,$^{134}$Cs 为 40a,$^{137}$Cs 为 598a]

## 参考文献

[1] https://www.iaea.org/publications/documents/treaties/convention-nuclear-safety

[2] IAEA document Safety Fundamentals, The safety of nuclear installations, (IAEA Safety Series No. 110 published 1993)

[3] IAEA Safety Glossary, Terminology used in nuclear safety and radiation protection, 2007 Edition

[4] Basic Safety Principles for Nuclear Power Plants(INSAG-3), http://www-pub.iaea.org/books/IAEABooks/5811/Basic-Safety-Principles-for-Nuclear-Power-Plants-75-INSAG-3-Rev-1

[5] NEA-6885 Nuclear energy today, ISBN 978-92-64-99204-7, OECD 2012

[6] World Nuclear Association, Source safety of nuclear power reactors. August 2015, http://world-nuclear.org/info/Safety-and-Security/Safety-of-Plants/Safety-of-Nuclear-PowerReactors

[7] IAEA Power Reactor Information System, http://www.iaea.org/pris

[8] Nuclear Power Plant operating experience, from the IAEA/NEA international reporting system for operating experience, 2009-2011, http://www-ns.iaea.org/downloads/ni/irs/npp-op-ex-2009-2011.pdf

[9] http://www.wano.info/en-gb

[10] http://www-pub.iaea.org/MTCD/Publications/PDF/INES2013web.pdf

[11] Z. A. Medvedev, Two Decades of Dissidence, New Scientist, 4 Nov 1976

[12] Nuclear energy today, ISBN 978-92-64-99204-7, © OECD 2012

[13] http://www.world-nuclear.org/info/Safety-and-Security/Safety-of-Plants/Three-Mile-Islandaccident
[14] http://www.world-nuclear.org/info/Safety-and-Security/Safety-of-Plants/Chernobyl-Accident
[15] http://www.world-nuclear.org/information-library/safety-and-security/safety-of-plants/appendices/chernobyl-accident-appendix-2-health-impacts.aspx
[16] World Health Organization Report, http://apps.who.int/iris/bitstream/10665/43447/1/9241594179_eng.pdf
[17] http://www.world-nuclear.org/info/Safety-and-Security/Safety-of-Plants/Fukushima-Accident
[18] http://www.reconstruction.go.jp/english/topics/GEJE/index.html
[19] Health risk assessment from the nuclear accident after the 2011 Great East Japan earthquake and tsunami, © World Health Organization 2013. http://apps.who.int/iris/bitstream/10665/78218/1/9789241505130_eng.pdf
[20] E. Gibney, Fukushima data show rise and fall in food radioactivity, Nature news, 27 February 2015, http://www.nature.com/news/fukushima-data-show-rise-and-fall-in-food-radioactivity-1.17016
[21] The Fukushima Daiichi Accident: report by the director general and five technical volumes, STI/PUB/1710 (ISBN: 978-92-0-107015-9). http://www-pub.iaea.org/books/IAEABooks/10962/The-Fukushima-Daiichi-Accident
[22] https://www.iaea.org/newscenter/focus/nuclear-safety-action-plan]
[23] Comparing nuclear accident risks with those from other energy sources, OECD 2010, NEA No. 6861
[24] P. Burgherr, S. Hirschberg, Science direct, energy 33 (2008) 538. OECD-NEA 6862 comparing risks
[25] OECD, OECD Environmental Outlook (OECD, Paris, 2008)
[26] Treaty on the Non-Proliferation of Nuclear Weapons (NPT), United Nations Office for Disarmament Affairs
[27] Resolution 50/245 adopted by the general assembly of United Nations at its 50th session. "Comprehensive nuclear-test-ban treaty". United Nations, 17 September 1996. Retrieved 3 Dec 2011. http://www.un.org/documents/ga/res/50/ares50-245.htm
[28] Technical Features to Enhance Proliferation Resistance of Nuclear Energy Systems, IAEA nuclear energy series, IAEA, Vienna 2010, http://www-pub.iaea.org/MTCD/publications/PDF/Pub1464_web.pdf

# 第6章　放射性废物管理

核能发电虽不会向大气排放二氧化碳等温室气体，但如果不进行适当的控制和管理，将会产生固体、液体、气体形式的放射性废物，污染环境并对人类健康造成危害。因此，为了保护人类和环境，必须以安全的方式处理放射性废物。放射性废物种类繁多，妥善处置必须基于废物的性质。本章重点介绍核废物的产生、处理、储存和处置。首先根据放射性水平和半衰期对核废物进行分类，并与其他危险废物和来自其他发电方式的废物进行比较；然后，讲述核废物的典型组成、放射性随时间的演变以及最终处置的安全方法；最后，介绍正在进行的有关大幅度减少核废物体积和放射毒性以及缩短它们极长的安全监管时间的研究。

## 6.1　放射性废物分类

放射性废物是指各种涉核活动产生的所有放射性高于自然本底的残余物质。废物意味着无法再对其进行利用，因此必须像处理其他非放射性废物一样对它们进行处理。然而，考虑到其放射性，在对核废物进行转移、预处理、储存和处置时还需采取一些特殊流程。比如，在许多情况下，必须采取特殊处理和措施，将其与生物圈隔离开，就像其他类型的有毒废物一样。此外，我们还必须意识到，对于放射性废物，即使没有接触、吸入或摄入，也可以在一定距离内对人体造成辐射伤害。对于含有高放射性水平和/或长寿命放射性核素的核废物，危害性尤其高。

一般来说，在处理和储存放射性废物时，通常会用到三种策略。首先，通过各种方式尽可能减少废物体积，将其装入适当的安全可靠的容器中。其次，在必要和适当情况下，对工业处理过程中产生的某些废物进行稀释，而后排放到环境中，但必须严格遵守放射性水平安全排放限制。最后，放射性废物危害消除的唯一途径为放射性衰变，对于高水平放射性废物，这可能需要数百或数千年的时间。对于这类废物，国际共识是采取深地质处置，地质处置库位于地下数百米深处，在地质长期稳定性、地下水作用等方面具有特定的安全特征。

除核能发电外，核科学技术在医学、工业、科学研究和军事领域的应用也会产生放射性废物。例如，放射性废物还产生于：①医院，用于疾病诊断、治疗以及医疗器械消毒；②大学和科研中心，用于物理、生物、化学和工程学研究；③农业，用于开发抗旱和抗病能力更强，以及生长周期更短或产量更大的作物——这对一些发展中国家尤为有利。另外，核设施退役和永久关闭时也会产生放射性废物。

放射性废物有效管理应始于废物产生之前：所有产生放射性废物的活动都要遵循一个基本原则，即从源头上避免或减少废物的产生。尽量减少最初废物的产生，也能尽量减少需要储存和处理的废物量。

放射性废物种类多样,适当的处置必须基于废物的特性。为了便于根据放射性含量和热特性制定有关处理、储存和处置的规定,放射性废物通常被分为几类。对放射性废物所采取的包容和隔离措施取决于其危害水平。

在核能领域,大致地将核废物分为低水平废物(通常缩写为 LLW)、中水平废物(ILW)和高水平废物(HLW),少数国家还引入了极低水平废物(VLLW)这一概念。该类废物产生的数量可能相对较多,特别是在核设施退役过程中,但其放射性危害非常小,甚至可以在无需涉核许可证的设施中进行管理。不同国家分类略有不同,但原则上,放射性废物分类的主要标准都是基于其放射性含量和该放射性衰减到不显著水平所需的时间。

IAEA 还使用以下分类[1]:(a)豁免废物(EW),可不采取辐射防护,脱离监管控制;(b)极短寿命废物(VSLW),可储存数年,使其包含的短命同位素衰减到足以使其脱离监管控制;(c)极低水平废物(VLLW),放射性物质含量稍高,但通常认为其放射性不会对人类或周围环境造成危害。

低中放废物主要产生于核设施日常维护和运行。对于这两个类别,内部放射性产生的热量必须低于约 $2kW/m^3$[2]。通常情况下,还可进一步细分:

(1)短寿命废物(LILW – SL,即低中放 – 短寿命废物),在 30a 内衰变,其包含的所有长寿命同位素总含量应低于 $400Bq/g$[2]。

(2)长寿命废物(LILW – LL,即低中放 – 长寿命废物),需要 30a 以上时间的衰变,其包含的所有长寿命同位素总含量仍超过 $400Bq/g$[2]。

无论何种类型放射性废物,都必须以安全的方式进行处置。因此,处理或运输废物以及设计储存或处置场所等活动必须遵循基本安全原则,这与设计和运行反应堆的活动类似。由于不像反应堆那样涉及诸如高功率控制、复杂冷却系统和反馈机制干预等问题,工程要求相对较低一些。

### 6.1.1 极低放废物(VLLW)

极低水平废物是指长寿命同位素含量非常有限且活度较低的废物(比活度通常低于 $10Bq/g$[2]),因此,对这类废物的隔离和包容相对简单。VLLW 可以在填埋式地表储存库中处置,无需广泛控制和监督。地面储存库的一种常见形式是放置在沟槽中的大管。

VLLW 的一个典型例子是比活度极低的被拆除材料,如在核场址翻新或拆除作业中产生的土壤和碎石(混凝土、石膏、砖块、金属、阀门、管道等)。

### 6.1.2 低放废物(LLW)

低放废物主要是受到放射性污染的物品(有关污染的定义,详见第 2.10 节脚注)。典型例子包括受污染的衣物,如防护鞋套、拖地布、清洁布、纸巾等,即与少量短寿命放射性物质接触的物品。特别是在核电站退役和拆除过程中,产生的废物中有很大一部分是 LLW。相比于超低放废物,低放废物要么含有短寿命放射性核素,要么含长寿命放射性核素且含量较高,因此具有更高的活度,有必要将它们包容在适当的基础设施中。

由于其活度及相应的辐射剂量较低,处理 LLW 时通常可使用橡胶手套,不必采取特殊屏蔽措施。在处置方面,由于长寿命放射性核素的含量很低且没有显著的热量释放,也就无需长期、隐蔽的处置库。因此,地表或近地表处置库即可保证 LLW 的必要安全。近地表处置库可以是位于水平面的、具有数米厚保护层的处置场址(详见6.4节),也可以是位于地面以下数十米深的岩洞。如果没有专门的地表处置库,也可以在产生废物的场址进行临时储存,并由场址运营方负责相应的储存和监督。

全世界每年产生的所有放射性废物中,低水平废物占总量的90%,但其放射性含量仅占1%[3-4]。

### 6.1.3 中放废物(ILW)

中放废物通常来源于工业过程,例如反应堆水处理的残留物和反应堆冷却水净化过滤器。通常,ILW释放的热量可忽略不计,其放射性水平范围从略高于自然本底到某些情况下更高,有来自核电站反应堆容器内部的部件,也有来自乏核燃料后处理的非溶解金属燃料外壳(详见后文高放废物处理)。根据活度级别,处理ILW可能需要采取相应的屏蔽措施。

通常,为了尽量将长寿命放射性核素与其余部分分离开来,需对ILW进行特殊的化学处理。分离后,不含大量长寿命放射性核素的部分被重新归类为低放废物,只要其放射性低于安全和监管当局规定的限值,便可直接排放。如果LLW为液态或气态,则可分别排放到河流、海水中,或通过特定的烟囱排放。

而浓缩了长寿命组分的ILW部分则可采用合适的基质,如混凝土、沥青或树脂进行封装。封装后,根据其所含的具体长寿命放射性核素,进行地表、近地表或地质处置库处置。

世界范围内,ILW占每年产生的所有放射性废物总体积的7%,总放射性的4%[3-4]。根据定义,其放射性衰变热功率小于约$2kW/m^3$[2]。因此,在ILW储存或处置设施的设计中可不用考虑热效应。

### 6.1.4 高放废物(HLW)

高放射性废物(HLW)的特点是含有较多的长寿命放射性核素。其放射性核素的含量相对较高,因此,它将在很长一段时间内保持放射性(从几百年到几十万年),且活度也将长期保持在较高水平,并产生大量热量。定量地讲,HLW释热率通常大于$2kW/m^3$[2],活度水平在$5\times10^{16} \sim 5\times10^{17} Bq/m^3$[2]。因此,HLW既需要屏蔽,也需要冷却。

HLW占发电过程中产生的总放射性的95%以上[3-4]。HLW的一个典型例子是从反应堆堆芯卸出的乏燃料。

一些国家对乏燃料进行后处理,分离回收铀和钚,以提高单位质量燃料所产生的能量。然而,对于热反应堆而言,这个过程会产生额外的含有大量次锕系元素(镎、镅、锔等)和裂变产物的HLW。快中子反应堆的发展和运行将减少后一种HLW的产生(详见第4章)。所有这些HLW,无论是乏燃料还是来自后处理过程的其他放射性物质,都具有非常大的放射性风险,需要长期与生物圈高度隔离。因此,HLW的处置需要深埋在地下的地质处置库。乏燃料后处理产生的HLW的典型处理方法是玻璃固化处理。在这个过程中,HLW被玻璃化为硼硅酸盐玻璃(Pirex),然后封装在约1.3m高的厚不锈钢圆筒中,并储存起来,以便进行最终深地质处置[5]。

## 6.2 乏燃料组成

如前几章所述,乏燃料是指燃料在核反应堆中,经过一段时间辐照后产生的物质,在这个过程中,裂变和中子俘获反应将消耗部分同位素并产生新的同位素。

在反应堆中燃烧结束后,出于安全原因,需对燃料进行准确地表征。乏燃料同位素组成随初始组成(可裂变和可增殖原子的种类和数量)、中子谱、通量、燃耗(详见 3.12 节)、燃料元件的设计、运行过程中在反应堆中的位置,以及从反应堆卸出后的冷却时间而变化。正因如此,来自不同反应堆的乏燃料元件在组成上彼此不同,甚至来自同一反应堆的不同批次的乏燃料元件也不同。

不同国家由于在政策、观念和燃料循环方式选择上的差异,对乏燃料的管理方式也各不相同。但有一些共通重要目标——需要一个深地质处置库,降低需处置的放射毒性核素负担,核不扩散问题等,这也促使了相关国际联合研究项目的发展。

如图 4.10 所示,每千克乏燃料包含 35g 裂变产物($^{90}$Sr、$^{137}$Cs、$^{93}$Zr、$^{99}$Tc、$^{85}$Kr 等),9g 各种 Pu 的同位素(大约 65%仍可裂变)和小于 1g 的次锕系元素(Am、Np 和 Cm 等),其余为铀。因此,对于轻水堆(每千克乏燃料含 36g 裂变产物和次锕系元素),实际需要处置的核废物只占一小部分,超过 95% 的材料可以通过回收再利用。

几乎所有的裂变产物都是放射性的,有些衰变得非常快,因此辐射非常强,另一些则衰变得比较慢。裂变产物的半衰期没有位于 100 ~ 210000 年范围内,也没有超过 $15.7 \times 10^6$ 年的。

裂变产物中具有较高产率和较短半衰期(几天内)的部分,是反应堆关闭后(即停止链反应后)堆芯内大量衰变热的来源。然而,它们的辐射在几天或几周便会显著下降,这也意味着,意外释放的裂变产物只会在有限时间内造成显著的危害。冷却池中的乏燃料,经过一段较短时间后,便不会再显著产生热量。

其他半衰期在数年以内的短寿命裂变产物(通常缩写为 SLFP),则可以在相当长的一段时间内构成安全隐患。中等寿命裂变产物(简称 MLFP)也是如此,其半衰期在 100 年以内(如$^{137}$Cs 和$^{90}$Sr 半衰期约为 30a,$^{151}$Sm 半衰期约为 90a)。这些同位素会在乏燃料中产生热量,如果不小心释放到环境中,可能会造成数十年的安全问题。最后,7 种长寿命裂变产物(简称 LLFP)的半衰期为 211100a($^{99}$Tc)或以上($^{126}$Sn、$^{79}$Se、$^{93}$Zr、$^{135}$Cs、$^{107}$Pd 和$^{129}$I)。

当大部分$^{137}$Cs 和$^{90}$Sr 衰变殆尽后,乏燃料放射性便主要来源于次锕系元素而非裂变产物,尤其是$^{239}$Pu(半衰期 24110a)、$^{240}$Pu(6561a)和$^{241}$Am(432.2a)。

图 6.1 显示了高放废物中主要放射性同位素比活度随时间的变化情况,它们的总和即为废物的总比活度。请注意,横纵坐标均为对数标尺,比活度是指 Bq/kg 乏燃料。

图 6.1 中的这些同位素对于确定 HLW 处置条件非常重要。表 6.1 给出了它们的半衰期。如上所述,那些短半衰期同位素在最初几年中主导了废物的总体活度,但从长远来看,活度较低但寿命较长的同位素将占主导地位。在最初的 100 年里,$^{137}$Cs 和$^{90}$Sr 的放射性在总放射性中占主导地位。从长远来看,长寿命同位素$^{99}$Tc、$^{135}$Cs、$^{93}$Zr 和$^{129}$I 以及超铀元素$^{239}$Pu 和$^{242}$Pu 则是主要关注点,届时,大部分的热量将来源于它们的高能衰变。

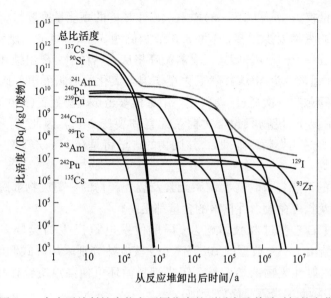

图 6.1　高水平放射性废物主要同位素的比活度及其随时间的变化

表 6.1　在高放废物管理和处置的不同阶段具有重要意义的
半衰期各异的放射性同位素[6]

| 同位素 | 半衰期/a |
|---|---|
| 锔-244 | 18.1 |
| 锶-90 | 28.79 |
| 铯-137 | 30.0 |
| 镅-241 | 432.2 |
| 钚-240 | 6561 |
| 镅-243 | 7370 |
| 钚-239 | 24110 |
| 锝-99 | 213000 |
| 钚-242 | 373500 |
| 锆-93 | $1.53 \times 10^6$ |
| 铯-135 | $2.3 \times 10^6$ |
| 碘-129 | $1.57 \times 10^7$ |

## 6.3　核电站产生的放射性废物量

在不对乏燃料进行后处理分离钚的国家（即采用所谓的"一次通过"开式燃料循环的国家），整个乏燃料都被视作核废物。一个普通的核电站（1GW(e)）每年卸出近 30t 的乏燃料，其中包含大约 1t 真正的高放废物（裂变产物和次锕系元素）。该反应堆若以 80% 的容量运行，每年将生产约 70 亿 kW·h 的电力。那么，若将整个乏燃料作为废物考虑，该反应堆的废物产量仅为 4mg/(kW·h) 左右。由于核能的高能量密度，这个数量比其他传统发电来源产生的废物要少得多（详见 3.3 节和例题 3.4）。如果乏燃料经过后处理回收，这个量还可以进一步减少。闭式核燃料循环将从乏燃料中分离出铀和钚，再循环制造混合氧化物燃料（通常称为 MOX），然后再燃烧混合氧化物燃料发电。因此，在这种方式的燃料循环中，钚不像"一次通过"燃料循环中那样被当作废物处置（6.6 节中将做更详细的讨论）。这种情况下，废物只包含次锕系元素和裂变产物。因此，再考虑一个典型的 1GW(e) 核电站，经过乏燃料后处理后，核废物的产量将是 0.14mg/(kW·h)（30t 中只有 1t 真正的高放废物）。

不经后处理的乏燃料及含有次锕系元素及裂变产物的分离废物都属于高放废物，因为它们的活度以及长寿命放射性核素的含量都很高。

多年来，通过工艺改进和技术进步，每单位发电量产生的废物量总体呈减少趋势[7-8]。表 6.2 给出了一个典型的 1000MW(e) 核电站分别采用开式和闭式核燃料循环时，每年产生的放射性废物的参考量。闭式燃料循环可使高放废物体积减少为原来的 $1/3 \sim 2/3$（SNF 实际上本身就是高放废物）。

核能发电产生的各类放射性废物，包括来自燃料制造设施和核电站退役拆除等，约为 $4 \times 10^5$ t/a，大约相当于 20 万立方米的体积。在这些废物中，只有约 2.5%（即只有约 10000t/a）是高放射性废物（HLW）或乏核燃料（SNF），但这些废物却占相关放射性的大部分。来自供应原料（铀矿采冶）的废物产率低于 $4.5 \times 10^7$ t/a[2]。

对比燃煤电厂和核电站在发电过程中产生的废物会很有意思。根据参考文献[2]，燃煤电厂的废物产生率约为 $6 \times 10^8$ t/a 灰分和 $10.5 \times 10^9$ t/a 二氧化碳，而煤炭开采和相关活动的废物产生率为 $20 \times 10^9$ t/a。表 6.3 给出了具体数值，包括核电站的相应数值。为了使比较更具有实际意义，表中还给出了按产能进行归一化后的废物量。

表 6.3 显示，核电产生的固体废物的绝对数量约为煤炭发电灰分的 0.07%，核电生产的采矿和相关活动的总废物约为煤炭发电的 0.2%。根据每单位能源产生的废物量得到的百分比稍大一些，但仍然很小。此外，正如 4.3 节所述，核电每千瓦时的二氧化碳排放量估计不到煤电的 2%[10]。

另一个有意义的比较是与世界范围内其他种类的废物，包括非放射性废物（绝大部分）的产生进行比较。根据参考文献[2]，全球废物产生量为 $8 \times 10^9 \sim 10 \times 10^9$ t/a（不包括采矿和相关活动产生的废物），其中约 $4 \times 10^8$ t/a 为有害废物①，约 $4 \times 10^5$ t/a 为核电站及其燃料循环支持设施产生的放射性废物（不包括采矿和废物提取）。因此，与工业有毒有害废物相比，核电产生的放射性废物的数量相对较少。如果我们认为所有的核废物都是有害的（这其实是一个非常保守的假设，因为其中很大一部分是 VLLW 和 LLW），它大约占全世界有害废物总量的 0.1%。

最后，应该指出的是，工业和医院也会产生少量的放射性废物，也需要对其进行妥善储存或处置。

---

① 危险废物是对人类健康或环境具有潜在危害的废物。危险废物的种类繁多：它们可以是液体、固体或气体，可以是制造过程的副产品、废弃的废旧材料或废弃的未使用的商业产品，如清洗液（溶剂）或农药。在法规术语中，危险废物是指具有以下四种特征之一的废物：可燃性、腐蚀性、反应性或毒性。

表 6.2 典型核电站(1000MW(e))每年产生的放射性废物体积[9]

| 废物类型 | 开式燃料循环/m³ | 闭式燃料循环/m³ |
|---|---|---|
| LLW/ILW | 50~100 | 70~190 |
| HLW | 0 | 15~35 |
| SNF | 45~55 | 0 |

表 6.3 燃煤电厂和核电站发电的固体废物产生率

| 发电环节 | 废物产生速率 | |
| | 数值/(t/a) | 数值/(kt/(TW·h)) |
|---|---|---|
| 燃煤电站 | $6\times10^8$ 灰分 | 90 灰分 |
| 煤矿开采及相关活动 | $2\times10^{10}$ | 3000 |
| 核电站 | $4\times10^{5b}$ | $0.2^b$ |
| 铀矿开采和冶炼 | $4.5\times10^7$ | 8 |

注:b 包括电站最终退役和拆除过程产生的废物。

**例题 6.1** 装载燃料的质量。

某反应堆功率为1000MW(e),以浓缩度为4%的二氧化铀($UO_2$)作为燃料。假设在产生 $E = 2.1\times10^{10}$ kW·h 电量后,浓缩度降至1%。请计算反应堆中存在的氧化铀($^{235}UO_2 + {}^{238}UO_2$)的总量 $M_0$,假设每次裂变释放200MeV的能量。

解:200MeV = $3.2\times10^{-11}$ J

为了产生:

$$E = 2.1\times10^{10}\text{kWh} = 2.1\times10^{13}\times3600\text{J} = 7.56\times10^{16}\text{J}$$

需发生 $^{235}$U 裂变次数:

$$N = \frac{E}{3.2\times10^{-11}} = \frac{7.56\times10^{16}}{3.2\times10^{-11}} = 2.36\times10^{27}$$

阿伏伽德罗数 $N_A = 6.022\times10^{23}$,假设 $^{235}$U 的原子质量为 $P_U = 0.235$ kg。

发生裂变的 $^{235}$U 的质量为

$$m = N\frac{P_U}{N_A} = 2.36\times10^{27}\frac{0.235}{6.022\times10^{23}} = 921\text{kg}$$

$M_1$ 和 $M_2 = (M_1 - m)$ 分别为新燃料和乏燃料中 $^{235}$U 的质量,燃料中($^{235}$U + $^{238}$U)铀的总质量为 $M$,则有

$$M_1 = 0.04M, M_2 = (M_1 - m) = 0.01(M-m)$$

得

$$0.04M - m = 0.01(M - m)$$

$$M = \frac{0.99}{0.03}m = 33m = 30393\text{kg}$$

二氧化铀分子中含有铀的分数(详见例题 4.1):

$$f = \frac{0.04\times235 + 0.96\times238}{0.04\times235 + 0.96\times238 + 2\times16} = 0.88$$

反应堆中装载燃料总质量为

$$M_O = \frac{M}{f} = \frac{30393}{0.88} = 34.5 \text{t}$$

**例题 6.2  乏燃料的体积。**

若例题 6.1 中反应堆中的所有燃料在生产完 $E$ 的电能后被卸出，这将是该反应堆循环中产生的乏燃料总量。请计算这些乏燃料所占的体积 $V$（二氧化铀的密度为 $d = 10.97\text{g/cm}^3$），以及其中所含裂变产物的质量（kg）（忽略转化为能量的质量）。

解：乏燃料的体积为

$$V = \frac{M_O}{d} = \frac{3.45 \times 10^4 \text{kg}}{10.97 \times 10^3 \text{kg/m}^3} = 3.14 \text{m}^3$$

忽略转化为能量的质量，所有发生裂变的 $m = 920\text{kg}^{235}\text{U}$ 都转变成了裂变产物。

**例题 6.3  $\alpha$ 发射体的衰变热。**

假设例题 6.2 的乏燃料含有 $30\text{kg}^{241}\text{Am}$，其半衰期为 432.2a，每次衰变释放的能量为 $E = 5.64 \text{MeV}$。请计算：(a) 这种放射性衰变产生的总热功率；(b) 从反应堆卸出时每单位体积的释热率（$\text{W/cm}^3$）。

解：(a) 根据式(2.9)和式(2.12)，一定量的 $^{241}\text{Am}$ 的活性 $R = \lambda N_0 e^{-\lambda t}$，其中 $N_0$ 是质量为 $M = 30\text{kg}$ 的 $^{241}\text{Am}$ 核的数量，$\lambda$ 是 $^{241}\text{Am}$ 的衰变常数。阿伏伽德罗数 $N_A = 6.022 \times 10^{23}$，并假设 $^{241}\text{Am}$ 的原子量为 $P_A = 0.241\text{kg}$，则有

$$N_0 = \frac{M}{P_A} N_A = \frac{30}{0.241} \times 6.022 \times 10^{23} \approx 7.5 \times 10^{25} \text{核}$$

考虑到 $1\text{a} = 3.15 \times 10^7 \text{s}$，可得

$$\lambda = \frac{0.693}{\tau_{1/2}} = \frac{0.693}{432.2 \times 3.15 \times 10^7} = 5.1 \times 10^{-11} / \text{s}$$

热功率为

$$P = ER = E\lambda N_0 e^{-\lambda t} = 5.64 \times 5.1 \times 10^{-11} \times 7.5 \times 10^{25} \times e^{-5.1 \times 10^{-11} t}$$

$$= 2.16 \times 10^{16} e^{-5.1 \times 10^{-11} t} \text{MeV/s}$$

(b) 在 $t = 0$ 时，$1\text{MeV} = 1.6 \times 10^{-13}\text{J}$，有

$$P = 2.16 \times 10^{16} \times 1.6 \times 10^{-13} = 3.46 \times 10^3 \text{W} = 3.46 \text{kW}$$

代入例题 6.2 中得到的体积 $3.14\text{m}^3 = 3.14 \times 10^6 \text{cm}^3$，可得相当于 $1.1 \times 10^{-3} \text{W/cm}^3$。

**例题 6.4  燃料运输。**

比较两个 500MW 的发电站。一个燃烧石油，另一个使用 3.0% 的 $^{235}\text{U}$ 浓缩铀燃料。两座电站都以 35% 的热电效率运行 6000h/a。石油（燃烧能量为 43.5MJ/kg）由 100000t 运载能力的油轮运载，而铀燃料则由容量 20t 的火车车厢运载。请计算：(a) 燃油发电站每年需要多少辆油轮？(b) 核电站每年需要多少节火车车厢来运输浓缩二氧化铀燃料？假设反应堆燃料等级（即每单位质量燃料的能量）为 40MW(th)d/kgU（$1\text{MW} \cdot \text{d} = 24\text{MW} \cdot \text{h} = 24000\text{kW} \cdot \text{h}$，这里 U 指的是铀燃料，通常含有 3% 的 $^{235}\text{U}$）。

解：

(a) 电站运行 6000h 生产的总能量为

$$E = \frac{500 \times 10^6 \times 6000 \times 3600}{0.35} = 3.09 \times 10^{16} \text{J}$$

生产这些能量,燃油发电站厂燃烧的质量为

$$M_\mathrm{O}=\frac{3.09\times10^{16}}{43.5\times10^6}=7.1\times10^8\mathrm{kg}$$

因此,每年需要 7 艘油轮(载重 $10^8$ kg)$(7.1\times10^8)/(1\times10^8)=7.1$。

(b)为了产生能量 $E$,核电站燃烧的 $^{235}$U 的质量为

$$M_{235\mathrm{U}}=\frac{3.09\times10^{16}}{40\times10^6\times3600\times24}0.03=268\mathrm{kg}$$

燃料中铀的总质量为

$$M_\mathrm{U}=\frac{M_{235\mathrm{U}}}{0.03}=8941\mathrm{kg}$$

二氧化铀分子中含有铀的分数(见例题 4.1):

$$f=\frac{0.03\times235+0.97\times238}{0.03\times235+0.97\times238+2\times16}=0.87$$

那么,反应堆中的二氧化铀的质量为

$$M=\frac{M_\mathrm{U}}{0.87}=10277\mathrm{kg}$$

为了运输相应质量燃料,每年需要半节($10.3/20\approx0.5$)容量为 20t 的火车车厢。

## 6.4 放射性废物处置

全世界在如何处理核废物方面已有半个多世纪的知识和经验。多年来发展起来的一些好的做法正被用于核能发电的整个周期,以帮助确保人类和环境的安全,免受可能的辐射危害。

1995 年,IAEA 制定了一个国际框架,为放射性废物的安全管理制定了一套国际公认的基本原则[11]:保护人类健康、保护环境、超越国界的保护、保护后代、后代的负担、国家法律框架、控制放射性废物的产生、放射性废物产生和管理的相互依赖,以及最后的设施安全。

充分了解核废物的特性是对其进行安全可靠处置的前提,处置是放射性废物管理的最后一步。具体处置方案和安全措施的级别取决于废物保持危险性的时间长短——有些废物放射性将持续几十万年,而有些则持续几十年或更短。

一些国家已经成功实施了低放废物和中放废物的处置。通常情况下,处置设施在地表或近地表,但一些含有长放射性的 ILW 需要处置在更深的地方,在几十米到几百米,目前正处于研究中[2]。在储存或处置之前,LLW 和 ILW 通常要经过称为"预处理"的物理和化学处理。这种处理的目的是将废物转化为更坚固和稳定的固体形式,以便能够处理、储存、运输和处置(对于长寿命废物而言)。预处理过程的最终产品是一个将放射性物质包裹起来的凝固的基体(如混凝土或玻璃固化体),然后将其放在合适的容器(如钢桶)内。这种经过处理的产物,通常被称为废物包,可进一步放置在其他密封结构中,然后在地表或在近地表设施中进行处置(详见图 6.2)。在这种处置模式中,通过预处理、放置于处置单元以及建造覆盖物等提供工程屏障,可以在 300~500 年的时间里限制废物的泄漏[2]。

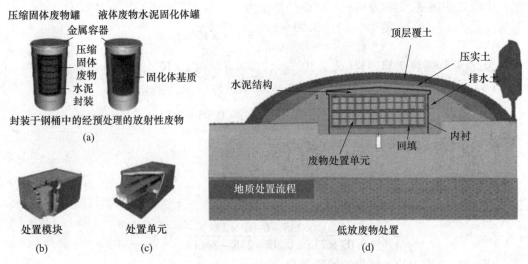

图 6.2　LLW 和 ILW 的预处理和储存[12]

(a)一种固体(左)和液体(右)废物的预处理方法;(b)在处置模块内放置包装罐;(c)在处置单元内放置处置模块;(d)托管所有处置单元的近地面基础设施。

目前,乏燃料和其他高放废物被暂时储存在储存设施的冷却池中,这些设施通常托管在产生此类废物的同一地点。这一临时储存阶段有助于使废物在处理和转移到最终处置场所前降低辐射和发热,是安全管理放射性废物的重要步骤。过去几十年的成熟经验表明,只要确保有效监督和维护,放射性废物的临时储存就是安全的。此外,如果监测、控制和维护适当,保证数十年的储存安全在技术上也是可行的。

就最终处置而言,许多拥有在运核电站的国家都正在对多种处置实施方案进行研究。在每种方案中,深地质处置都是首选的最终方案(见图 6.3)。这是一种技术上可行且安全的方法,可以隔离乏核燃料以及高放射性和长寿命废物。

地质处置的原则是将废物隔离在合适的基岩深处,如花岗岩、盐岩或黏土岩。废物被放置在地下处置设施中,旨在确保通过天然屏障和多重人工屏障系统共同作用,防止放射性泄漏(这一原则类似于应用于核电站的纵深防御概念,详见 5.3 节)。多重人工屏障是一个工程屏障系统,包括废物固化体(即包容废物的材料,如混凝土或树脂)和用于将废物固定在储存库内的各种容器与回填物。天然屏障(即地圈)主要是指将处置库和工程屏障系统与生物圈隔离的岩石和地下水系统。基岩是天然屏障的一部分,处置库就位于其中。在合适的岩石深处谨慎设计处置废物的结构,主要是为了利用地质环境提供的长期可靠的密封性。在构造稳定的几百米深处的地质环境中,处置库被破坏的过程非常缓慢,预计岩石和地下水系统将在几十万年,甚至更长时间内几乎保持不变。

处理这种最危险和寿命最长的废物的最终目标是,将其限制在一个自然提供安全功能的系统中足够长时间(长达数十万年),以确保不会有任何大量放射性物质扩散到地球表面的生物圈。由于安全将以被动的方式得到保证,即没有由人类操作工程系统的干预,因此在后续场地监管等方面不会对后代造成任何负担。然而,实施地质处置的一个重要挑战是说服公众,使其相信在地质和相关材料方面积累的认识以及在试验设施中进行的大量试验足以确保所需的长期封闭性。

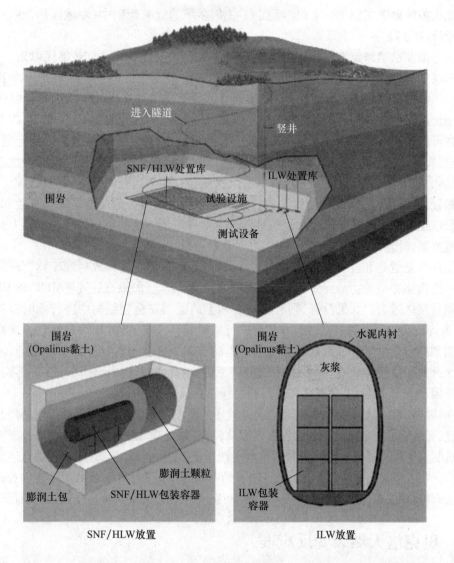

图 6.3　乏燃料和高放废物(SNF/HLW)地质处置的多重屏障系统概念示意图[13]
注:废物被装入专门设计的抗腐蚀容器中,这些容器被放置在水平或垂直的钻孔中,钻孔深入岩石几百米,用膨润土密封。SNF/HLW 将被监控并可被回收,直至处置库场地关闭,届时通道将被回填密封。在图中,还同时展示了中放废物(ILW)放置单元。

尽管天然屏障被认为是废物封闭的一个重要组成部分,但除了天然屏障外,还需要工程屏障来提供进一步的封闭。因此,HLW 在运输、储存或处置之前必须进行预处理。预处理通常包括在高温下将其装入钢制容器中,并通过焊接密封。然后将容器放入圆柱形的罐子(桶)中,通常直径为 2.5m,高度为 4.5m,适合在长期设施中运输和储存,同时准备进行最终处置。

除了美国自 1999 年以来一直运行的非释热 HLW 处置设施外,目前还没有任何深地质 HLW(包括乏燃料)处置库开始运行。这就是位于新墨西哥州卡尔斯巴德附近的废物隔离试验厂(WIPP)[14],用于储存美国过去核武器研究和试验等国防活动遗留的超铀废物。该设施的处置室位于一个已经稳定了2亿多年的盐碱地层中,距地面约700m,该设施建设历时约25年。

一些国家已经对乏燃料处置方案进行了广泛研究。自20世纪70年代以来,一直在进行深层地质处置库的场址特征分析和选择。确定一个合适的地质地点是一个长期过程,且并非所有国家都能做到这一点。这就是为什么欧盟曾在一段时间内讨论共用一个地质场址的可能性,使其同时服务于多个国家。事实上,考虑到限制HLW数量,以及废物形式在可回收性方面的不确定性(若处置形式为乏燃料,这是一个特别敏感的问题,原则上,乏燃料在未来有可能被重新后处理以进行回收)等问题,一些国家决策进程也有所推迟。必须意识到,关于这个棘手问题的决定,必须经过相关问题的研究和公众讨论。

最接近民用废物深地质处置设施的建设许可和启动运行的两个国家是芬兰和瑞典,法国目前正准备申请在黏土岩中进行地质处置的许可证。这些项目是目前世界上最先进的处置方案,计划在2020年至2030年之间开始运行。

储存和处置是相互补充而非相互对立的,两者都是为了确保放射性废物管理的安全可靠。废物储存是废物最终处置管理战略中的必要一步。如果有处置场,ILW和HLW可以定期直接送过去。如果没有,则有必要在地上的适当安全壳结构中进行临时储存。对于HLW和乏燃料,人们一直认为有必要进行临时储存,以降低其辐射和发热。这些方案的时间和期限取决于许多因素。在这些工程储存库中进行永久储存是不现实的,因为不可能永远进行主动控制,但基于技术或经济原因,也并不急于放弃临时储存。然而,出于道德原因和安全考虑,还是需要在适当的时候建立最终处置设施。

在核能领域,良好的废物管理和安全处置还需考虑到资金问题,即保证在设施停止发电后,依然有足够的资金来支持后续各方面活动(即废物处理、退役、人力资源等)。现在已有一些机制用于收集资金来支付所有的核电生产相关费用:例如,在部分国家,核电运营公司必须从其收入中拿出一定资金,以保证退役、储存和处置相关活动。就放射性废物管理的良好做法而言,相关责任应覆盖核能发电由始到终(即从铀矿开采到废物处置)的所有步骤。

## 6.5 奥克洛天然裂变反应堆

有趣的是,人们在自然界中也发现了天然放射性废物地下长期储存的例子,这在一定程度上证明了长期安全地质储存的可行性。20亿年前,在现在西非加蓬的奥克洛,至少有17个天然核反应堆在浓缩的铀矿中自发地达到了临界状态[15]。当时,所有天然铀中$^{235}U$的浓度约为3%,而不是现在的0.720%。正如在3.8.1节中所述,3%是大多数核燃料的人工铀浓缩水平。

这些反应堆于1972年被发现,当时对开采出来的铀的化验结果显示只有0.717%的$^{235}U$,而非地球上其他地方、月球甚至是陨石上的0.720%。进一步的调查发现,该处铀和钍的裂变产物的浓度都很高。

奥克洛的天然链式反应是自发开始的,因为有地下水作为慢化剂,总体上持续了大约200万年,最后消失了。每个反应堆以脉冲方式运行约30min,当水变成蒸汽,不再发挥慢化剂的作用时,反应堆又将关停数小时,直至冷却。据估计,这些反应堆大约产生了130TW·h的热能。

在漫长的反应期间,矿体中共产生了约5.4t的裂变产物以及多达2t的钚和其他超铀元素。最初的放射性产物早已衰变为稳定元素,但对其数量和位置的仔细研究表明,在核反应期间和之后时间,放射性废物的移动距离很小(几厘米)。钚和其他超铀元素则几乎未发生移动。

奥克洛的自然裂变反应堆可被视为一处非常古老的放射性废物处置库类似物,可用于研究超铀核素的迁移行为和经历过临界态的铀矿的稳定性。

**例题 6.5** 铀矿石中$^{235}$U 的百分比。

在非洲国家加蓬的奥克洛发现的天然核裂变反应堆,对从该处开采出来的铀进行化验,结果显示,$^{235}$U 的百分比只有 0.717%,而非地壳上其他地方的 0.720%。请计算一下从现在开始经过多长时间 $T$,铀矿石中的$^{235}$U 百分比将下降到 0.717%(使用表 2.2 中给出的铀同位素的半衰期值)。

**解**:设 $N_0$、$N_1$ 和 $N_2$ 分别为典型矿石中初始所有 U 核以及在 $T$ 时间后剩余的$^{235}$U 和 $^{238}$U 核的数量。

使用放射性衰变定律公式(2.9),可得

$$N_1 = \alpha N_0 e^{-\lambda_1 T}$$
$$N_2 = (1-\alpha) N_0 e^{-\lambda_2 T}$$

其中 $\alpha = 0.0720\%$ 是在时间 $t = 0$ 时矿石中$^{235}$U 核的百分比。

将第一个方程与第二个方程相除,可得

$$\frac{N_1}{N_2} = \frac{\alpha}{(1-\alpha)} e^{-(\lambda_1 - \lambda_2)T}$$

在时间 $T$ 时,$^{235}$U 核的百分比为 $\beta = 0.0717\%$,即 $N_1 = \beta(N_1 + N_2)$,那么上述公式转化为

$$\frac{\beta}{(1-\beta)} = \frac{\alpha}{(1-\alpha)} e^{-(\lambda_1 - \lambda_2)T}$$

两边取对数,代入式(2.10),$\lambda = 0.693/\tau_{1/2}$,可得

$$T = \frac{1}{\lambda_2 - \lambda_1} \ln \frac{(1-\alpha)\beta}{\alpha(1-\beta)}$$

$$= \frac{4.47 \times 10^9 \times 7.04 \times 10^8}{0.693 \times (7.04 \times 10^8 - 4.47 \times 10^9)} \ln \frac{(1 - 0.720 \times 10^{-2}) \times 0.717 \times 10^{-2}}{0.720 \times 10^{-2}(1 - 0.717 \times 10^{-2})}$$

$$= 5.07 \times 10^6 \text{a}$$

这个时间间隔非常大,也说明了在奥克洛矿石中观察到的微小差异确实应引起重视。

## 6.6 分离与嬗变研究

正如前几节所讨论的,核电站乏燃料最主要的危害是由长寿命的重核素(钚和次锕系元素)和长寿命的裂变产物引起的,需要将其与环境进行极长时间隔离。

放射毒性是衡量一个放射性核素潜在生物危害的标准。它是该核素的活度与有效剂量系数 $e(T)$ 的乘积,有效剂量系数考虑了辐射和组织的权重因子,以及代谢和生物动力学信息(在生物体内的吸收、停留时间等)。放射毒性通常以 Sv 表示。$T$ 是指摄入后的整

合时间,以年为单位。对于成年人来说,$T=50$ 年,并且假定放射性同位素是被摄入或吸入的。对于摄入,某一同位素的摄入放射毒性是由活度(Bq)乘以同位素有效剂量系数(Sv/Bq)确定的。吸入与此类似,但吸入的系数不同。

目前,许多国家正在进行相关研究,以进一步减少核废物的放射毒性。原则上,这一目标可以通过分离长寿命锕系元素(镎、钚、镅、锔等)并将其转化(嬗变)为平均寿命较短的元素或非放射性元素来实现,从而消除或减少放射性危害和废物处理问题。这种嬗变可以在粒子加速器驱动的临界或次临界反应堆中通过中子辐照实现(见下文)。以次临界反应堆为例,质子加速器将起到强中子源的作用,这样次临界反应堆中的中子链式反应就可以借助这种外部中子源继续进行。

在裂变产物中,例如 $^{99}$Tc(衰变为稳定的 $^{99}$Ru 的半衰期为 $2.1\times10^5$ 年)和 $^{129}$I(衰变为稳定的 $^{129}$Xe 的半衰期为 $15.7\times10^6$ 年)的寿命非常长,由于其放射性显著下降需要极长时间,也需进行地质处置。同时,它们与环境之间的隔离也更加困难,因为它们都高度溶于地下水,从而迁移性较强。通过将这些同位素暴露在中子通量下,经中子俘获嬗变,随后通过以下反应进行衰变:

$$n+{}^{99}\text{Tc}(2.1\times10^5 a)\rightarrow{}^{100}\text{Tc}(\beta^- -衰变,\tau_{1/2}=16\text{s})\rightarrow{}^{100}\text{Ru}$$

$$n+{}^{129}\text{I}\rightarrow{}^{130}\text{I}(\beta^- -衰变,\tau_{1/2}=12.36\text{h})\rightarrow{}^{100}\text{Ru}$$

核反应堆产生的放射性废物中,超铀元素也是一个问题。它们包括钚(但可以作为燃料回收)和次锕系元素(主要是镎、镅和锔),其中一些同位素半衰期为数百年至数百万年。其中一些是易裂变,还有许多是可裂变核素,即可被快中子裂变。由于许多裂变产物的寿命相对较短(许多半衰期不到 100 年),可通过锕系元素裂变,将长期危害转变为短期危害。

通过应用特定的放射化学方法,可将钚从次锕系元素和裂变产物中分离出来。然后,将裂变产物暴露在软(热)中子频谱下(对于软中子频谱来说,俘获截面通常是最高的),而将次锕系元素暴露在快中子频谱下(通过裂变燃烧)。然而,次锕系元素不能被大量装入临界反应堆,因为它们的缓发中子的百分比(对反应堆控制至关重要,详见 3.10 节)比铀和钚的小。为了处理大量次锕系元素,我们应考虑一个次临界堆芯($K_{\text{eff}}<1$),与一个外部中子源耦合,以提供保持链式反应所需的额外中子。外部中子源可通过加速器粒子束轰击厚靶得到。这种情况下,系统的时间行为基本上由中子源决定,如果出现异常的反应激增,可通过关闭加速器快速关闭链反应。这样的系统称为加速器驱动系统(ADS)[16]。

一些国家已经或正在研究嬗变设施和 ADS,并建造了原型样机和设计了大型系统[17-18],但都还没有建造成实际的放射性废物焚烧堆。

图 6.4 显示了在不同燃料循环策略下,放射毒性的变化情况。红色曲线以相对单位显示了从反应堆卸出的乏燃料(铀+钚+次锕系元素+裂变产物)的放射毒性随时间的变化。燃料放射毒性下降到原始天然铀的水平所需的时间(水平黑线是用于生产最初数量的核燃料的天然铀的放射毒性)约为 25 万年。这是评估核废料何时可被视为对环境不再有危害的标准方法。这是大多数现有的第二代反应堆的情况,它们采用的是无后处理流程的开式(一次通过式)核燃料循环。

在部分闭式核燃料循环中,后处理被用于提取钚并制成 MOX 新燃料,以在堆芯中循环使用,剩余废物(锕系元素和裂变产物)的衰变时间减少到约10000年(图中蓝色曲线)。这个过程已经在一些正在运行的第二代反应堆(例如在法国)中运用,并预计在目前正在建设的一些第三代和第三代+反应堆中运用。

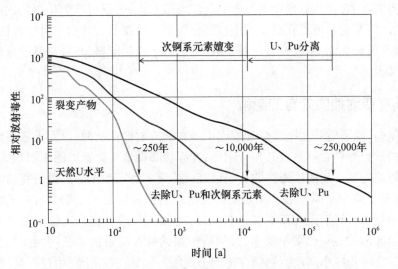

图6.4 乏燃料中高活度、长半衰期放射性物质的衰变示意图[19]

绿色曲线显示了通过回收和转化铀和钚,并将次锕系元素转化为短寿命元素来降低辐射毒性的情况。这样一来,基本上只有裂变产物将成为中放废物(在大约250a内达到天然铀水平),为放射性材料的管理提供了另一种解决方案,这样地质处置将只用于较小部分的长寿命同位素。

### 6.6.1 由粒子加速器驱动的快堆和次临界堆

为了提高核电站的安全、安保和效率,人们正在不断开发新的反应堆堆型,其主要目标包括:

——减少产生次锕系元素;
——更好、更有效地利用核燃料;
——更高的热效率;
——高温下可能产生氢气;
——改善安全设施,以尽量降低意外风险,避免设立紧急计划区域。

所有这些不同的目标概念都可以在所谓的第四代反应堆中有所体现(详见第4章),这些反应堆是由第四代核电国际论坛(GIF)在2000年年初提出的,目前正在国际层级上加以发展。

在GIF认可的六个反应堆概念中,有三个是快中子反应堆。作为一个例子,在3.11节中讲到,在快堆中不仅可以燃烧$^{235}$U和$^{239}$Pu等易裂变元素,还可以燃烧$^{238}$U这样的可裂变元素,因为这些元素只有在1.2MeV左右的特定能量阈值以上的中子诱发下才会发生明显的裂变(见图3.4)。虽然由于裂变截面低得多,燃料通常必须含有更多的裂变成分,但这意味着$^{238}$U在某种程度上也可以成为一种燃料。此外,在快中子谱中,钚的热裂变系数$\eta$特别高(见图3.10),因此可实现燃料的繁殖。这两种情况将显著延长铀资源可利用时间。

快中子反应堆的另一个重要特点是,当中子能量超过 1.2MeV 时,如图 3.4 所示,裂变将变得比俘获更重要。这意味着,通过中子俘获而产生次锕系元素被相对抑制了。另一个重点是,有些次锕系元素也是可裂变的,即它们可以在中子能量超过 1.2MeV 时发生裂变。上述特点意味着,在具有硬中子能谱的反应堆堆芯中,不仅可产生较少的次锕系元素,而且产生的次锕系元素可以在反应堆中被部分燃烧。这就是为什么在世界范围内,特别是在欧洲、俄罗斯和亚洲,正在开发一些快堆,并进行了少量部署,其最终目的是增强核电的长期可持续性。

### 6.6.2 分离嬗变对地质处置的影响

分离嬗变策略,除了能够大幅减少处置库中潜在的放射毒性来源,原则上还可以整体减少需要储存的放射性核素质量及其相应余热,并间接降低地质处置库的体积和成本。

分离嬗变策略对减少放射性毒性的影响已经成为许多国家和国际广泛研究的课题。

一般来说,基于快中子系统和分离嬗变的先进燃料循环方案产生的高放射性废物比乏燃料产生的热量少。特别是在闭式核燃料循环的情况下,高放废物在临时储存的典型冷却时间(50~100a)中热输出要小得多,这使得所需的处置隧道的总长度大大减少。铯和锶的分离可以进一步减小高放废物储存库所需规模。例如,在黏土层中进行处置时,来自闭式核燃料循环的废物与来自开式核燃料循环的废物相比,所需的 HLW 处置隧道长度减少为原来的 1/7,而当铯和锶被分离时,则可减少为原来的 1/9。

将冷却时间从 50a 延长到 200a,将进一步减少高放废物的热输出,从而减小处置库的所需规模。在先进燃料循环的情况下,可减少至约为原来的 1/30。

在过去十年中,一些国家和国际研究对大量不同的燃料循环方案进行了比较,涉及超铀元素消耗量和送往废物储存库的超铀元素质量(以及相关的热负荷和放射毒性)。这些研究考虑了采用快中子反应堆、轻水反应堆和加速器驱动系统与不同燃料循环的不同组合。

这些研究结果表明,为达到分离嬗变的最佳性能,需采用快中子反应堆和闭式核燃料循环,以及能实现超铀元素 99.9% 回收率的化学处理过程。

**例题 6.6 天然铀的活度。**

天然铀含 99.275% 的 $^{238}$U、0.720% 的 $^{235}$U 和 0.005% 的 $^{234}$U。在 $U_3O_8$ 铀矿石($UO_2$ 和 $UO_3$ 以 1:2 比例结晶的混合物,称为沥青铀矿或黄饼)中,同位素 $^{238}$U 与其他 14 种放射性同位素处于长期平衡状态(见图 2.2),每一种同位素都与 $^{238}$U 具有相同的活度。同样,同位素 $^{235}$U 与其他 11 种放射性同位素处于长期平衡状态。请计算 1t 天然铀的活度。

**解**:根据式(2.12),一定数量的放射性核素的活度 $R$ 为衰变常数 $\lambda$ 乘以放射性核素的数量。在 $M = 800 \text{kg}$ 的 $U_3O_8$ 中,$^{238}$U 和 $^{235}$U 原子核数量分别为

$$N_{238} = 3 \times 0.99275 \times N_A \frac{M}{A} = 3 \times 0.99275 \times 6.022 \times 10^{23} \times \frac{1000}{0.842} = 2.13 \times 10^{27}$$

$$N_{235} = 3 \times 0.00720 \times N_A \frac{M}{A} = 3 \times 0.00720 \times 6.022 \times 10^{23} \times \frac{1000}{0.842} = 1.54 \times 10^{25}$$

其中 $N_A$ 为阿伏伽德罗数,$A = (3 \times 0.238 + 8 \times 0.016) = 0.842 \text{kg}$ 为 $U_3O_8$ 相对分子质量。

进一步可得

$$R_{238} = \lambda_{238} N_{238} = \frac{0.693}{\tau_{238}} N_{238} = \frac{0.693}{4.47 \times 10^9 \times 3.15 \times 10^7} \times 2.13 \times 10^{27} = 10.48 \text{GBq}$$

$$R_{235} = \lambda_{235} N_{235} = \frac{0.693}{\tau_{235}} N_{235} = \frac{0.693}{7.04 \times 10^8 \times 3.15 \times 10^7} \times 1.54 \times 10^{25} = 0.48 \text{GBq}$$

在天然沥青铀矿中,两种铀同位素与它们的放射性系中的所有核素处于长期平衡状态,那么 $^{238}$U 的活度必须乘以 14 倍(与纯 $^{238}$U 相比),$^{235}$U 的活性必须乘以 11 倍(与纯 $^{235}$U 相比),所以:

$$R_{U-天然} = 10.48 \times 10^9 \times 14 + 0.48 \times 10^9 \times 11 \approx 152 \times 10^9 \text{Bq/t}$$

**例题 6.7** 铀矿石活度。

一个低品位铀矿石含有 0.1% 的 $U_3O_8$。请计算需要多少矿石才能获得 1kg $UO_2$,以及需要多少矿石才能获得 1kg $^{235}$U 浓缩度达到 3% 的 $UO_2$。并计算后一种情况中相应数量铀矿石的总活度及其比活度(即单位质量的活度,假设所有铀原子质量数为 238)。

解:在质量为 $M = 1$kg 的二氧化铀中,$^{238}$U 核的数量为

$$N_{238} = 0.99275 \times N_A \frac{M}{A} = 0.99275 \times 6.022 \times 10^{23} \frac{1}{0.270} = 2.21 \times 10^{24}$$

其中 $N_A$ 为阿伏伽德罗数,$A = (0.238 + 2 \times 0.016) = 0.270$kg 为 $UO_2$ 相对分子质量。从前面的问题中我们知道,1t 天然 $U_3O_8$ 含有 $2.13 \times 10^{27}$ 个铀原子核。因此要获得 1kg 的 $UO_2$,我们需要的天然 $U_3O_8$ 质量为

$$(1000\text{kg}) \times 2.21 \times 10^{24} / (2.13 \times 10^{27}) = 1.038 \text{kg}$$

由于矿石含有 0.1% 的 $U_3O_8$,所以需要 1.038t 矿石。

假设要将二氧化铀富集到 3%,我们需要处理的矿石量与 $^{235}$U 的增加量成比例,即 $0.03/0.0072 = 4.17$ 倍。所需的天然含铀矿石质量为:$1.038 \times 4.17 = 4.328$t,这里面含有 4.328kg 天然 $U_3O_8$。

从前面的问题中,我们知道了 1kg 的天然 $U_3O_8$ 活度 $R_{U-nat} = 1.52 \times 10^8$ Bq,含有 0.1% (4.328kg) $U_3O_8$ 的 4.328t 铀矿,总活度为

$$R_{ore} = 4.328 \times 1.52 \times 10^8 \text{Bq} = 6.58 \times 10^8 \text{Bq}$$

则铀矿石的比活度为

$$\frac{R_{ore}}{M} = \frac{6.58 \times 10^8}{4.328 \times 10^3} = 1.52 \times 10^5 \text{Bq/kg}$$

## 习题

**6-1** 假设在一个以天然铀(0.7% $^{235}$U 和 99.3% $^{238}$U)为燃料的反应堆中,裂变和俘获过程只由热中子引发。$^{235}$U 的裂变和俘获截面分别为 580b 和 98b,$^{238}$U 的裂变和俘获截面分别为 0b 和 2.7b。请计算当 $^{235}$U 用完 1% 时,$^{238}$U 转化为 $^{239}$U(即最终转化为 $^{239}$Pu)的百分比。在一个最初含有 10t 天然铀的反应堆中,$^{239}$Pu 的产量是多少?(假设可发生俘获或裂变反应的原子核数量保持恒定,若转化核的数量非常小,该近似合理)。

[答案:约 0.004%;约 $10^{24}$Pu]

**6-2** 假设在一个以天然铀(0.7% $^{235}$U 和 99.3% $^{238}$U)为燃料的反应堆中,只有 1% 的铀发生裂变。请计算具有与 1000t 煤热能相当的天然铀的质量,已知 1kg $^{235}$U 的能量相

当于 $3.4 \times 10^6$ kg 煤的能量(详见例题 3.4)。

[答案:4200kg]

**6-3** 假设 $^{235}$U 浓缩度为 3%,其余为 $^{238}$U。在反应堆循环中,$^{235}$U 的百分比下降到 1%(即 2/3 的 $^{235}$U 发生裂变)。(a)已知 1kg $^{235}$U 的能量相当于 $3.4 \times 10^6$ kg 煤,请计算出相当于 1000t 煤的热能的铀燃料质量;(b)如果燃料来自高纯度铀矿,即含 2% 铀的矿石,那么提取相当于 1000t 煤的热能的燃料所需矿石质量是多少?

[答案:(a)14.7kg $^{235}$U;(b)735kg 铀矿]

## 参考文献

[1] IAEA Safety standards series No. GSG-1,Classification of Radioactive Waste,General Safety Guide,2009.

[2] Radioactive waste in perspective,© OECD 2010,NEA No. 6350

[3] http://www.world-nuclear.org/info/nuclear-fuel-cycle/nuclear-wastes/waste-management-overview/

[4] http://newmdb.iaea.org/dashboard.aspx

[5] http://www.world-nuclear.org/info/Nuclear-Fuel-Cycle/Nuclear-Wastes/Appendices/Radioactive-Waste-Management-Appendix-1-Treatment-and-Conditioning-of-NuclearWastes/

[6] https://www.oecd-nea.org/janis/janis-4.0/documentation/janis-4.0_manual.html

[7] Advanced Nuclear Fuel Cycles and Radioactive Waste Management,OECD-NEA No. 5990,2006

[8] WNA:http://www.world-nuclear.org/info/Nuclear-Fuel-Cycle/Introduction/Physics-ofNuclear-Energy/

[9] European Commission,Radioactive Waste Management in the European Union(1998)

[10] W. Moomaw,P. Burgherr,G. Heath,M. Lenzen,J. Nyboer,A. Verbruggen,Renewable energy sources and climate change-mitigation,Special Report of theIntergovernmental PanelOn Climate Change(IPCC),2001,p. 19,and Annex II:Methodology p. 190. ISBN 978-92-9169-131-9

Online:https://www.ipcc.ch/pdf/special-reports/srren/SRREN_FD_SPM_final.pdf

[11] The principles of radioactive waste management,Safety Series No. 111-F,IAEA 1995

[12] P. Agostini et al.,Nucleare da fissione,stato e prospettive,Ed. S. Monti. ENEA 2008,ISBN 88-8286-189-9

[13] NEA-6885 Nuclear energy today,ISBN 978-92-64-99204-7,OECD 2012

[14] http://www.wipp.energy.gov

[15] A. P. Mesnhik,Scientific American,October 2005. http://www.world-nuclear.org/info/Nuclear-Fuel-Cycle/Power-Reactors/Nuclear-Power-Reactors/

[16] H. Nifenecker,O. Meplan,S. David,Accelerator Driven Subcritical Reactors,Institute of Physics,Series in Fundamental and Applied Nuclear Physics(2003). ISBN 978-07-5030-743-7

[17] A. Kochetkov et al.,Current progress and future plans of the FREYA Project,in Proceedings of the Second International Workshop on Technology and Components of Accelerator-driven Systems,Nantes,France 21-23 May 2013

[18] H. A. Abderrahim,MYRRHA a flexible and fast spectrum irradiation facility,in Proceedings of the 11th International Topical Meeting on Nuclear Applications of Accelerators(AccApp 2013),Bruges,Belgium,5-8 August 2013

[19] H. A. Abderrahim,Future advanced nuclear systems and the role of MYRRHA as a waste transmutation R&D facility. in Proceedings of the International Conference of Fast Reactors and related fuel cycles. Safe technology and sustainable scenarios,vol. 1,ed. by S. Monti(IAEA,2015,Paris,France)4-7 March 2013,p. 69,STI/PUB/1665. ISBN 978-92-0-104114-2

[20] Generation-IV International Forum,https://www.gen-4.org/

# 词汇表

**加速器**

利用电磁场将带电粒子加速到高能状态的装置。

**活度**

用于描述单位时间内放射性物质中衰变的核子数量的术语,通常以贝克(Bq)为单位,1Bq 相当于每秒 1 次衰变。

**先进气冷反应堆(AGR)**

一种以浓缩铀作为燃料,石墨作为慢化剂,二氧化碳气体作为冷却剂的反应堆。

**加速器驱动系统(ADS)**

一种与高能加速器耦合的次临界反应堆(自身不能维持链式反应的反应堆),加速器通过核反应提供足够的外部中子以维持链式反应进行。加速器驱动系统被广泛认为是极具前途的核废物嬗变装置,同时也是钍基能源生产的可行方案。

**ALARA(As Low As Reasonably Achievable)**

尽一切努力合理减少电离辐射暴露,使其低于监管或法定剂量限值,但同时也要考虑到使用辐射的经济和社会效益。

**$\alpha$-衰变**

不稳定原子核发射 $\alpha$ 粒子(即氦原子核)的放射性过程。发生 $\alpha$-衰变时,原子序数 $Z$ 减少两个单位,质量数 $A$ 减少 4 个单位。

**$\alpha$ 粒子(符号 $\alpha$)**

从一些放射性元素的原子核中发出的带正电粒子。它与质量为 4 的氦原子核相同,由两个质子和两个中子组成。其穿透力低,射程短(在空气中只有几厘米)。能量较高的 $\alpha$ 粒子一般也不能穿透皮肤表面的角质细胞层,可以很容易地被一张纸挡住。

**原子**

元素的最小粒子,无法通过化学手段进一步分割。它由一个包含质子和中子的带有正电荷的核心(原子核),以及分布在其周围带负电荷的电子组成。

**原子序数($Z$)**

原子核中带正电的质子数,也等于该原子中的电子数,通常用字母 $Z$ 表示。

**背景辐射**

始终存在于环境中的天然辐射。它包括来自太空的宇宙辐射,来自地球的陆地辐射,以及存在于所有生物体内的内部辐射。

**巴恩(b)**

面积单位。在核物理学中,它被用于衡量核反应截面,与反应发生的概率有关。1b = $10^{-28} m^2$。

**基本负荷电站**

指由于其运行和经济特性,被用于满足基本负荷(即24小时内电网最低需求水平)电力供应的电站。一般来说,包括水力、煤炭、石油、天然气发电站和核电站。

**贝克勒尔(Bq)**

国际单位制(SI)中的放射性计量单位。1贝克勒尔表示放射性衰变率等于每秒1个原子核解体。这是一个非常小的单位,因此在实践中,兆贝克勒尔(MBq)、千兆贝克勒尔(GBq)或太贝克勒尔(TBq)是更常见的单位。

**$\beta$-衰变**

发射$\beta$粒子的一种放射性过程。在$\beta$-衰变中,新产生的核素的质量数$A$等于母核的质量数,而原子序数$Z$则改变一个单位。具体来说,在发射正电子(反电子)的$\beta$-衰变($\beta^+$-衰变)中,原子序数减小一个单位,而在发射电子的$\beta$-衰变($\beta^-$-衰变)中,原子序数增大一个单位。

**$\beta$粒子**

在放射性核的$\beta$-衰变过程中发射的带电粒子(质量约等于质子的1/1836)。具体来说,带负电的$\beta$粒子与电子相同,而带正电的$\beta$粒子被称为正电子(反电子)。

**超设计基准事故(BDBA)**

核设施的设计和建造通常会提前考虑其能够承受的某些设计基准事故(详见相应定义),设计基准未考虑到的极低概率事件(意外情况)则称为超设计基准事故。

**核结合能**

将原子核分离成其组成部分(中子和质子)所需的最低能量。

**增殖层**

快中子反应堆中,将可增殖原料用于生产易裂变材料的特定组成部分。

**沸水反应堆(BWR)**

一种使用水作为冷却剂和慢化剂的核反应堆,水在堆芯沸腾,产生的蒸汽直接用于驱动涡轮机,使发电机发电,无需次级流体循环。

**硼(符号B)**

金属化学元素,原子序数5,常在核反应堆中作为中子吸收器。

**增殖**

非裂变物质转化为可裂变物质的过程,如铀-238转化为钚-239或钍-232转化为铀-233。

**增殖比**

易裂变材料和可育(可增殖转化)材料组成的混合燃料在反应堆中辐照后,新增殖得到的易裂变材料与燃烧消耗的易裂变材料的比。

**增殖反应堆**

核燃料产生量多于其消耗量的反应堆。在这种反应堆中,通常将可育材料放置在堆芯内及其周围,以便利用裂变产生的中子将其转化为易裂变材料。例如,被放置在快中子反应堆周围的铀-238,将嬗变成为钚-239,而后可以被回收并用作反应堆燃料。

**燃耗**

一定数量的核燃料在裂变过程中释放的总能量,通常以兆瓦日(缩写为MW·d)计。

单位质量燃料所释放的裂变能量称为燃料的比燃耗,通常以兆瓦日每千克燃料中原有的重金属计,缩写为(MW·d)/kgHM,其中 HM 代表重金属。更常用的单位是兆瓦日/吨((MW·d)/tHM)。

### 镉(符号 Cd)

一种化学元素,原子序数 48,该金属质地柔软,呈蓝白色。在核反应堆中,被用作中子吸收器。

### CANDU 反应堆(加拿大重水铀反应堆)

一种采用重水(氧化氘)作为冷却剂和慢化剂的反应堆。使用重水可以减少中子吸收,并可使用天然铀作为反应堆燃料,从而免除了浓缩铀这一步骤。

### 容量系数

是指一个发电站在一段时间内的实际产出与它的潜在产出(在同一时期内连续以满额定容量运行)的比。即用电站在一段时间内生产的总能量,除以其满负荷时生产的能量。

### 屏蔽桶

一种重度屏蔽的圆柱形容器(通常由铅、混凝土或钢制成),用于干式储存或/和运输放射性材料,如乏燃料或其他高放废物。

### 离心机

利用质量上的微小差异分离铀同位素(以气体形式)的装置。它被用于为制造核燃料的铀浓缩过程,该过程使用大量相互连接的离心机。

### 链式反应

能够引发并维持自身重复的反应。在核反应堆或临界组件中,一个裂变核吸收一个中子并自发裂变,释放出额外的中子。这些中子反过来又可以被其他裂变核吸收,释放出更多的中子。如果平均而言,每发生一次裂变,正好有一个发射的中子会引发另一次裂变,那么裂变链反应就是自持的。如果每次裂变有一个以上发射的中子会引发另一个裂变,那么裂变的数量就会迅速增长。如果每次裂变产生的中子少于一个,那么裂变的数量就会迅速下降消失。

### 切尔诺贝利

位于乌克兰基辅西北 130km 的一处地名,1986 年 4 月 26 日发生了迄今为止和平利用核能时最严重的一次事故。

### 包层

直接包裹核燃料且与其紧密结合的一层外壳(通常为金属),保护其不受化学活性环境(如冷却水)的影响,并防止裂变产物逃逸到冷却剂中。

### 闭式燃料循环

从乏燃料中回收裂变材料,并将其用于制造新燃料供反应堆使用的燃料循环方式。

### 《全面禁止核试验条约》(CTBT)

各国同意全面禁止在任何环境下无论出于军事或民用目的所进行的任何核爆炸的多边条约。《全面禁止核试验条约》于 1996 年 9 月 10 日由联合国大会通过,但由于八个特定国家尚未批准该条约,因此尚未生效。

**安全壳建筑**

用于容纳核反应堆及其增压器、反应堆冷却剂泵、蒸汽发生器和其他设备或管道,防止发生事故时裂变产物释放到大气中的钢筋混凝土结构。

**放射性污染**

放射性物质在固体、液体或气体(包括生物体和人体)表面或内部的沉积或存在,并且这种存在是由意外导致的或不受欢迎的。

**控制棒**

含有中子吸收材料(如硼、银、铟、镉和铪)的棒、板或管。控制棒用于减少反应堆堆芯中游离中子的数量。在运行期间,它们可以用来调整反应堆功率水平和功率空间分布,或者在必要时完全停止链式反应,从而关闭反应堆。

**铀转化**

将来自铀厂的固体氧化铀转变为挥发性六氟化铀的化学过程,六氟化铀在一定温度和压力下呈气态,因此适合浓缩过程。

**转化反应堆**

可以产生裂变材料,但产生量少于其燃烧量的核反应堆。

**冷却剂**

在核反应堆堆芯中循环,以消除或转移热能的物质。最常用的冷却剂是水,其他冷却剂还包括重水、液体钠、氦气、二氧化碳、液体铅或液体铅铋共晶混合物。冷却剂也可以作为慢化剂,在大多数反应堆中,水具有上述双重功能。

**堆芯**

核反应堆的核心部分,包含燃料组件、慢化剂、控制棒、冷却剂和支撑结构。反应堆堆芯是裂变反应发生的地方。

**宇宙辐射**

指直接或间接来源于地外源的辐射。宇宙辐射是天然辐射的一部分,海拔、大气条件和地球磁场的差异都会影响到我们所受宇宙辐射的量(或剂量)。

**临界态**

反应堆正常运行时所处的一种状态,此时核燃料维持稳态裂变链式反应。当裂变产生的中子因泄漏或吸收而损失后,正好剩余一个可用于引发下一次裂变,从而使裂变中产生的中子数量保持不变,功率也保持不变时,反应堆便处于临界态。

**临界质量**

在特定条件下(如裂变材料的形状、慢化剂或反射器的数量和类型),裂变材料能够实现自持链式反应的最小质量。

**反应截面**

在原子、核和粒子物理学中,与反应发生的概率有关的虚构面积。它取决于相碰撞粒子的性质和它们之间的作用力。

**居里(Ci)**

一种放射性计量单位。1Ci 指每秒发生 370 亿($3.7 \times 10^{10}$)次衰变,因此 1Ci 也等于 $3.7 \times 10^{10}$ 贝克勒尔(Bq)。

## 放射性定年
一种通过测定物品中所含各种放射性核素与稳定核素的比来测定物体年龄的方法。

## 子产物
由其他核素（母核）的放射性衰变形成的核素。比如铀-238 有 14 个连续的子产物，最后一个是稳定的同位素铅-206。

## 放射性衰变
一个核素自发转化为另一个核素或变成同一核素的另一种能量状态的过程。每一衰变过程都有确定的半衰期。

## 衰变常数
放射性核单位时间内衰变的特征性的、明确的概率。它是核子本身的内在属性，与原子核所处物理、化学条件无关。它通常用希腊字母 $\lambda$ 表示。

## 衰变热
由反应堆运行中的放射性裂变产物和锕系元素衰变产生的热能。

## 退役
核电站（或其他涉核设施）在其寿命结束后，被安全永久关闭（也可能被拆除）并退出使用的过程。根据具体的政策和决定，退役可能涉及几个阶段：关闭、去污和拆除，以及场地清理。

## 纵深防御
防止和减轻事故后果的核设施设计和运行措施。其基本理念主要是采用多个独立、冗余的保护层来防止和减轻辐射或有害物质的释放。具体包括采用物理和行政控制、物理屏障、冗余的安全功能和应急措施等。

## 贫铀
铀-235 百分比低于天然铀中的 0.72% 的铀。贫铀主要是铀浓缩过程的副产品，在铀矿山尾矿或残余物中也存在。

## 设计基准事故（DBA）
在核设施设计中明确考虑到的一系列条件和事件（如管道破裂、冷却剂泵故障），设施能够承受相应冲击，不会对保障安全所需的系统、结构和部件造成致命性后果。设计基准事故通常包括地震、洪水、恶劣天气事件等外部发生事件，以及火灾、反应性（和电力）失控激增等内部事件。

## 确定性效应
指如果辐射照射超过某个阈值，就一定会产生相应的效应（如血液指标发生明显变化）。影响的大小与超过阈值的照射量成正比。

## 确定论安全分析方法
使用一系列确定的预先考虑的事件，即"设计基准事件"来评估核电站安全性能的方法。后者涵盖一系列可能对核电站安全造成威胁的现实初始事件。例如，冷却剂损失、控制棒弹出（对于压水堆）、控制棒下降（对于沸水堆）和蒸汽管道断裂等。采用工程分析预测电站及其安全系统对设计基准事件的响应，并验证这种响应能力是否达到了规定的监管标准。

**氘（符号 $^2$H 或 D）**
　　氢的稳定同位素，其原子核含一个质子和一个中子，而普通氢原子核只有一个质子。因此氘也被称为重氢。氘在地球海洋中的自然丰度约为每 6420 个氢有一个氘。

**氘核（符号 d）**
　　氘的原子核，含一个质子和一个中子。

**吸收剂量**
　　一个物体或人在单位质量上吸收的能量。它反映了电离辐射源在其所通过的材料中沉积的能量，以戈瑞（Gy）为单位。$1Gy = 1J/kg$。

**剂量当量**
　　用于衡量由辐射照射对活体组织造成的生物损害的物理量。它表明了不同辐射的生物效应不同。它是器官吸收剂量和辐射加权系数的乘积，以希沃特（Sv）为计量单位。

**有效剂量**
　　由于外部或内部辐射照射，身体各个器官和组织的平均当量剂量乘以组织加权系数后的总和。它用于表示身体各部分受到不同照射的情况下的总剂量值，以评估后期辐射伤害造成的风险。其单位为希沃特（Sv）。

**剂量测定**
　　确定电离辐射在物质中产生的剂量当量的测量程序。

**倍增时间**
　　增殖反应堆新产生的额外易裂变材料足以维持另一反应堆运行相同时间的运行时间。

**干式储存**
　　经过最初的水池冷却期后，乏燃料将被装入大型屏蔽箱中，通过自然空气循环使其保持在所需的温度。

**电子（符号 $e$）**
　　一种带负电荷的基本粒子，其质量相当于质子的 $1/1836$。在原子中，电子围绕着带正电的原子核，并决定着原子的化学性质。

**电子俘获**
　　一种使不稳定原子变得更加稳定的过程。在电子俘获过程中，一个原子电子与原子核相互作用，并与质子结合，形成一个中子和一个中微子（中微子将从原子核中弹出）。由于原子在电子俘获过程中失去了一个质子，将从一种元素变成另一种元素。例如，经过电子俘获后，一个碳原子（有 6 个质子）将变成一个硼原子（有 5 个质子）。尽管原子核中的质子和中子数在电子俘获过程中都发生了变化，但核子总数（质子 + 中子）不变。

**电子伏特（eV）**
　　原子、核和粒子物理学中的常用能量单位。它是一个电子被 1V 的电位差加速时所获得的动能（$1eV = 1.602 \times 10^{-19}$ J）。更常用的是它的倍数单位：千电子伏特（keV），等于 $1000eV$；兆电子伏特（MeV），等于 $10^6 eV$；吉电子伏特（GeV），等于 $10^9 eV$。

**元素**
　　无法通过化学方法转化为更简单物质的基本化学物质。如：碳、氧、铁、汞、铅、铀。

## 浓缩铀
易裂变同位素铀-235 的浓度超过其在天然铀中浓度水平(0.72%)的铀。

## 铀浓缩
将易裂变同位素铀-235 的浓度提高到高于天然铀中水平的物理过程。商业上通常采用两种浓缩过程,即扩散法和气体法。

## 先进动力反应堆(EPR)
一种新的第三代+压水反应堆(PWR),也被称为欧洲压水反应堆。

## 暂时平衡
当起始核素的半衰期大于衰变产物的半衰期时,在放射性衰变链中出现的一种状况。在经过比衰变产物的最长半衰期长得多的一段时间后,衰变链成员的活度之间的比率在时间上保持恒定。此外,子核的活度将变得比母核的活度大。

## 长期平衡
在系列衰变中,它是指一种放射性同位素的数量保持不变的情况,因为它的产生速度(比如来自母体同位素的衰变)与衰变速度相等。例如,当一个长寿命的同位素衰变产生一系列较短寿命的子体时,就会出现这种情况。

## 激发态
原子或原子核的一种状态,此时其能量高于其最低能量状态(基态)。其多余能量通常以光子($\gamma$ 射线)的形式发射出来。

## 放射性沉降物
释放到大气中后(比如通过核武器试验、核事故)又落回地面的放射性物质。

## 快中子
动能高于 10keV,通常约为 2MeV 的中子。快中子也可以引发易裂变材料裂变,但其概率(反应截面)低于热中子。

## 快中子反应堆
一种其临界态和运行均基于快中子的反应堆。快中子反应堆没有慢化剂,无需对裂变过程中产生的快中子减速。与热中子反应堆相比,它必须使用含有更高比例裂变核的核燃料。

## 可增殖(可育)材料
本身不具有裂变性,但可通过俘获中子(以及随后可能发生的放射性衰变)转化为易裂变材料的物质。典型的例子是铀-238 和钍-232,当其俘获中子后,经过数次衰变分别转化为易裂变的钚-239 和铀-233。

## 易裂变材料
在俘获低能的热(慢)中子后能够发生裂变的材料。在实践中,最重要的裂变材料是铀-233、铀-235 和钚-239。

## 裂变
原子核分裂成两个或多个碎片的过程,伴随着中子、$\gamma$ 辐射和大量能量的释放。对于重核而言,裂变也可以自发发生,但通常是吸收中子后变得不稳定造成的。

## 裂变产物
由重元素裂变形成的核素,以及随后裂变碎片放射性衰变产生的核素。裂变产物可能是稳定的也可能是不稳定的。它们和它们的衰变产物都是核废物的重要组成部分。

**裂变产率**

在核裂变中出现的裂变产物的百分比。质量数 $A$ 在 88~103 和 132~147 的裂变产物具有特别高的裂变产率。

**可裂变材料**

能够在捕获高能(快)中子或低能热(慢)中子后发生裂变的核素,但其裂变截面远远小于易裂变核对热中子的裂变截面。可裂变材料的一个例子是铀-238。

**核燃料**

反应堆的组成部分,通常呈固体形式,由裂变元素(如 $^{233}U$、$^{235}U$、$^{239}Pu$、$^{241}Pu$)组成,是发生裂变反应和裂变能向热能转化的主体。

**燃料组件(燃料束)**

具有一定结构的燃料棒组,呈细长的金属管,装有颗粒形式的含一定量裂变材料的核反应堆燃料。对于不同的反应堆设计,堆芯中燃料组件数量不同,每个组件中燃料棒的数量、尺寸也有差异。

**燃料循环**

生产、使用和处置核反应堆燃料所涉及的一系列过程。它包括铀的开采和研磨、转化、浓缩、燃料元件的制造、在反应堆中的使用、可能的后处理以及最后的废物处置等。

**燃料制造**

指生产、加工和组装反应堆的燃料元件等系列过程。

**燃料棒**

细长的中空金属管,内装含一定量裂变材料的核燃料颗粒。不同反应堆中,燃料棒的直径和长度以及它们在一个组件中的数量是不同的(见燃料组件)。

**福岛第一核电站**

一座位于本州岛(日本的主要部分)福岛县双叶町的核电站,2011 年 3 月 11 日,在大地震(里氏 9 级)和随后的巨大海啸后,发生了严重核事故。

**聚变**

轻核结合形成更大质量的核,并释放出能量的核反应。该过程在宇宙中不断发生,比如在太阳核心 1500 万摄氏度的高温下,氢聚变为氦并提供了维持地球生命的能量。

**气冷堆**

用气体(氦气、二氧化碳)作为冷却剂的核反应堆。

**$\gamma$ 射线**

一种从原子核中发出的高能、短波电磁辐射。$\alpha$ 粒子和 $\beta$ 粒子的发射经常伴随着 $\gamma$ 辐射,而裂变反应总是伴随着 $\gamma$ 辐射。$\gamma$ 射线与 X 射线相似,但穿透力更强,要采用高密度和高原子序数的材料(如铅或贫化铀)才能有效阻挡或屏蔽。

**地质处置库**

为安全有效地永久处置高放废物而设计、建造和运营的人工地下储存设施。地质处置库通过工程屏障系统和场址的部分自然地质、水文和地球化学系统来隔离废物的放射性。

## 第一代(反应堆)
指第一批核电反应堆。在许多国家,它们是由较小的海军军用推进器堆芯衍生出来的实验性反应堆。在部分国家也指第一批民用核电站。

## 第二代(反应堆)
指在世界范围内建造的第二批核电站。这些反应堆是明确为发电而建造的,今天大多数在运核电站都属于第二代。

## 第三代(反应堆)
代表具有更高的安全性能和经济效率,具有一套标准化设计的轻水核反应堆。这类反应堆要求在发生严重的外部事件如飞机坠落或地震时能够确保堆芯的完整性。

## 第四代(反应堆)
预计从2040年开始商业化部署的一类新型反应堆。预期它们将显示出更高的可持续性、经济性竞争力、安全性、防核扩散能力,同时具备为工业过程生产高品位热量的能力。

## GIF(第四代核能系统国际论坛)
国际合作项目,旨在为确定下一代核能系统(第四代反应堆)的可行性和性能而进行必要的研究和开发。GIF现有13个成员国。

## GeV(吉电子伏特)
相当于10亿电子伏特的能量单位,$1GeV = 10^9 eV$。

## GJ(吉焦)
相当于10亿焦耳的能量单位,$1GJ = 10^9 J$。

## 石墨
碳的一种单质形式,类似于铅笔芯材料,在部分核反应堆中被用作慢化剂。

## 戈瑞
国际单位制(SI)中的辐射吸收剂量单位。它等于每千克介质吸收1焦耳能量;$1Gy = 1J/kg$。

## GW(吉瓦)
相当于10亿瓦特的功率单位,$1GW = 1000MW = 10^6 kW = 10^9 W$。

## GW·d(吉瓦日)
相当于$1GW(=10^9 J/s)$的功率持续一天($=86400s$)的能量单位;$1GW·d = 8.64 \times 10^{13} J$。

## GW·h(吉瓦时)
相当于10亿瓦时的能量单位,$1GW·h = 3.6 \times 10^{12} J$。

## 铪(符号Hf)
金属化学元素,原子序数72。在核反应堆中,铪常被用作中子吸收剂,以避免发生临界事故。

## 半衰期
指样品中一半的放射性同位素衰变(或分裂)为其他同位素所需的时间。

## 重水($D_2O$)
指氘原子与普通氢原子的比例明显高于自然比例(1/6420)的水。重水被用作加压重水堆（PHWRs）的冷却剂和慢化剂，其特性可使天然铀成为反应堆燃料。

**重水反应堆**

采用重水（$D_2O$）作为冷却剂和/或慢化剂的反应堆。

**高浓缩铀（HEU）**

铀-235浓缩到至少20%的铀。

**高放废物（HLW）**

由核反应堆内反应产生的或作为燃料后处理副产品产生的高水平放射性物质。一般来说，高放废物含有高活度的长寿命放射性核素，所以也会产生大量热量。预计最终将采取地质处置方式对这类废物进行处置。

**IAEA（国际原子能机构）**

联合国于1957年成立的自治性政府间组织，旨在促进安全、可靠与和平利用核技术，并防止将其用于任何军事目的。截至2015年9月底，IAEA共有165个成员国，其总部设在奥地利维也纳（https://www.iaea.org/）。

**IEA（国际能源署）**

自治的国际组织（成立于1974年，http://www.iea.org/），致力于为其29个成员国和其他国家保障可靠、可负担和清洁的能源。IEA主要关注四个领域：能源安全、经济发展、环境意识和全球参与。

**INES（国际核事件等级表）**

由IAEA和NEA提出的七级量表，根据国际统一标准评估核设施中发生的事件，特别是事件对人群的危害情况。

**摄入**

通过食物和饮水摄入放射性物质。

**吸入**

通过呼吸摄入放射性物质。

**中放废物（ILW）**

放射性废物通常分为几类，以便根据其放射性活度和其放射性持续时间进行合理监管处理、储存和处置。各个国家分类方式有所差异。但一般来说，ILW在处理过程中都需要特殊屏蔽，根据其长寿命放射性核素具体含量，可能需要地质处置，也可能只需地表或近地表处置。

**内转换**

不稳定原子变得更加稳定的一种过程。在内转换中，受激原子通过失去原子中的一个电子而退激，该电子以确定的能量被发射出去。内转换中原子序数不变。

**离子**

因失去（获得）一个或多个电子而带电的原子，也因此具有化学活性。

**电离辐射**

所有在其穿过物质时，可以通过能量沉积，打断分子键并取代（或移除）原子或分子中的电子而产生离子的辐射（无论是粒子还是电磁波）。

**辐照**

辐照指任何形式的物质（包括活体组织）暴露于电离辐射的过程，因此又将在反应堆堆芯中待过一定时间的燃料称为辐照燃料。
### 同重素
具有相同数量核子的核素称为同重素。例如,氮-17($^{17}$N)、氧-17($^{17}$O)和氟-17($^{17}$F)互为同重素。这三种核都有 17 个核子,然而氮核有 7 个质子和 10 个中子,氧核有 8 个质子和 8 个中子,氟核则有 9 个质子和 8 个中子。

### 同位素
某一特定元素的不同原子构型,其核内质子数相同但中子数不同,则互为同位素。它们化学性质相同或非常相似,但物理性质不同。例如,氘和氚都是氢的同位素,但它们的原子核中除了一个质子外,还分别有 1 个和 2 个中子。铀-235($^{235}$U)和铀-238($^{238}$U)都是铀的同位素,$^{235}$U 有 143 个中子,但 $^{238}$U 有 146 个中子。对于不同物理性质,就比如一些同位素具有放射性,而其他同位素则没有。例如,碳-12($^{12}$C)和碳-13($^{13}$C)是稳定的,但碳-14($^{14}$C)不稳定具有放射性。

### keV(千电子伏特)
相当于一千电子伏特的能量单位,$1\text{keV} = 1000\text{eV}$。

### kJ(千焦耳)
相当于一千焦耳的能量单位,$1\text{kJ} = 1000\text{J}$。

### kW(千瓦)
相当于一千瓦的功率单位,$1\text{kW} = 1000\text{W}$。

### kW·h(千瓦时)
相当于一千瓦时的能量单位,$1\text{kW} \cdot \text{h} = 3.6 \times 10^6 \text{J}$。

### 潜伏性癌症死亡(LCF)
暴露于辐射并经过一段潜伏期后由癌症导致的死亡。

### 致死剂量
可导致受照对象因急性辐射损伤而死亡的电离辐射剂量。平均致死剂量(LD50)对应于个体中平均有一半死亡的辐照剂量。

### 轻水($H_2O$)
与重水相对的普通水。

### 轻水反应堆(LWR)
以普通水(而非重水)作为冷却剂和/或慢化剂的核反应堆类型。

### 负荷系数(见容量系数)。

### 冷却剂丧失事故(LOCA)
由反应堆冷却剂丧失,且安全系统未能及时补救而导致的事故。

### 长期运行(LTO)
通常指核电站超过其原始设计寿命的运行。它涉及电站寿命管理的相关具体问题,如安全升级、关键设备(如压力容器)的检查、大型部件(如蒸汽发生器或涡轮机模块)的更换以及可能的功率升级。

### 低浓缩铀(LEU)
铀-235 同位素浓度超过天然水平,但低于 20% 的铀。通常情况下,核反应堆使用铀-235 含量为 3% ~5% 的低浓缩铀。

**低放废物(LLW)**

一般来说,低放废物是指一种处理时无需显著屏蔽的废物,由于不含长寿命放射性核素,可对其进行地表或近地表处置。世界上每年产生的放射性废物中约有90%是低放废物。比如被放射性污染的防护鞋套和衣服;清洁布、拖把、过滤器和反应堆水处理残留物;设备和工具;医疗管、棉签和皮下注射器;以及实验动物的尸体和组织等。

**质量数**

原子核中核子(中子和质子)的总数。比如铀-238的质量数为238(92个质子和146个中子),通常用字母 $A$ 表示。

**平均寿命**

放射性核素的数量减少到 $1/e$(其中 $e=2.718$ 为自然对数底数)的时间,等于衰变常数 $\lambda$ 的倒数。

**兆电子伏特(MeV)**

相当于一百万电子伏特的能量单位,$1\mathrm{MeV}=10^6\mathrm{eV}$。

**冶炼**

对开采的铀矿石进行化学处理以提取和提纯铀的过程。这有利于降低燃料生产过程中需运输和处理的材料体积。冶炼的固体产品($U_3O_8$)被称为黄饼,反映了其颜色和均一性。

**尾矿**

含金属的矿石在提取部分或全部金属(如铀)后,由细碎残渣和处理废液组成的残余物。

**混合氧化物燃料(MOX)**

一种由贫化氧化铀和氧化钚混合组成的核燃料。

**慢化剂**

在热中子反应堆中,用于将高速中子减速到热能范围,以提高其引发裂变效率的材料。慢化剂必须是一种轻质材料,能够使中子有效地减速,且中子吸收概率较小。通常使用普通水,现在也有反应堆使用重水或石墨。

**MW(兆瓦)**

相当于一百万瓦特的功率单位,$1\mathrm{MW}=10^6\mathrm{W}$。

**MW·d(兆瓦日)**

相当于1兆瓦的功率($=10^6\mathrm{J/s}$)持续一天($=86400\mathrm{s}$)的能量单位,$1\mathrm{MW}\cdot\mathrm{d}=8.64\times10^{10}\mathrm{J}$。

**MW·h(兆瓦时)**

相当于一百万瓦时的能量单位,$1\mathrm{MW}\cdot\mathrm{h}=10^6\mathrm{W}\cdot\mathrm{h}=3.6\times10^9\mathrm{J}$。

**MW(e)(兆瓦(电力))**

电站的电力输出功率,单位为兆瓦。它等于总热功率乘以电厂的热效率。轻水反应堆电站的效率为30%~33%,而现代燃煤、燃油或燃气电厂的效率最高为40%。

**MW(th)(兆瓦(热))**

核反应堆的总体热功输出率,单位为兆瓦。通常情况下,核反应堆的热功率大约是其电功率的三倍。

**(MW·d)/t(兆瓦日每吨)**

一吨核燃料在反应堆中使用期间的热能输出单位。

**nm(纳米)**

相当于十亿分之一米的长度单位，$1\text{nm} = 10^{-9}\text{m}$。

**天然铀**

自然界中存在的由相应同位素组成的铀。它是铀-238(99.275%)、铀-235(0.720%)和铀-234(0.005%)的混合物。

**NEA(核能署)**

总部设在法国巴黎，经济合作与发展组织(OECD)的一个专门机构(http://www.oecd-nea.org/)。目的是帮助其成员维护和开发出于和平目的、安全、环境友好和经济的核能所需的科学、技术和法律基础。

**中微子(符号 $\nu$)**

一种质量几乎为零的电中性基本粒子，通过核弱相互作用与物质发生作用。

**中子(符号 $n$)**

一种不带电荷的基本粒子，质量($1.67493 \times 10^{-27}\text{kg}$)略重于质子，存在于除氢-1($^1\text{H}$)以外的所有原子核中。自由中子是不稳定的，其半衰期为10.17min(平均寿命为880.3s)。

**中子俘获**

当一个原子核俘获一个中子时发生的反应。

**缓发中子**

不是在核裂变过程中直接产生的，而是延迟产生的中子，它来源于丰中子的裂变碎片或其子体的衰变，其半衰期为数秒。参与核裂变的中子中有不到1%是缓发的。

**中子发射**

不稳定的原子变得更稳定的一种过程。中子发射过程中，一个中子将从一个原子核中射出。由于在中子发射过程中，原子内的质子数不变，所以不会产生新元素，但将产生母元素的不同同位素。例如，经过中子发射后，一个铍-13原子(有9个中子)将变成铍-12原子(有8个中子)。

**中子通量**

对中子辐射强度的描述，由中子流率决定。中子通量值的计算方法是中子密度(每单位体积的中子数 $n$)乘以中子速度($v$)。因此，中子流量($nv$)通常以中子/($\text{cm}^2\text{s}$)为单位。

**瞬发中子**

在核裂变过程中立即发射的中子(大约在$10^{-14}\text{s}$内)，与缓发中子相反，缓发中子是在裂变后几秒钟到几分钟内由裂变产物发射出来的。瞬发中子占所有裂变中子的99%以上。

**慢中子**

动能低于某一数值的中子——常以10eV为标准。

**热中子**

中子与它所处的介质处于热平衡状态。它的平均能量大约为 $kT$(其中 $k = 1.38 \times 10^{-23}\text{J/K}$，为玻尔兹曼常数)，由介质的温度 $T$ 决定。常温下($T = 300℃$)，$kT \approx 0.025\text{eV}$。

热中子在铀-235和钚-239中引起裂变的概率最大。

**非电离辐射**

能量不足以使原子电离的任何形式的辐射，无论是粒子还是电磁波。非电离辐射的例子包括无线电波、光和微波。

**不扩散条约(NPT)**

《不扩散核武器条约》，通常被称为《不扩散条约》，是一项国际条约，其目标是防止核武器和武器技术的扩散，促进和平利用核能方面的合作，并进一步实现核裁军和全面彻底裁军的目标。

**核医学**

放射性物质和辐射源在医学上的应用，用于诊断或治疗。

**核毒物**

具有较大中子吸收截面的同位素。如果存在于反应堆堆芯，核毒物会吸收中子，从裂变链中除去中子，从而降低反应堆的倍增系数或反应性。裂变过程中产生的某些裂变产物，如氙-135和钐-149，都是毒物，在高浓度时，它们甚至能使反应堆停止产生能量。

**核反应堆**

利用核裂变过程生产能量的装置。虽然核反应堆类型很多，但它们都具备某些基本特征，包括使用裂变材料作为燃料、增加裂变效率的慢化剂（快中子反应堆除外）、用于移除热能的冷却剂以及控制棒。其他常见的特征还包括用于反弹逸出中子的反射器，保护人员免受辐射的屏蔽器，测量和控制反应堆的仪器，以及保护反应堆的装置等。

**核子**

质子和中子的统称，原子核的基本组成粒子。

**原子核**

原子中心带正电的很小一部分。除普通氢的原子核只有一个质子外，所有原子核都包含质子和中子。质子的数量决定了总的正电荷或原子序数 $Z$，同一化学元素的所有原子核 $Z$ 相同。质子和中子的总数被称为质量数 $A$。

**经济合作与发展组织(OECD)**

政府间组织（总部设在法国巴黎，http://www.oecd.org/），致力于为民主和市场经济的工业化国家政府提供讨论和合作的论坛。其主要目标是支持可持续的经济增长，促进就业，提高生活水平，维护金融稳定，协助其他国家的经济发展，并促进世界贸易的增长。此外，经合组织也是一个可靠的可比性统计数据和经济社会数据来源。经合组织还会监测、分析和预测经济发展趋势，并研究贸易、环境、农业、技术、税收和其他领域的社会变化和演变模式。

**一次通过式燃料循环**

一种不对乏燃料进行回收利用的核燃料循环模式。乏燃料一旦从反应堆中卸出，经过预处理、储存后，将直接进行地质处置（有处置库后）。

**分离嬗变(P&T)**

分离是指从乏燃料中分离出长寿命放射性核素（次锕系元素和裂变产物）。嬗变是指通过核反应将这些长寿命核素转化为短寿命或稳定核素。P&T 被认为是一种可以减少核废物的辐射毒性以及最终需进行地质处置的废物数量的途径。

**球床反应堆**
　　堆芯为球形燃料的一种气冷高温反应堆,以石墨作为慢化剂。

**燃料颗粒**
　　由浓缩铀或混合氧化物燃料组成的顶针大小的陶瓷圆柱体,将被填充到燃料包壳管中。

**正电子发射断层成像(PET)**
　　用于观察体内代谢过程的核医学功能成像技术。将能够发射正电子的放射性核素(示踪剂)引入体内的生物活性分子上,PET将检测由示踪剂引起的电子-正电子湮灭所发射的一对 $\gamma$ 射线,然后通过计算机分析构建体内示踪剂浓度三维图像。

**光子**
　　电磁辐射的能量量子。它的静止质量为零,不带电荷。

**沥青铀矿(见黄饼)**

**钚(符号 Pu)**
　　具有放射性的人造重金属元素,原子数为94。它最重要的同位素是易裂变的钚-239,由铀-238经中子辐照产生。它在自然界中只是微量存在。

**正电子(符号 $e^+$)**
　　具有电子质量的基本粒子,但带正电。它是电子的反粒子(或反物质,即反电子)。它出现在 $\gamma$ 射线与核相互作用引起的电子-正电子对产生过程中,并通过 $\beta^+$ 衰变发射。

**ppm(百万分之一)**
　　用于描述固体、液体和气体中含杂质程度的单位。

**压力管式反应堆**
　　在这种核反应堆中,燃料元素被装在许多管子里,冷却剂在其中循环流动,慢化剂围绕着这些管子排列。这种类型反应堆的例子有 CANDU 和 RBMK 反应堆。

**压力容器**
　　厚壁圆柱形钢制容器,用于封闭核电站的反应堆堆芯。该容器由特殊的细粒钢制成,非常适合焊接,具有较高韧性,同时在中子辐照下能保持较低孔隙率。

**压水反应堆(PWR)**
　　常见的核电反应堆型,其一级回路中非常纯净的水处于高压下,以保证其在高温下不会沸腾。一级回路将反应堆产生的热能从堆芯转移到一个大型热交换器,该热交换器加热二级回路中的水,产生发电所需的蒸汽。

**概率安全分析方法(PSA)**
　　在核电站的设计和运行期间使用概率风险评估技术的安全分析,用以分析整体风险。该方法通过考虑一系列潜在事件及其各自概率和后果,评估核事故或意外的整体风险。

**质子(符号 $p$)**
　　一种存在于原子核中,具有正电荷的基本核粒子,质量为 $1.67262 \times 10^{-27}$ kg。

**质子发射**
　　不稳定原子变得更稳定的一种过程。在该过程中,一个质子被从原子核中射出。由于原子在质子发射过程中失去一个质子,所以将从一种元素变成另一种元素。例如,经过质子发射后,一个氮原子(有7个质子)将变成一个碳原子(有6个质子)。

**辐射**

一种以高速粒子或电磁波形式传播能量的过程。

**放射性**

不稳定原子核自发地转变为一个或多个不同的原子核的现象,该过程往往伴随辐射发射。这一过程被称为原子的转化、衰变或裂变。放射性原子通常被称为放射性同位素或放射性核素。这种变化发生有一个特征时间,称为半衰期。

**放射系**

指一系列核素,其中每个核素通过放射性解体转变为下一个核素,直到产生稳定核素。第一个核素被称为母体,中间核素被称为子体,而最后的稳定核素被称为最终产物。

**放射治疗**

用电离辐射对人类疾病进行的所有辐射治疗。放射治疗通常用于癌症。

**放射毒性**

衡量一种放射性核素有害性的参数。射线的类型和能量、在机体内的吸收、在体内的停留时间等都会影响放射性核素的放射毒性。

**镭(符号 Ra)**

原子数为 88 的放射性金属元素。在自然界中,其最常见的同位素的质量数为 226。它以微量形式与铀共生在沥青铀矿、钒钾铀矿和其他矿物中。

**氡(符号 Rn)**

原子数为 86 的放射性元素,是已知最重的气体之一,是镭的衰变子体。

**反应性**

核反应堆的反应性用于表示该反应堆偏离临界状态(反应堆的正常运行状态,此时核燃料维持稳定的裂变链反应)的程度。正的反应性增加表明向超临界(功率增加)发展,而负的反应性增加表明向次临界状态发展(功率下降)。控制棒是主要的反应性控制系统。

**反应堆(见核反应堆)**

**反应堆堆芯(见堆芯)**

**反应堆年数**

衡量反应堆运行经验的数值。一个反应堆年是指一个反应堆运行一年时间。

**回收(见后处理)**

**反射器**

反应堆堆芯周围的一种材料,具有将一定数量的中子散射回堆芯的特性,如果没有反射器,这些中子可能会逃逸。其功能是降低泄漏系数,从而增加链式反应的倍增系数。常见的反射器材料有石墨、铍、水、不锈钢和天然铀。

**后处理(回收)**

对乏燃料进行处理以回收铀和钚的裂变同位素,将它们与裂变产物和次锕系元素分离的过程。然后,这些裂变同位素被重新用来生产 MOX(混合氧化物)新燃料。该过程能够提高燃料利用率,从而减少需要处置的废物数量。

**风险指引管理**

通过整合定量、定性、确定性和概率性的安全分析,确定电站设计和运行的各个方面。

需要考虑到事件的可能性、潜在后果、良好做法和健全管理。

**安全保障**

核材料控制与衡算计划,以核实所有特殊核材料是否得到适当控制和核算,以及核实实物保护设备和安保力量。正如国际原子能机构对该术语的使用情景,它还意味着核查是否有效履行了在《不扩散核武器条约》中所作出的和平利用核能的承诺。

**安全文化**

指组织和个人的一系列特征和态度。为了确保对人和环境的保护,核电站安全问题的重要性应得到充分关注,并将其作为压倒一切的优先事项。

**散射**

入射核/粒子与靶核碰撞后,入射物出现在反应产物中的反应。

**SCRAM**

用来描述核反应堆突然关闭的术语。它最初是一个缩写,意思是"安全控制棒斧头人(Safety Control Rod Axe Man)",用于美国第一个运行的反应堆——芝加哥堆。

**严重事故**

大大超过核反应堆设计基准事件和条件的事故,其特点是由于过度的反应性偏移或无法使堆芯充分冷却而造成严重的堆芯损害(堆芯熔化)。

**屏蔽物**

任何可以通过吸收辐射,从而保护人员或材料免受电离辐射影响的材料或障碍物。

**希沃特(Sv)**

国际单位制(SI)中的剂量当量单位,等于 1 焦耳每千克。以瑞典医学物理学家 Rolf M. Sievert 的名字命名。

**小型模块化反应堆(SMR)**

新一代先进反应堆,功率通常在 50~300MW,特点是其模块化设计和建造,可在电站中建造,并在有需要时运往公用事业部门安装。

**乏燃料(SNF)**

在核反应堆中经过辐照后被永久卸出的核燃料。

**蒸汽发生器**

一些反应堆设计中使用的热交换器,将热量从一级(反应堆冷却剂)系统转移到二级(蒸汽)系统。这种设计可以实现热交换,同时很少或不会污染二级系统的设备。

**随机效应**

偶然发生的效应(如癌症、白血病和遗传效应),其发生的概率被假定与接受的辐射量成正比。

**次临界质量**

裂变材料的数量不足以维持裂变链式反应,当然,也可能是由于几何结构不适当。

**次临界态**

反应堆堆芯的一种状态,在这种状况下,每次裂变产生的可利用的中子平均不到一个,从而使链式反应无法自持。

**超临界反应堆**

每次裂变产生的中子平均有一个以上可用于引发下一次裂变,因此链式反应具有发散性,功率水平将随时间增加的核反应堆。
### 超临界态
裂变中子产生率超过所有形式的中子损失率,中子数量整体增加,反应堆功率也增加的一种堆芯状态。
### 地表辐射
天然背景辐射中来自地球本身的部分,由地球上的铀、钍和氡等原始和宇生放射性核素衰变产生。
### 热中子反应堆
通过热中子维持裂变链反应的反应堆,目前大多数反应堆是热中子反应堆。
### 热中子反应堆的再循环
在热中子反应堆中对钚(和铀)进行后处理和再循环。
### 钍(符号 Th)
弱放射性、银色的金属元素,原子序数为90。钍-232有142个中子,是最稳定的钍同位素。它通过 $\alpha$-衰变非常缓慢地衰变为镭-228,并逐步形成名为钍系的衰变链,以铅-208为终点。据估算,钍在地壳中的含量约为铀的三倍,通常作为从独居石提炼稀土金属的副产品。
### 钍燃料循环
可增殖的 $^{232}$Th 转化为易裂变的 $^{233}$U 的燃料循环。
### 嬗变
在碰撞的核子之间存在着核成分重新排列的核反应。一个典型的例子是中子俘获反应,其中靶核吸收了一个中子并变成另一种同位素。这一过程发生在裂变反应堆中,也是一些长寿命放射性废物核素产生的原因。作为将高放废物中长寿命元素转化为短寿命元素的手段,关于该过程的相关研究正在进行中。
### 超铀元素
原子序数 $Z$ 高于铀($Z=92$)的放射性人造元素,如镎($Z=93$)、钚($Z=94$)、镅($Z=95$)以及其他元素。
### 氚(符号 $^3$H 或 T)
氢的放射性同位素,核中有两个中子和一个质子。它可通过发射 $\beta$ 粒子进行衰变,半衰期约为12.32年。
### 氚(符号 T)
氚的原子核。它包含一个质子和两个中子。
### UNSCEAR(联合国辐射效应科学委员会)
联合国大会于1955年成立的科学委员会,总部设在奥地利维恩(http://www.unscear.org/)。其任务是评估和报告电离辐射暴露的水平和影响。世界各国政府和组织将该委员会的估算数据作为评估辐射风险和制定防护措施的科学依据。
### 铀(符号 U)
放射性元素,原子序数 $Z=92$。在天然矿石中以 $^{238}$U(99.275%)、$^{235}$U(0.720%)和 $^{234}$U(0.005%)三种同位素的混合物形式存在,括号中的数字表示相对百分比。铀-235是易裂变的,而铀-238可被快中子裂变,且是可增殖的,也就是说它在吸收一个中子和经过衰变后可变成易裂变核素。

**玻璃固化**

一种常用于固化乏核燃料后处理过程中产生的高浓度废物并形成玻璃固化体的技术。一般来说,这种玻璃具有耐久、耐辐射和耐高温等特点,能够承受高放废物相关的强烈辐射和高热,并具有长期容纳放射性同位素所需的稳定性。

**放射性废物**

放射性废物指由所有涉核活动产生的、放射性水平高于自然本底的残留材料。废物这一名称意味着无法进一步使用这些材料,因此必须像其他非放射性废物一样被处理掉。

**废物嬗变**

通过反应堆将长寿命的裂变产物或锕系元素嬗变为稳定元素或放射毒性较低的元素。

**瓦特**

国际单位制(SI)中的功率单位,定义为每秒消耗或转化一焦耳的能量(1W=1J/s)。

**瓦时**

相当于一个系统在一小时内连续产生一瓦特功率的能量单位。$1W \cdot h = 3.6 \times 10^3 J$。

**WANO(世界核电运营者协会)**

一个吸纳了世界上所有运营商业核电站的公司和国家的国际组织,其目的是实现尽可能高的核安全标准(http://www.wano.info/en-gb/)。

**WNA(世界核协会)**

代表全球核工业的国际组织(http://world-nuclear.org/)。其宗旨是通过提供权威信息、制定共同的行业立场并支持能源相关辩论,促进国际主要影响者对核能的广泛了解。

**X射线**

X射线是由原子电子的能量变化所发出的电磁波,其波长比可见光波长短得多。这是一种能与物质轻度相互作用,并电离原子和分子的高能电磁辐射,可用厚铅板或其他致密材料阻挡。

**黄饼**

混合氧化铀的固体形式,来自于铀回收(冶炼)过程(最初都来自于铀矿)。该材料是铀氧化物($UO_2$和$UO_3$比例为1比2)的混合物,即大家熟知的沥青铀矿,通常也称为$U_3O_8$。

# 内 容 简 介

本书共分为两部分:第一部分主要讲述放射性等理论基础,第二部分则涉及核技术、核安全等实践应用。为便于读者理解,书末还附有核物理学或核能领域的专业词汇表。

原著作者 Enzo De Sanctis 系意大利国家核物理研究院(INFN)弗拉斯卡蒂实验室名誉研究主任;Stefano Monti 系国际原子能机构快堆技术工作组(TWG - FR)的科学秘书;Marco Ripani 系 INFN 热那亚分院高级科学家。本书主要目的是为读者提供一个尽量全面的核科学概览,虽未对每一个主题进行深入细致的讨论,但内容图文并茂,可读性强。本书兼具工具书、科普读物、教材等功能,希望能对广大读者有所裨益!